JN328347

●道路標識・標示一覧表

規制標識
通行止め
通行止
車両通行止め
車両進入禁止
二輪の自動車以外の自動車通行止め
大型貨物自動車等通行止め
特定の最大積載量以上の貨物自動車等通行止め
積 3 t
大型乗用自動車等通行止め
二輪の自動車・原動機付自転車通行止め
大型自動二輪車および普通自動二輪車二人乗り通行禁止
自転車以外の軽車両通行止め
自転車通行止め
車両（組合せ）通行止め
タイヤチェーンを取り付けていない車両通行止め
指定方向外進行禁止
指定方向外進行禁止
車両横断禁止
転回禁止
追越しのための右側部分はみ出し通行禁止
追越し禁止
追越し禁止
駐停車禁止
8－20
駐車禁止
8－20
駐車余地
8－20
駐車余地6m
時間制限駐車区間
8-20
P
60分
危険物積載車両通行止め
危険物
重量制限
5.5t
高さ制限
3.3m
最 大 幅
2.2m
最高速度
50
特定の種類の車両の最高速度
50
大 貨
最低速度
30
自動車専用
自転車専用
自転車および歩行者専用
歩行者専用

規制標示

転回禁止

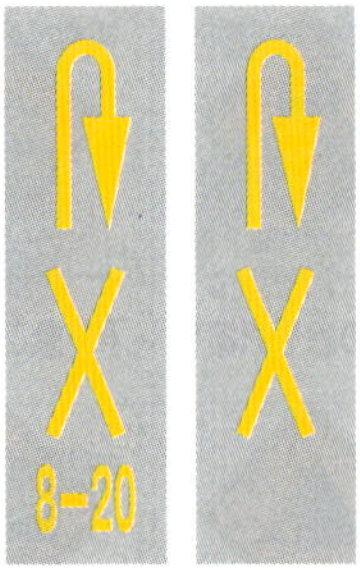

図示の8-20は、車両の転回を禁止する時間が8時から20時までであることを示す

追越しのための右側部分はみ出し通行禁止

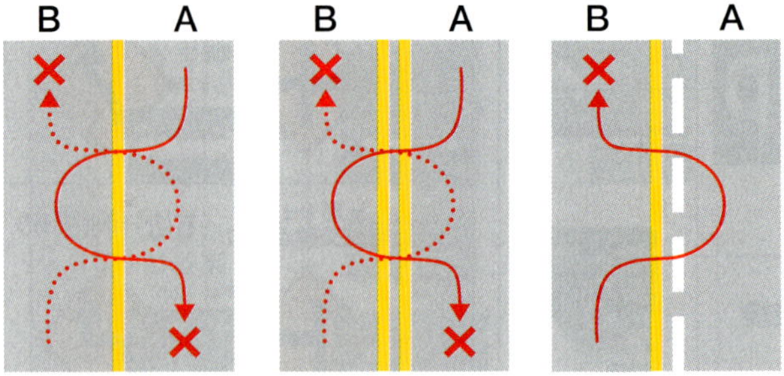

AおよびBの部分の右側部分はみ出し追越し禁止

AおよびBの部分の右側部分はみ出し追越し禁止

Bの部分からAの部分へのはみ出し追越し禁止

駐停車禁止路側帯

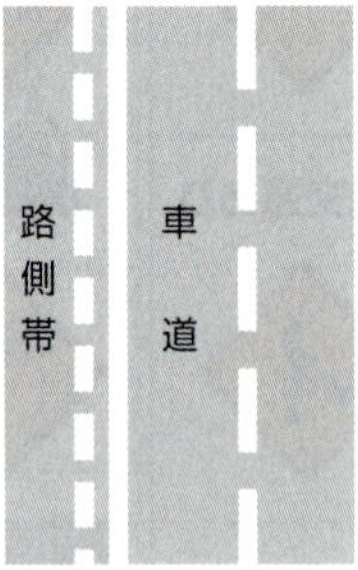

車の駐車と停車が禁止されている路側帯であることを示す

歩行者用路側帯

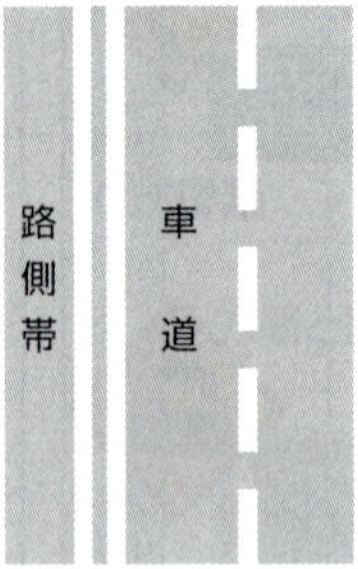

車の駐停車、軽車両の通行が禁止されている路側帯であることを示す

車　両

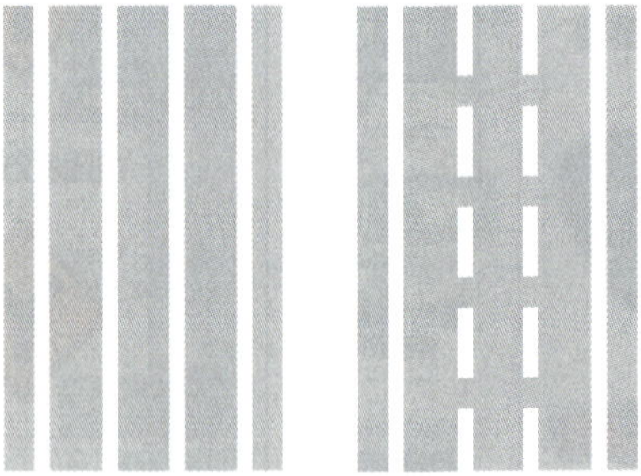

ペイントなどによるとき

高速自動車国道の本線車道以外の道路の区間に

けん引自動車の自動車専用道路第一通行帯通行指定区間

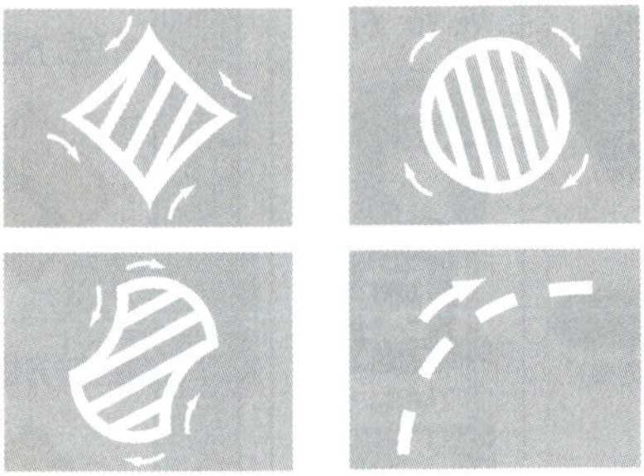

進行方向別通行区分

右　左　折　の

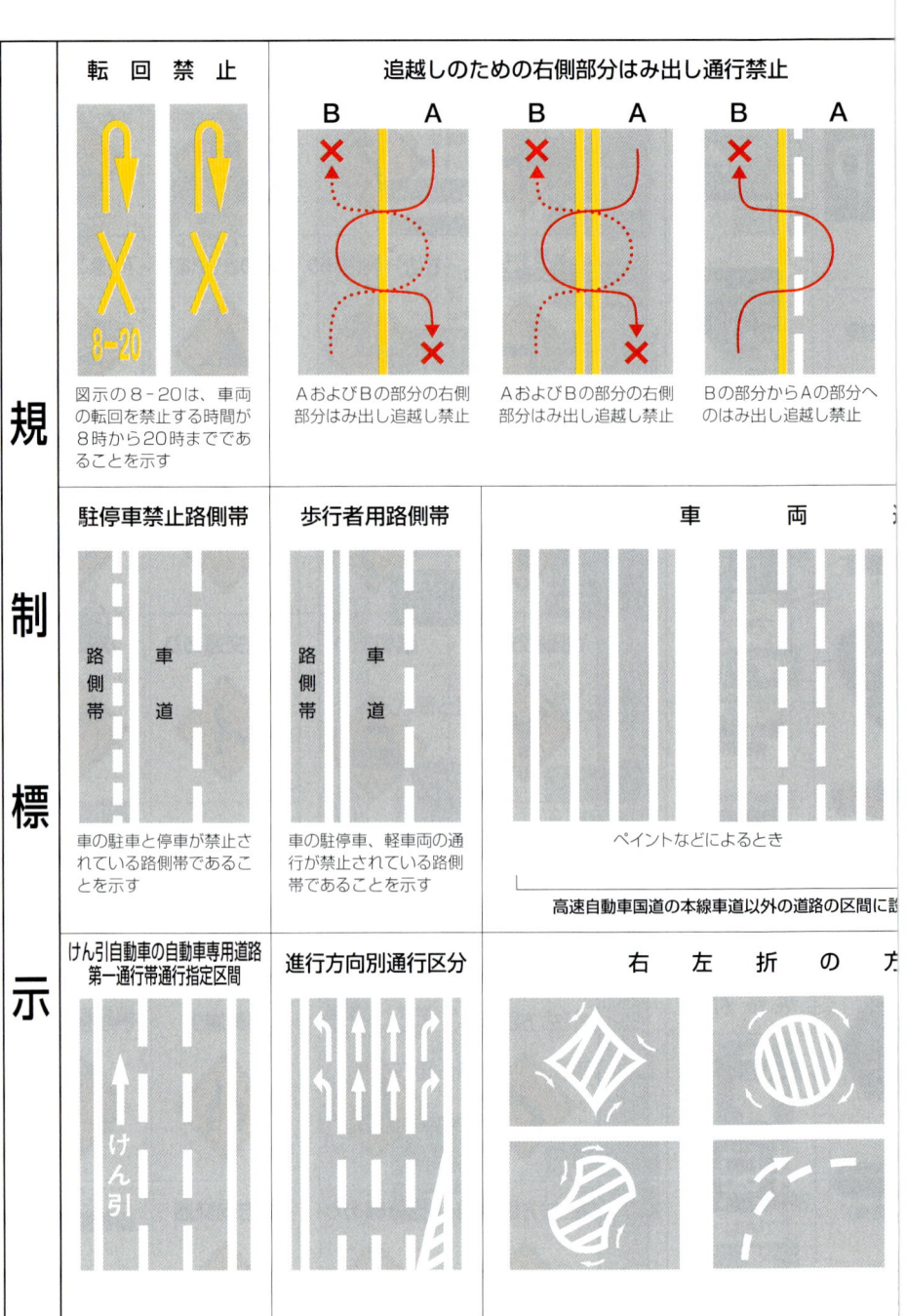

オールカラー

フリガナつき

スピード合格！ 普通免許 早わかり問題集

学科試験問題研究所【著】

永岡書店

CONTENTS

- 本書《ほんしょ》の使《つか》い方《かた》……3
- 受験《じゅけん》に必要《ひつよう》な書類《しょるい》・受験資格《じゅけんしかく》……4
- 学科試験《がっかしけん》の内容《ないよう》とは？……5
- スピード合格《ごうかく》のポイント……6

PART 1

絵《え》で見《み》て早《はや》わかり！

交通《こうつう》ルールの重要《じゅうよう》ポイントをスピード攻略《こうりゃく》

押《お》さえておきたい！ 交通用語《こうつうようご》……8

交通《こうつう》ルールのポイント……12

迷《まよ》いやすい数字《すうじ》をチェック……28

迷《まよ》いやすい言葉《ことば》づかいをチェック……32

「原則《げんそく》」と「例外《れいがい》」に注意《ちゅうい》……34

覚《おぼ》えておきたいおもな標識《ひょうしき》……36

覚《おぼ》えておきたいおもな標示《ひょうじ》……40

イラスト問題《もんだい》の攻略《こうりゃく》ポイント……44

PART 2

傾向《けいこう》と対策《たいさく》を徹底分析《てっていぶんせき》！

本試験《ほんしけん》そっくりの実力養成《じつりょくようせい》テスト

第《だい》１回《かい》：実力養成《じつりょくようせい》テスト……46

第《だい》２回《かい》：実力養成《じつりょくようせい》テスト……70

第《だい》３回《かい》：実力養成《じつりょくようせい》テスト……94

第《だい》４回《かい》：実力養成《じつりょくようせい》テスト……118

第《だい》５回《かい》：実力養成《じつりょくようせい》テスト……142

第《だい》６回《かい》：実力養成《じつりょくようせい》テスト……166

実力養成《じつりょくようせい》テスト
解答用《かいとうよう》マークシート……190

本試験《ほんしけん》と同《おな》じ「正誤式《せいごしき》」の
解答用《かいとうよう》マークシートを使用《しよう》して、
テスト慣《な》れしておきましょう。

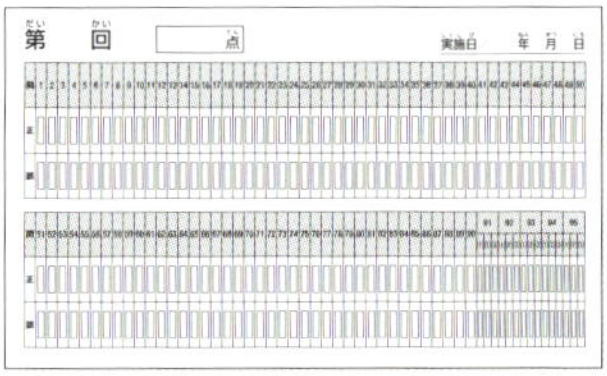

〈本書《ほんしょ》の使《つか》い方《かた》〉

本書《ほんしょ》では、学科試験《がっかしけん》の出題傾向《しゅつだいけいこう》と対策《たいさく》を分析《ぶんせき》し、出題率《しゅつだいりつ》の高《たか》い重要問題《じゅうようもんだい》を多数収録《たすうしゅうろく》。本試験《ほんしけん》と同《おな》じ形式《けいしき》の実力養成《じつりょくようせい》テストを解《と》くことで、スピード合格《ごうかく》に必要《ひつよう》な交通《こうつう》ルールの知識《ちしき》が効率《こうりつ》よく身《み》につく構成《こうせい》になっています。

本試験《ほんしけん》と同《おな》じオールカラー
標識《ひょうしき》・標示《ひょうじ》、イラスト問題《もんだい》ともすべてカラーで出題《しゅつだい》しています

すべての問題《もんだい》に解説付《かいせつつ》き
交通《こうつう》ルールの理解《りかい》がより深《ふか》まります

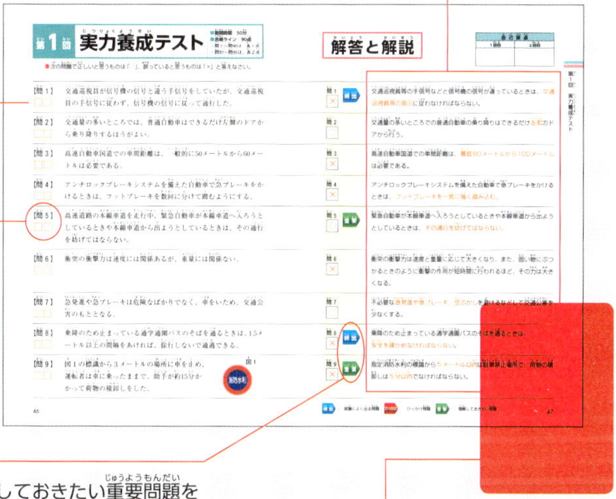

解答《かいとう》チェック欄《らん》
間違《まちが》えた問題《もんだい》をチェックして交通《こうつう》ルールを見直《みなお》しましょう

出題傾向《しゅつだいけいこう》マーク
しっかりマスターしておきたい重要問題《じゅうようもんだい》を

- 頻出《ひんしゅつ》「試験《しけん》によく出《で》る問題《もんだい》」
- ひっかけ「ひっかけ問題《もんだい》」
- 重要《じゅうよう》「理解《りかい》しておきたい難問《なんもん》」

に分類《ぶんるい》して表示《ひょうじ》

赤《あか》シートを使《つか》ってらくらく学《まな》べる
解答《かいとう》や重要《じゅうよう》ポイントを赤《あか》シートでかくせば、効率的《こうりつてき》に理解《りかい》し、覚《おぼ》えることができます

攻略《こうりゃく》ポイントコラム
実力養成《じつりょくようせい》テストの中《なか》で特《とく》にマスターしておきたいポイントをアドバイスしています

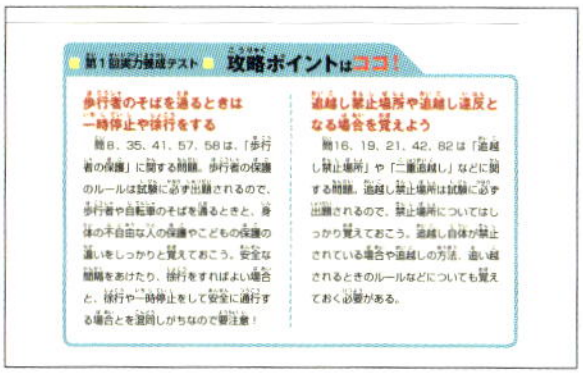

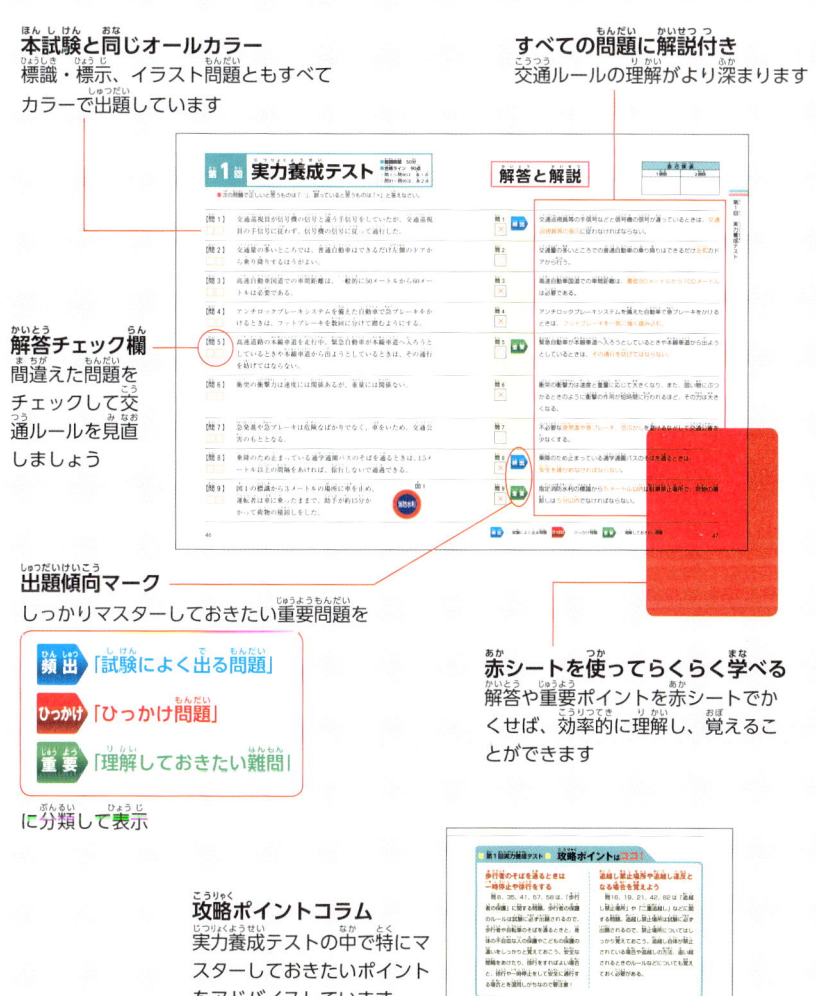

受験《じゅけん》に必要《ひつよう》な書類《しょるい》・受験《じゅけん》資格《しかく》

受験《じゅけん》の際《さい》には以下《いか》のものを持参《じさん》します。運転免許申請書《うんてんめんきょしんせいしょ》は間違《まちが》えないよう、見本《みほん》を見《み》てしっかり記入《きにゅう》しましょう。

①住民票《じゅうみんひょう》または免許証《めんきょしょう》

初《はじ》めて免許《めんきょ》を受《う》ける人《ひと》は住民票《じゅうみんひょう》（本籍《ほんせき》が記載《きさい》されているもの）及《およ》び本人確認書類《ほんにんかくにんしょるい》（健《けん》康保険被保険者証《こうほけんひほけんしゃしょう》、住民基本台帳《じゅうみんきほんだいちょう》カード、パスポート、学生証《がくせいしょう》など）。

※都道府県《とどうふけん》により異《こと》なる場合《ばあい》がある。

すでに他《た》の運転免許証《うんてんめんきょしょう》を取得《しゅとく》している人《ひと》は、その免許証《めんきょしょう》が必要《ひつよう》。

②写真《しゃしん》

縦《たて》30mm×横《よこ》24mm、無帽《むぼう》・無背景《むはいけい》・胸上正面《むなうえしょうめん》で６カ月以内《げついない》に撮影《さつえい》したものを１枚用《まいよう》意《い》し、裏《うら》に氏名《しめい》と撮影年月日《さつえいねんがっぴ》を記入《きにゅう》する。

カラー・白黒《しろくろ》どちらでも可《か》。

③運転免許申請書《うんてんめんきょしんせいしょ》

運転免許試験場《うんてんめんきょしけんじょう》にある。

④受験料《じゅけんりょう》

住所地《じゅうしょち》の都道府県収入証紙《とどうふけんしゅうにゅうしょうし》を試験場内《しけんじょうない》の証紙《しょうし》売りさばき所《じょ》で購入《こうにゅう》する。

詳《くわ》しい受験料《じゅけんりょう》は住所地《じゅうしょち》の運転免許《うんてんめんきょ》センターに確認《かくにん》する。

⑤印鑑《いんかん》

認印《みとめいん》で十分《じゅうぶん》。必要《ひつよう》のない受験地《じゅけんち》もある。

⑥卒業証明書《そつぎょうしょうめいしょ》

指定自動車教習所《していじどうしゃきょうしゅうじょ》の卒業者《そつぎょうしゃ》は技能試験《ぎのうしけん》が免除《めんじょ》される（卒業日《そつぎょうび》から１年以内《ねんいない》）。

受《じゅ》験《けん》資《し》格《かく》

普通免許《ふつうめんきょ》の受験資格《じゅけんしかく》は18歳以上《さいいじょう》である。下記《かき》の人《ひと》は普通免許《ふつうめんきょ》の受験《じゅけん》ができない。

❶政令《せいれい》で定《さだ》める次《つぎ》の病気《びょうき》にかかっている人《ひと》
- 幻覚症状《げんかくしょうじょう》を伴《ともな》う精神病者《せいしんびょうしゃ》
- 発作《ほっさ》による意識障害《いしきしょうがい》や運動障害《うんどうしょうがい》のある人《ひと》
- 自動車《じどうしゃ》などの安全《あんぜん》な運転《うんてん》に支障《ししょう》をおよぼすおそれのある人《ひと》

❷アルコール、麻薬《まやく》、大麻《たいま》、あへん、覚《かく》せい剤《ざい》の中毒者《ちゅうどくしゃ》

❸免許《めんきょ》を拒否《きょひ》された日《ひ》から起算《きさん》して、指定《してい》された期間《きかん》を経過《けいか》していない人《ひと》

❹免許《めんきょ》を保留《ほりゅう》されている人《ひと》

❺免許《めんきょ》を取《と》り消《け》された日《ひ》から起算《きさん》して、指定《してい》された期間《きかん》を経過《けいか》していない人《ひと》

❻免許《めんきょ》の効力《こうりょく》が、停止《ていし》または仮停止《かりていし》されている人《ひと》

学科試験《がっかしけん》の内容《ないよう》とは？

普通免許試験《ふつうめんきょしけん》では以下《いか》のような試験《しけん》が行《おこな》われます。ただし、指定《してい》自動車教習所《じどうしゃきょうしゅうじょ》の卒業生《そつぎょうせい》は技能試験《ぎのうしけん》が免除《めんじょ》されます。

●学科試験《がっかしけん》

①出題範囲《しゅつだいはんい》	・自動車《じどうしゃ》を運転《うんてん》するのに必要《ひつよう》な交通《こうつう》ルール ・安全運転《あんぜんうんてん》に関《かん》する知識《ちしき》 ・自動車《じどうしゃ》の構造《こうぞう》や取《と》り扱《あつか》い
②解答方法《かいとうほうほう》	正誤形式問題《せいごけいしきもんだい》。問題《もんだい》を読《よ》んで、マークシート方式《ほうしき》の解答用紙《かいとうようし》（別紙《べっし》）の正《せい》か誤《ご》を塗《ぬ》りつぶす
③制限時間《せいげんじかん》	50分《ぷん》
④出題数《しゅつだいすう》	・文章問題《ぶんしょうもんだい》90問《もん》（各《かく》１点《てん》） ・イラスト問題《もんだい》５問《もん》（各《かく》２点《てん》） ※イラスト問題《もんだい》は１問《もん》について３つの設問《せつもん》があり、すべてに正解《せいかい》しないと得点《とくてん》にならない
⑤合格基準《ごうかくきじゅん》	100点満点《てんまんてん》で、90点《てん》以上《いじょう》なら合格《ごうかく》

未公認自動車教習所《みこうにんじどうしゃきょうしゅうじょ》などへ通《かよ》い、運転免許試験場《うんてんめんきょしけんじょう》で直接受験《ちょくせつじゅけん》する場合《ばあい》、試験場《しけんじょう》で適性検査《てきせいけんさ》と学科試験合格後《がっかしけんごうかくご》、技能《ぎのう》（路上《ろじょう》）試験《しけん》があります。これに合格《ごうかく》して取得時講習《しゅとくじこうしゅう》を受講《じゅこう》したあと、免許証《めんきょしょう》の交付《こうふ》があります。

〈スピード合格《ごうかく》のポイント〉

1 まぎらわしい法令用語《ほうれいようご》の意味《いみ》の違《ちが》いを理解《りかい》する

「駐車《ちゅうしゃ》」「停車《ていしゃ》」「追抜《おいぬ》き」「追越《おいこ》し」など、似《に》ていて定義《ていぎ》の異《こと》なる法令用語《ほうれいようご》には要《よう》注意《ちゅうい》。これらの言葉《ことば》が出《で》てきたら、意識《いしき》してその違《ちが》いを理解《りかい》しておきましょう。

2 「以上《いじょう》」「以下《いか》」「超《こ》える」「未満《みまん》」の違《ちが》いを押《お》さえる

数字問題《すうじもんだい》でよくひっかかるのが「以上《いじょう》」と「以下《いか》」、「超《こ》える」と「未満《みまん》」のついたまぎらわしい言葉《ことば》づかいの問題《もんだい》です。「以上《いじょう》」「以下《いか》」はその数値《すうち》を含《ふく》み、「超《こ》える」「未満《みまん》」は含《ふく》まないと覚《おぼ》えておきましょう。

3 あわてず、文章《ぶんしょう》をじっくり読《よ》む

文章問題《ぶんしょうもんだい》の中《なか》には、まぎらわしい文章表現《ぶんしょうひょうげん》が出《で》てきます。たとえば、「～かもしれないので」「～のおそれがあるので」などは、その意図《いと》を誤《あやま》って解釈《かいしゃく》すると反《はん》対《たい》の答《こた》えになることがあります。文章《ぶんしょう》は最後《さいご》までしっかり読《よ》みましょう。

4 「駐停車禁止場所《ちゅうていしゃきんしばしょ》」「最高速度《さいこうそくど》」「積載制限《せきさいせいげん》」など、数字《すうじ》は正《ただ》しく覚《おぼ》える

試験《しけん》には数字《すうじ》に関《かん》する出題《しゅつだい》が多《おお》くあります。よく出《で》てくる「1」「5」「10」「30」などの数字《すうじ》にまつわる交通規則《こうつうきそく》は、確実《かくじつ》に押《お》さえておきます。

5 問題文《もんだいぶん》に「必《かなら》ず」「すべての」などの強調《きょうちょう》があるときは要注意《ようちゅうい》！

文中《ぶんちゅう》で限定《げんてい》した言《い》い回《まわ》しに出合《であ》ったら、必《かなら》ずほかにあてはまるケースがないか、例外《れいがい》はないかを確認《かくにん》しましょう。

6 色《いろ》・形《かたち》・意味《いみ》が似《に》ている標識《ひょうしき》や標示《ひょうじ》は、違《ちが》いを考《かんが》えながらセットで覚《おぼ》える

標識《ひょうしき》や標示《ひょうじ》には、似《に》ている色《いろ》や形《かたち》、意味《いみ》を持《も》つものがあります。あいまいだと間違《まちが》いやすいので、似《に》たものどうしをセットにして、その違《ちが》いを覚《おぼ》えます。

7 配点《はいてん》の10パーセントを占《し》めるイラスト問題《もんだい》では、あらゆる危険《きけん》を予測《よそく》する

「きっとこうなるだろう」という思《おも》い込《こ》みは要注意《ようちゅうい》。他者《たしゃ》（車《くるま》）、周囲《しゅうい》の動《うご》きに気《き》を配《くば》り、見《み》えないところにも細心《さいしん》の注意《ちゅうい》をはらいましょう。

PART 1

絵《え》で見《み》て早《はや》わかり！

交通《こうつう》ルールの重要《じゅうよう》ポイントをスピード攻略《こうりゃく》

学科試験《がっかしけん》によく出《で》る交通《こうつう》ルールの
超重要《ちょうじゅうよう》ポイント＆ひっかけ問題対策《もんだいたいさく》のツボをアドバイス！
本番前《ほんばんまえ》にチェックして頭《あたま》の中《なか》を整理《せいり》しておけば
スピード合格間違《ごうかくまちが》いなし!!

攻略《こうりゃく》メニュー

- ☑押《お》さえておきたい！ 交通用語《こうつうようご》
- ☑交通《こうつう》ルールのポイント
- ☑迷《まよ》いやすい数字《すうじ》をチェック
- ☑迷《まよ》いやすい言葉《ことば》づかいをチェック
- ☑「原則《げんそく》」と「例外《れいがい》」に注意《ちゅうい》
- ☑覚《おぼ》えておきたいおもな標識《ひょうしき》
- ☑覚《おぼ》えておきたいおもな標示《ひょうじ》
- ☑イラスト問題《もんだい》の攻略《こうりゃく》ポイント

押《お》さえておきたい！ 交通用語《こうつうようご》

試験問題《しけんもんだい》を解《と》くためには、出《で》てくる用語《ようご》をしっかりと理解《りかい》しておくことが重要《じゅうよう》です。まずは基本《きほん》となる用語《ようご》を覚《おぼ》えるようにしましょう。

道路《どうろ》に関《かん》する用語《ようご》

路側帯《ろそくたい》

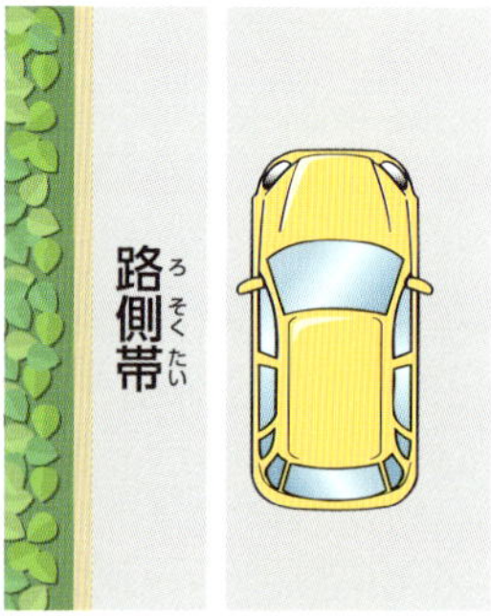

路側帯《ろそくたい》は、歩道《ほどう》が設《もう》けられていない道路《どうろ》（または設《もう》けられていない側《がわ》）において、道路標示《どうろひょうじ》によって区画《くかく》された歩行者用《ほこうしゃよう》の通路《つうろ》。

路肩《ろかた》

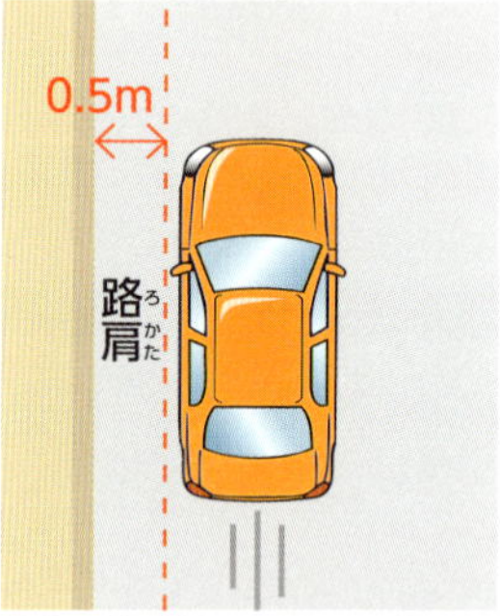

道路《どうろ》の保護等《ほごとう》のために、道路《どうろ》に設《もう》けられている、道路《どうろ》の端《はし》（路端《ろたん》）から0.5mの帯状《おびじょう》の部分《ぶぶん》。

車両通行帯《しゃりょうつうこうたい》

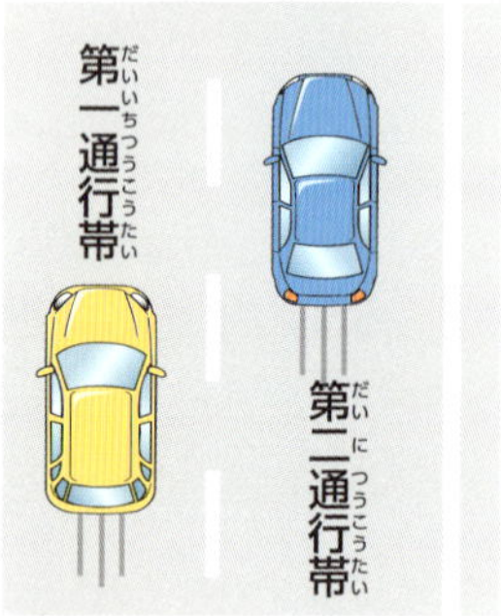

車《くるま》が通行《つうこう》する部分《ぶぶん》。表示《ひょうじ》によって示《しめ》されている。「車線《しゃせん》」や「レーン」ともいう。

歩道《ほどう》

歩行者《ほこうしゃ》の通行《つうこう》のため、縁石線《えんせきせん》やガードレール、柵《さく》などの工作物《こうさくぶつ》によって区分《くぶん》された部分《ぶぶん》。

車道《しゃどう》

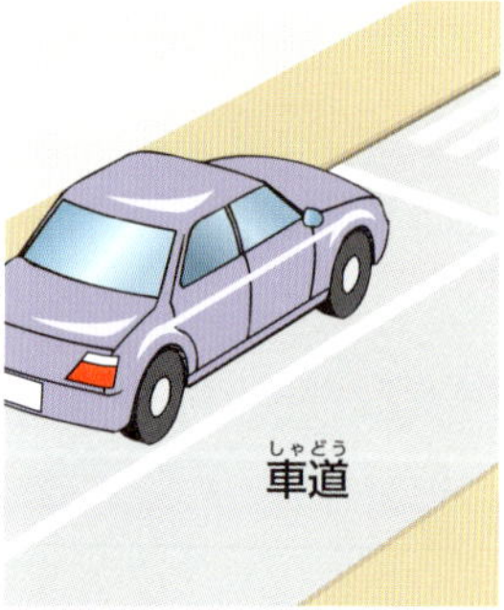

歩行者用《ほこうしゃよう》の通路《つうろ》と車両用《しゃりょうよう》の通路《つうろ》とが区別《くべつ》されている道路《どうろ》における車両用《しゃりょうよう》の通路《つうろ》。

こう配《ばい》の急《きゅう》な坂《さか》

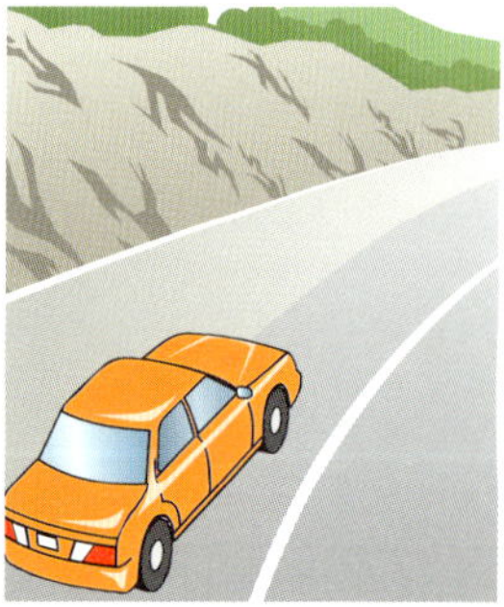

こう配《ばい》がおおむね10％（約《やく》6度《ど》）以上《いじょう》の坂《さか》（100m進《すす》んで10m以上上下《いじょうじょうげ》する坂道《さかみち》）。

車《くるま》に関《かん》する用語《ようご》

車《くるま》など

車《くるま》と路面電車《ろめんでんしゃ》の総称《そうしょう》。

車《くるま》（車両等《しゃりょうとう》）

自動車《じどうしゃ》、原動機付自転車《げんどうきつきじてんしゃ》、軽車両《けいしゃりょう》、トロリーバス。

自動車《じどうしゃ》

原動機《げんどうき》を用《もち》いて、レールや架線《かせん》なしで運転《うんてん》する車《くるま》（原動機付自転車《げんどうきつきじてんしゃ》、自転車《じてんしゃ》、身体障害者用《しんたいしょうがいしゃよう》の車《くるま》いす、歩行補助車《ほこうほじょしゃ》は含《ふく》まない）。

軽車両《けいしゃりょう》

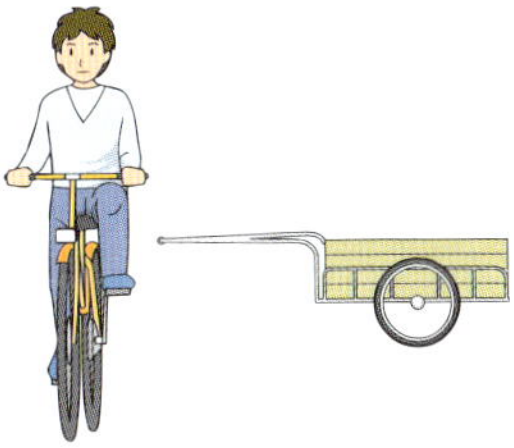

人《ひと》や動物《どうぶつ》の力《ちから》で走行《そうこう》する車《くるま》、動物《どうぶつ》や車《くるま》に牽引《けんいん》される車《くるま》・そり、また牛《うし》や馬《うま》のこと。原動機《げんどうき》の付《つ》いていない車《くるま》は、おおむね軽車両《けいしゃりょう》。

歩行者《ほこうしゃ》

道路《どうろ》を通行《つうこう》している人《ひと》（身体障害者用《しんたいしょうがいしゃよう》の車《くるま》いす、小児用《しょうによう》の車《くるま》、歩行補助車《ほこうほじょしゃ》などに乗《の》っている人《ひと》も含《ふく》む）。

ミニカー

総排気量《そうはいきりょう》が 50cc 以下《いか》、または定格出力《ていかくしゅつりょく》 0.60kW 以下《いか》の原動機《げんどうき》を有《ゆう》する普通自動車《ふつうじどうしゃ》。

路面電車《ろめんでんしゃ》

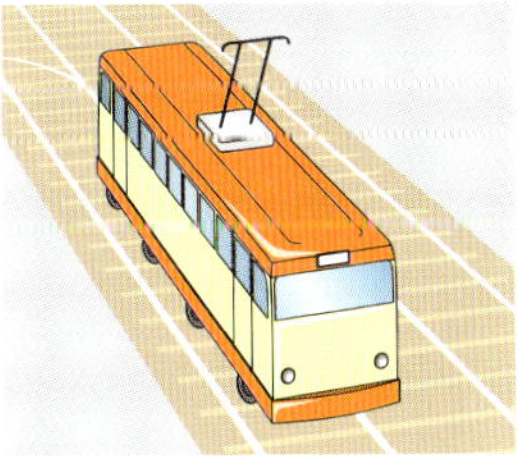

道路上《どうろじょう》に敷《し》かれた軌道《きどう》に乗《の》って走《はし》る電車《でんしゃ》のこと。例外《れいがい》もあるが、軌道《きどう》は道路《どうろ》の中央《ちゅうおう》に設《もう》けられることが多《おお》い。

路線《ろせん》バス等《とう》

路線《ろせん》バス、通学《つうがく》・通園《つうえん》バス、公安委員会《こうあんいいんかい》が認《みと》めた通勤《つうきん》バスなど。

緊急自動車《きんきゅうじどうしゃ》

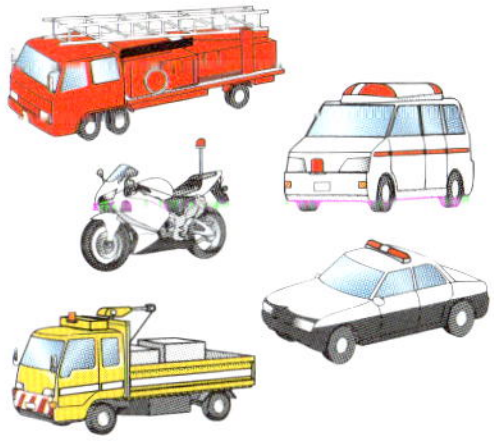

赤色《あかいろ》の警光灯《けいこうとう》をつけて、サイレンを鳴《な》らすなど、緊急用務《きんきゅうようむ》のために運転中《うんてんちゅう》のパトカー、緊急用自動車《きんきゅうようじどうしゃ》、消防用自動車《しょうぼうようじどうしゃ》など。

道路《どうろ》の設備《せつび》に関《かん》する用語《ようご》

標識《ひょうしき》

道路《どうろ》の交通《こうつう》に関《かん》して、規制《きせい》や指《し》示《じ》などを示《しめ》す標示板《ひょうじばん》。

標示《ひょうじ》

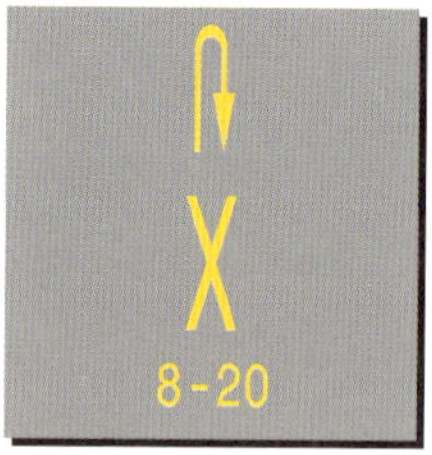

道路《どうろ》の交通《こうつう》に関《かん》して、規制《きせい》や指《し》示《じ》などのためにペイントや道路《どうろ》びょうなどで路面《ろめん》に示《しめ》された線《せん》や記号《きごう》、文字《もじ》。

信号機《しんごうき》

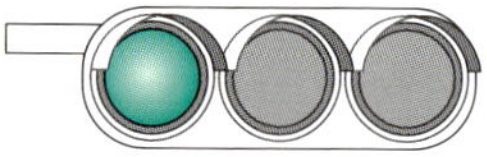

道路《どうろ》の交通《こうつう》に関《かん》して、電気《でんき》によって操作《そうさ》された灯火《とうか》により、交《こう》通整理《つうせいり》などのための信号《しんごう》を標示《ひょうじ》する。

軌道敷《きどうしき》

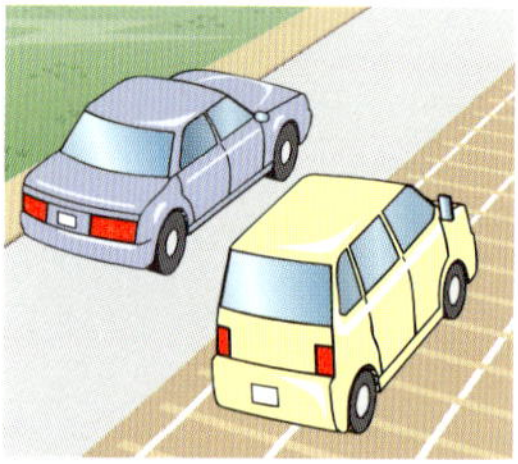

路面電車《ろめんでんしゃ》が通行《つうこう》するために必要《ひつよう》な道路《どうろ》の部分《ぶぶん》。レールの敷《し》いてある内側《うちがわ》とその両側《りょうがわ》0.61mの範囲《はんい》。

優先道路《ゆうせんどうろ》

「優先道路《ゆうせんどうろ》」の標識《ひょうしき》がある道路《どうろ》や、交差点《こうさてん》の中《なか》まで中央線《ちゅうおうせん》や車《しゃ》両通行帯《りょうつうこうたい》がある道路《どうろ》で、交差道《こうさどう》路《ろ》より優先《ゆうせん》して通行《つうこう》できる道路《どうろ》。

安全地帯《あんぜんちたい》

路面電車《ろめんでんしゃ》に乗《の》り降《お》りする人《ひと》や、道路《どうろ》を横断《おうだん》する歩行者《ほこうしゃ》の安全《あんぜん》を図《はか》るため、道路上《どうろじょう》に設《もう》けられた、島状《しまじょう》の施設《しせつ》や標識《ひょうしき》、標示《ひょうじ》によって示《しめ》された道路部分《どうろぶぶん》。

交差点《こうさてん》

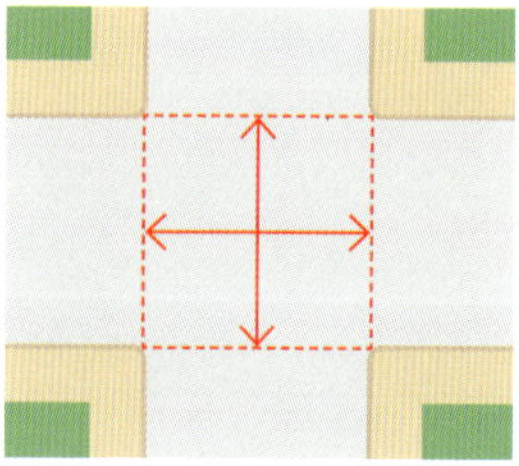

十字路《じゅうじろ》やT字路《じろ》などにおいて道《どう》路《ろ》（歩道《ほどう》が設《もう》けられている場合《ばあい》には車道《しゃどう》）が交《まじ》わっている部分《ぶぶん》。

環状交差点《かんじょうこうさてん》

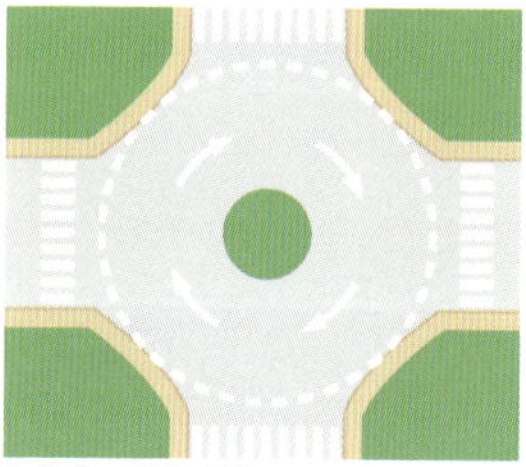

車両《しゃりょう》の通行部分《つうこうぶぶん》が環状《かんじょう》（ドーナツ状《じょう》）の交差点《こうさてん》。車両《しゃりょう》が右回《みぎまわ》りに通行《つうこう》することが定《さだ》められている。

立入《たちい》り禁止部分《きんしぶぶん》

車《くるま》が入《はい》ってはいけない標示部分《ひょうじぶぶん》。

その他《た》の用語《ようご》

交通巡視員《こうつうじゅんしいん》

警察職員《けいさつしょくいん》で、歩行者《ほこうしゃ》や自転車《じてんしゃ》の通行《つうこう》の安全確保《あんぜんかくほ》、駐停車《ちゅうていしゃ》の規制《きせい》や交通整理《こうつうせいり》などを行《おこな》う。警察官《けいさつかん》同様《どうよう》、指示《しじ》に従《したが》う。

車両総重量《しゃりょうそうじゅうりょう》

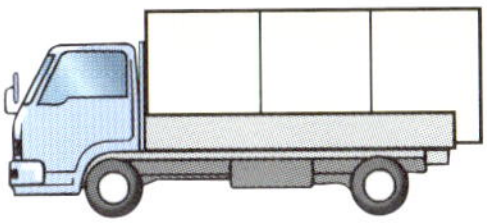

車《くるま》の重量《じゅうりょう》に最大積載量《さいだいせきさいりょう》と乗車定員《じょうしゃていいん》の重量《じゅうりょう》（1人《ひとり》55kgとして計算《けいさん》）を加《くわ》えた重《おも》さ。

総排気量《そうはいきりょう》

エンジンの大《おお》きさを表《あらわ》すのに用《もち》いられる数値《すうち》。数値《すうち》が大《おお》きいほど、その車《くるま》の馬力《ばりき》やトルクが大《おお》きくなる。

スタンディングウェーブ現象《げんしょう》

空気圧《くうきあつ》の低《ひく》いタイヤで高速走行《こうそくそうこう》を続《つづ》けたときに、路面《ろめん》から離《はな》れる部分《ぶぶん》に発生《はっせい》するタイヤの波打《なみう》ち現象《げんしょう》。現象《げんしょう》が起《お》きてそのまま走行《そうこう》をするとタイヤがバースト（破裂《はれつ》）する。

ハイドロプレーニング現象《げんしょう》

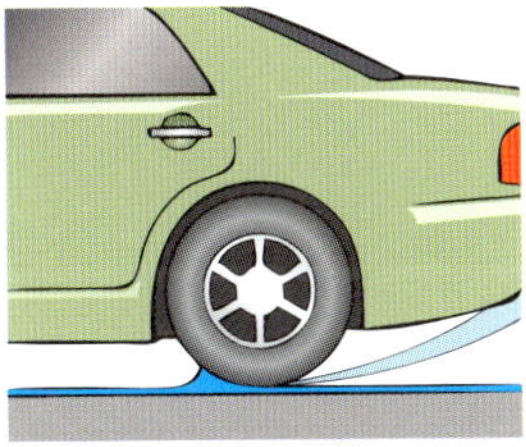

水《みず》で覆《おお》われた路面《ろめん》を高速《こうそく》で走行《そうこう》したときに、タイヤが水《みず》の膜《まく》の上《うえ》を滑走《かっそう》する現象《げんしょう》。

フェード現象《げんしょう》

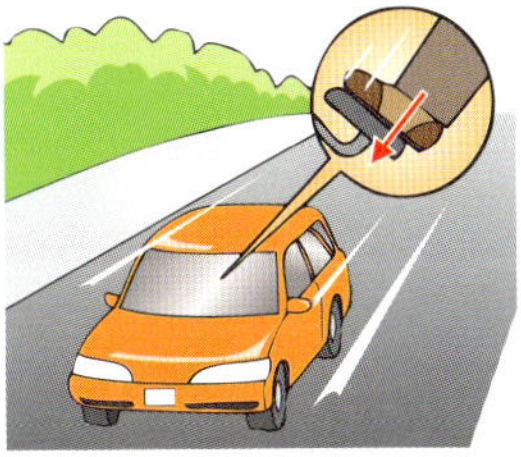

ブレーキを使《つか》いすぎたときに、ブレーキ装置《そうち》が過熱《かねつ》してブレーキの効《き》きが悪《わる》くなる現象《げんしょう》。その他《た》ブレーキ故障《こしょう》にはベーパーロック現象《げんしょう》もある。

内輪差《ないりんさ》

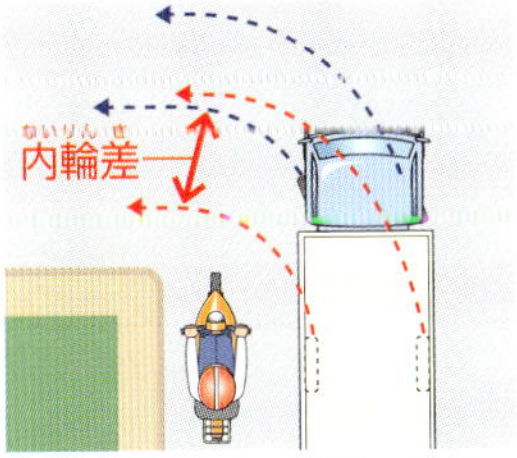

車《くるま》が曲《ま》がるとき、後輪《こうりん》が前輪《ぜんりん》より内側《うちがわ》を通《とお》ることによる前後輪《ぜんこうりん》の軌跡《きせき》の差《さ》。死角《しかく》にいる二輪車《にりんしゃ》を巻《ま》きこまない。

徐行《じょこう》

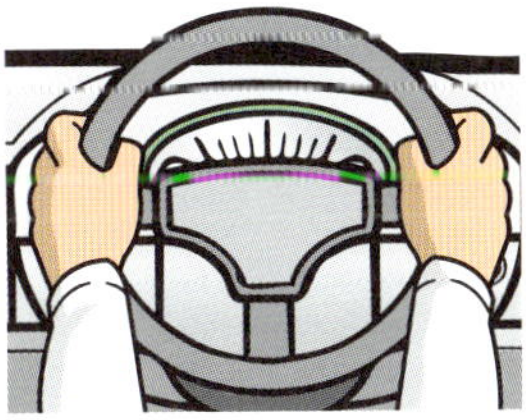

車《くるま》がすぐに停止《ていし》できそうな速度《そくど》の走行《そうこう》。ブレーキ操作《そうさ》をしてから停止《ていし》するまでの距離《きょり》がおおむね1m以内《いない》、時速《じそく》10km以下《いか》の速度《そくど》。

けん引《いん》

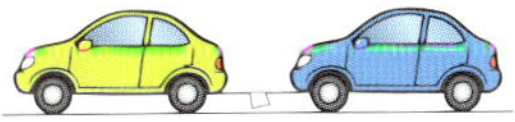

けん引自動車《いんじどうしゃ》で他《ほか》の車《くるま》を運《はこ》んだり、故障車《こしょうしゃ》などをロープやクレーンなどで引《ひ》っ張《ぱ》ったりすること。

交通《こうつう》ルールのポイント

いよいよ試験直前《しけんちょくぜん》！　万全《ばんぜん》を期《き》したつもりでも、不安《ふあん》はぬぐえないものです……。そんなとき、このページを最終《さいしゅう》チェックとして役立《やくだ》ててください。あやふやなところ、うろ覚《おぼ》え箇所《かしょ》をスッキリ整理《せいり》して、自信《じしん》を持《も》って試験《しけん》にのぞみましょう！

歩行者《ほこうしゃ》の保護《ほご》

歩行者《ほこうしゃ》や自転車《じてんしゃ》のそばを通《とお》るとき

安全《あんぜん》な間隔《かんかく》（1 ～ 1.5m 以上《いじょう》）をあける。

安全《あんぜん》な間隔《かんかく》をあけられない場合《ばあい》は徐行《じょこう》する。

安全地帯《あんぜんちたい》のそばを通《とお》るとき

歩行者《ほこうしゃ》がいるときは徐行《じょこう》する。

歩行者《ほこうしゃ》がいないときはそのまま通行《つうこう》してよい。

※ 横断歩道《おうだんほどう》のないところで歩行者《ほこうしゃ》が横断《おうだん》しているときも、その歩行者《ほこうしゃ》の通行《つうこう》を妨《さまた》げない

停留所《ていりゅうじょ》で停《と》まっている路面電車《ろめんでんしゃ》のそばを通《とお》るとき

後方《こうほう》で停止《ていし》して、乗降客《じょうこうきゃく》や道路《どうろ》を横断《おうだん》する人《ひと》がいなくなるまで待《ま》つ。右《みぎ》の例外《れいがい》もあるので注意《ちゅうい》する。

徐行《じょこう》すれば通行《つうこう》できる例外的《れいがいてき》なケース

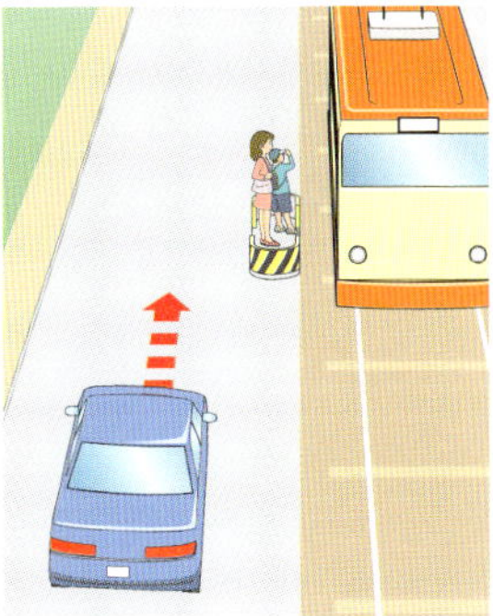

安全地帯《あんぜんちたい》があるところでは、乗降客《じょうこうきゃく》がいてもいなくても徐行《じょこう》する。

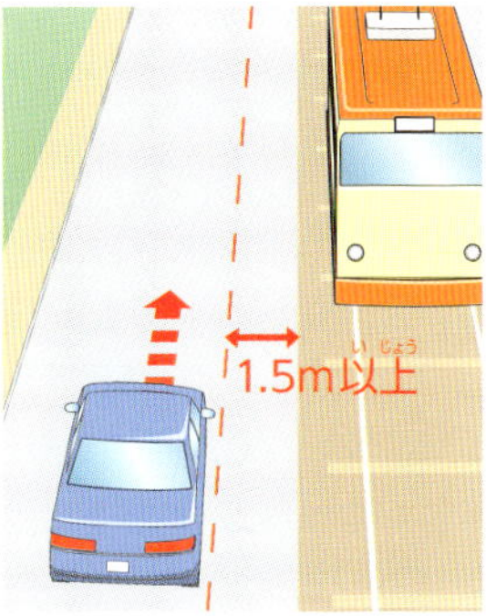

安全地帯《あんぜんちたい》がないところでは、路面電車《ろめんでんしゃ》との間《あいだ》に1.5m以上《いじょう》の間隔《かんかく》があり、乗降客《じょうこうきゃく》がいなければ徐行《じょこう》しながら通行《つうこう》してよい。

ぬかるみや水《みず》たまりがある場合《ばあい》

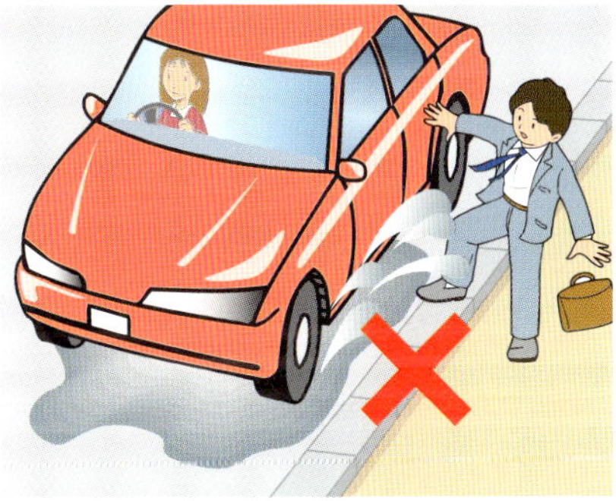

徐行《じょこう》や停止《ていし》するなどして、歩行者《ほこうしゃ》に泥《どろ》や水《みず》をはねないように注意《ちゅうい》する。

停《と》まっている車《くるま》のそばを通《とお》るとき

急《きゅう》にドアが開《ひら》いたり、車《くるま》のかげから人《ひと》が飛《と》び出《だ》したりする場合《ばあい》があるので注意《ちゅうい》する。

子《こ》ども・体《からだ》の不自由《ふじゆう》な人《ひと》が歩《ある》いていたら

ひとり歩《ある》きしている子《こ》ども、身体障害者用《しんたいしょうがいしゃよう》の車《くるま》いす、白《しろ》か黄色《きいろ》のつえを持《も》った人《ひと》、盲導犬《もうどうけん》を連《つ》れた人《ひと》、通行《つうこう》に支障《ししょう》のある高齢者《こうれいしゃ》や身体障害者《しんたいしょうがいしゃ》

一時停止《いちじていし》か徐行《じょこう》して、歩行者《ほこうしゃ》が安全《あんぜん》に通行《つうこう》できるようにする。

乗降《じょうこう》のため停車中《ていしゃちゅう》の通学《つうがく》・通園《つうえん》バスのそばを通《とお》るとき

乗降《じょうこう》のため停車中《ていしゃちゅう》の通学《つうがく》・通園《つうえん》バスのそばを通《とお》るときは徐行《じょこう》して安全《あんぜん》を確認《かくにん》しなければならない。

自動車《じどうしゃ》の通行《つうこう》するところ

◉車両通行帯《しゃりょうつうこうたい》がある道路《どうろ》

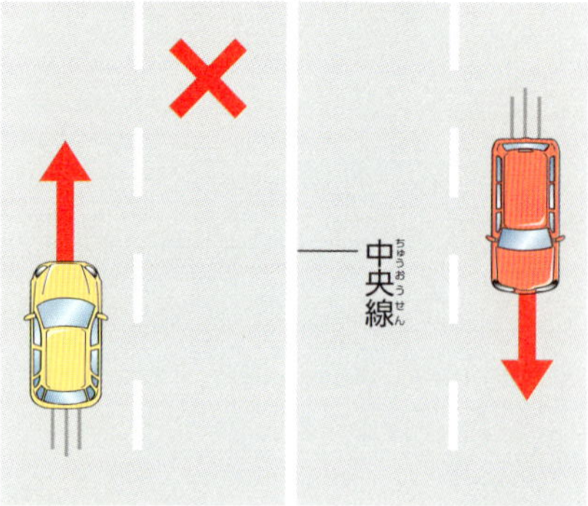

車《くるま》は車道《しゃどう》を通行《つうこう》する。車《くるま》は、左側《ひだりがわ》の通行帯《つうこうたい》を通行《つうこう》しなくてはならない。右側《みぎがわ》の車両通行帯《しゃりょうつうこうたい》は追《お》い越《こ》しや右折《うせつ》などのためにあけておく。

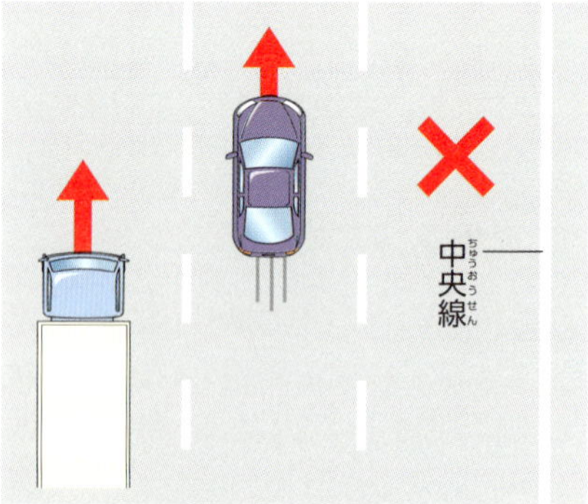

２つ以上《いじょう》の通行帯《つうこうたい》がある道路《どうろ》では、最《もっと》も右側《みぎがわ》の通行帯《つうこうたい》は追《お》い越《こ》しや右折《うせつ》などのためにあけておき、それ以外《いがい》の車両通行帯《しゃりょうつうこうたい》を通行《つうこう》する。

◉車両通行帯《しゃりょうつうこうたい》のない道路《どうろ》

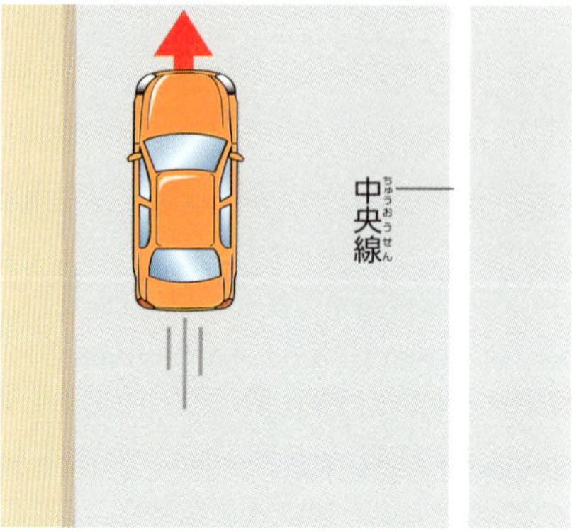

自動車《じどうしゃ》や原動機付自転車《げんどうきつきじてんしゃ》は、道路《どうろ》の左《ひだり》に寄《よ》って、軽車両《けいしゃりょう》は道路《どうろ》の左側端《ひだりそくたん》に寄《よ》って通行《つうこう》する。歩道《ほどう》のない道路《どうろ》では、自動車《じどうしゃ》（二輪《にりん》のものを除《のぞ》く）は路肩《ろかた》を通行《つうこう》してはならない。

※中央線《ちゅうおうせん》は、道路《どうろ》の片側《かたがわ》の幅《はば》が６m以上《いじょう》のときは白《しろ》の実線《じっせん》、６m未満《みまん》のときは白《しろ》の破線《はせん》と定《さだ》められている。
道路《どうろ》の片側《かたがわ》が６m以上《いじょう》のときは、右側《みぎがわ》にはみ出《だ》して追《お》い越《こ》しをしてはいけない。

※中央線《ちゅうおうせん》は道路《どうろ》の中央《ちゅうおう》にないこともある。

※路肩《ろかた》とは、道路《どうろ》の側端《そくたん》から0.5mの部《ぶ》分《ぶん》を指《さ》す。軟弱《なんじゃく》で崩《くず》れやすいため、通《つう》行《こう》してはいけない。

標識《ひょうしき》・標示《ひょうじ》による通行区分《つうこうくぶん》が指定《してい》されている道路《どうろ》

自動車《じどうしゃ》は、それぞれの通行区分《つうこうくぶん》にしたがうが、原付《げんつき》は速度《そくど》が遅《おそ》いので、右折《うせつ》などやむを得《え》ない場合以外《ばあいいがい》は最《もっと》も左側《ひだりがわ》の通行帯《つうこうたい》を通行《つうこう》する。

◉右側《みぎがわ》にはみ出《だ》してもよい場合《ばあい》

一方通行《いっぽうつうこう》になっている道路《どうろ》。

工事《こうじ》などのため、左側部分《ひだりがわぶぶん》だけでは通行《つうこう》するのに十分《じゅうぶん》な幅《はば》がないとき。

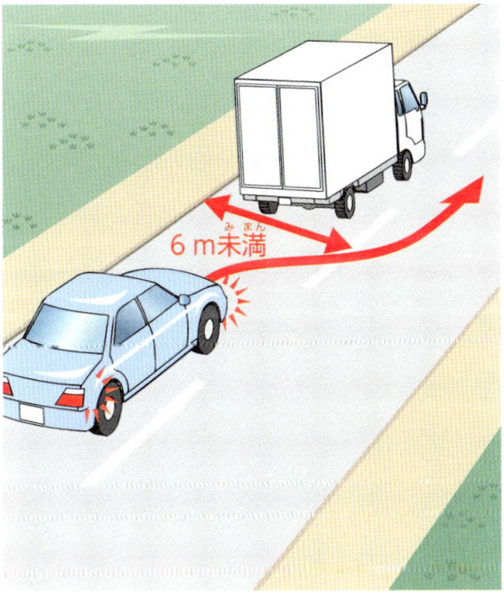

左側《ひだりがわ》の幅《はば》が6ｍ未満《みまん》の見通《みとお》しのよい道路《どうろ》で、ほかの車《くるま》を追《お》い越《こ》そうとするとき（標識《ひょうしき》・標示《ひょうじ》で追《お》い越《こ》しのための右側部分《みぎがわぶぶん》はみ出《だ》し通行《つうこう》が禁止《きんし》されておらず、反対方向《はんたいほうこう》からの交通《こうつう》を妨《さまた》げるおそれのない場合《ばあい》）。

こう配《ばい》の急《きゅう》な道路《どうろ》の曲《ま》がり角付近《かどふきん》で、右側通行《みぎがわつうこう》の標示《ひょうじ》があるとき。

※ 一方通行以外《いっぽうつうこういがい》は、キープレフトの原則《げんそく》により、できるだけはみ出《だ》し方《かた》を少《すく》なくする

車《くるま》が通行《つうこう》してはいけないところ

●標識《ひょうしき》や標示《ひょうじ》で示《しめ》されている場所《ばしょ》

【通行止《つうこうど》め】

【車両通行止《しゃりょうつうこうど》め】

【歩行者専用《ほこうしゃせんよう》】

【立入《たちい》り禁止部分《きんしぶぶん》】

【安全地帯《あんぜんちたい》】

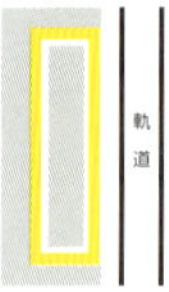

●歩行者専用道路《ほこうしゃせんようどうろ》は通行禁止《つうこうきんし》

沿道《えんどう》に車庫《しゃこ》があるなどの理由《りゆう》で、特《とく》に通行《つうこう》を認《みと》められた車《くるま》（警察署長《けいさつしょちょう》の許可《きょか》を受《う》けた車《くるま》や緊急自動車《きんきゅうじどうしゃ》など）は徐行《じょこう》して歩行者《ほこうしゃ》などに注意《ちゅうい》しながら通行《つうこう》できる。

渋滞時《じゅうたいじ》などでの交差点内《こうさてんない》、停止禁止部分《ていしきんしぶぶん》の標示内《ひょうじない》、踏切内《ふみきりない》、横断歩道《おうだんほどう》、自転車横断帯《じてんしゃおうだんたい》への進入《しんにゅう》は禁止《きんし》。二輪車《にりんしゃ》はエンジンを切《き》って押《お》して歩《ある》くと歩行者《ほこうしゃ》として扱《あつか》われる。

●歩道《ほどう》、路側帯《ろそくたい》、自転車道《じてんしゃどう》

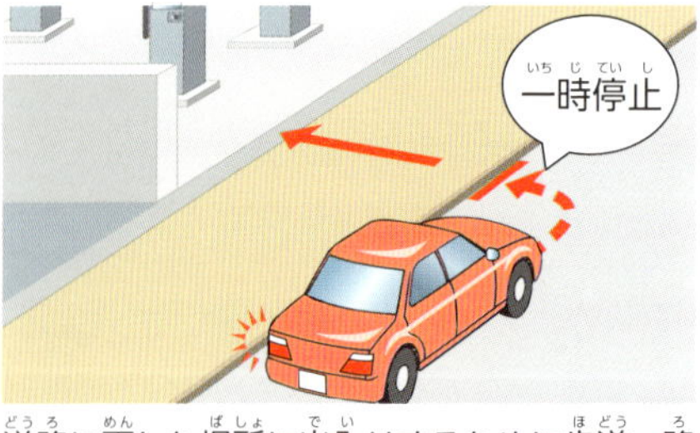

道路《どうろ》に面《めん》した場所《ばしょ》に出入《でい》りするために歩道《ほどう》、路側帯《ろそくたい》や自転車道《じてんしゃどう》を横切《よこぎ》ることは可《か》。歩行者《ほこうしゃ》がいてもいなくても歩道《ほどう》などの直前《ちょくぜん》で必《かなら》ず一時停止《いちじていし》し、歩行者《ほこうしゃ》の通行《つうこう》を妨《さまた》げない。

●軌道敷内《きどうしきない》

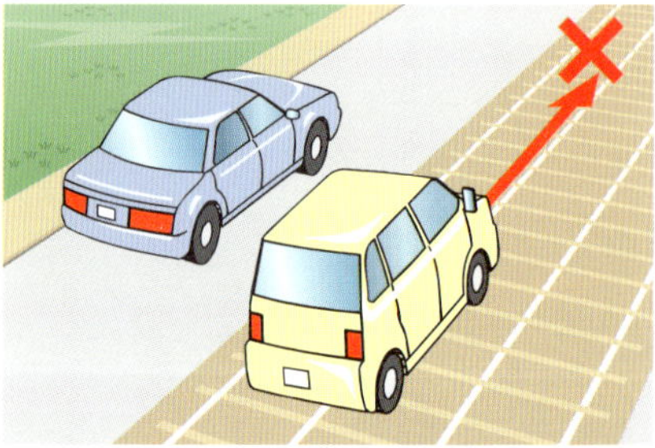

右左折《うさせつ》、横断《おうだん》、転回《てんかい》のため横切《よこぎ》る場合《ばあい》や危険《きけん》を避《さ》けるなどやむを得《え》ない場合《ばあい》や、軌道敷内通行可《きどうしきないつうこうか》の標識《ひょうしき》がある場合《ばあい》には、通行《つうこう》できる。

軌道敷内《きどうしきない》
通行可《つうこうか》

自動車《じどうしゃ》などの種類《しゅるい》

大型自動車《おおがたじどうしゃ》	大型特殊自動車《おおがたとくしゅじどうしゃ》、大型自動二輪車《おおがたじどうにりんしゃ》、普通自動二輪車《ふつうじどうにりんしゃ》、小型特殊自動車《こがたとくしゅじどうしゃ》以外《いがい》の自動車《じどうしゃ》で、次《つぎ》のいずれかに該当《がいとう》するもの ●車両総重量《しゃりょうそうじゅうりょう》…11,000kg以上《いじょう》 ●最大積載量《さいだいせきさいりょう》…6,500kg以上《いじょう》 ●乗車定員《じょうしゃていいん》……30人以上《にんいじょう》	
中型自動車《ちゅうがたじどうしゃ》	大型自動車《おおがたじどうしゃ》、大型特殊自動車《おおがたとくしゅじどうしゃ》、大型自動二輪車《おおがたじどうにりんしゃ》、普通《ふつう》自動二輪車《じどうにりんしゃ》、小型特殊自動車《こがたとくしゅじどうしゃ》以外《いがい》の自動車《じどうしゃ》で、次《つぎ》のいずれかに該当《がいとう》するもの ●車両総重量《しゃりょうそうじゅうりょう》…7,500kg以上《いじょう》 11,000kg未満《みまん》 ●最大積載量《さいだいせきさいりょう》…4,500kg以上《いじょう》 6,500kg未満《みまん》 ●乗車定員《じょうしゃていいん》……11人以上《にんいじょう》 29人以下《にんいか》	
準中型自動車《じゅんちゅうがたじどうしゃ》	大型自動車《おおがたじどうしゃ》、大型特殊自動車《おおがたとくしゅじどうしゃ》、中型自動車《ちゅうがたじどうしゃ》、大型自動《おおがたじどう》二輪車《にりんしゃ》、普通自動二輪車《ふつうじどうにりんしゃ》、小型特殊自動車以外《こがたとくしゅじどうしゃいがい》の自動《じどう》車《しゃ》で、次《つぎ》のいずれかに該当《がいとう》するもの ●車両総重量《しゃりょうそうじゅうりょう》…3,500kg以上《いじょう》 7,500kg未満《みまん》 ●最大積載量《さいだいせきさいりょう》…2,000kg以上《いじょう》 4,500kg未満《みまん》 ●乗車定員《じょうしゃていいん》……10人以下《にんいか》	
普通自動車《ふつうじどうしゃ》	大型自動車《おおがたじどうしゃ》、中型自動車《ちゅうがたじどうしゃ》、準中型自動車《じゅんちゅうがたじどうしゃ》、大型特殊自《おおがたとくしゅじ》動車《どうしゃ》、大型自動二輪車《おおがたじどうにりんしゃ》、普通自動二輪車《ふつうじどうにりんしゃ》、小型特殊自《こがたとくしゅじ》動車以外《どうしゃいがい》の自動車《じどうしゃ》で、次《つぎ》のいずれかに該当《がいとう》するもの ●車両総重量《しゃりょうそうじゅうりょう》…3,500kg未満《みまん》 ●最大積載量《さいだいせきさいりょう》…2,000kg未満《みまん》 ●乗車定員《じょうしゃていいん》……10人以下《にんいか》 ミニカー（総排気量《そうはいきりょう》 50cc 以下《いか》、または定格出力《ていかくしゅつりょく》が 0.6kW以下《いか》の普通自動車《ふつうじどうしゃ》）	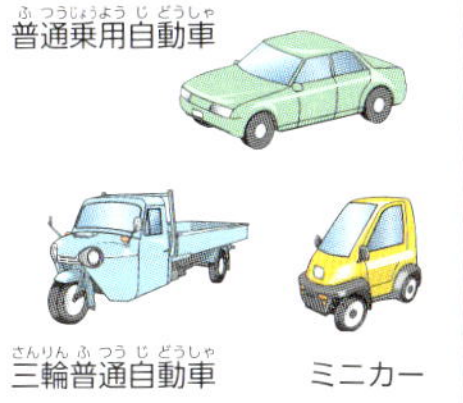
大型特殊自動車《おおがたとくしゅじどうしゃ》	小型特殊自動車以外《こがたとくしゅじどうしゃいがい》の、特殊《とくしゅ》な作業《さぎょう》に使用《しよう》する最高速《さいこうそく》度《ど》が 35km/h 以上《いじょう》の自動車《じどうしゃ》	
大型自動二輪車《おおがたじどうにりんしゃ》	エンジンの総排気量《そうはいきりょう》が400ccを超《こ》える二輪《にりん》の自動車《じどうしゃ》。側車付《そくしゃつき》のものを含《ふく》む	
普通自動二輪車《ふつうじどうにりんしゃ》	エンジンの総排気量《そうはいきりょう》が50ccを超《こ》え、400cc以下《いか》の二輪《にりん》の自動車《じどうしゃ》。側車付《そくしゃつき》のものを含《ふく》む	
小型特殊自動車《こがたとくしゅじどうしゃ》	長《なが》さ 4.7m 以下《いか》、幅《はば》 1.7m 以下《いか》、高《たか》さ 2.0m 以下《いか》（ヘッドガード等《とう》含《ふく》め高《たか》さは 2.8m 以下《いか》）、最高速度《さいこうそくど》 15km/h 以下《いか》（ただし、農耕作業車《のうこうさぎょうしゃ》は 35km/h 未満《みまん》）の特殊構《とくしゅこう》造《ぞう》をもつ自動車《じどうしゃ》	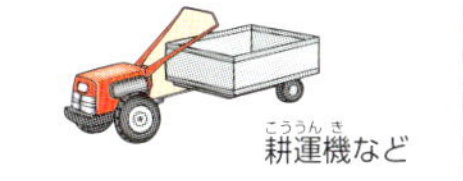
原動機付自転車《げんどうきつきじてんしゃ》	エンジンの総排気量《そうはいきりょう》が50cc以下《いか》の二輪車《にりんしゃ》、スリーター（三《さん》輪車《りんしゃ》）など。または総排気量《そうはいきりょう》が20cc以下《いか》の三輪以上《さんりんいじょう》の車《くるま》	

※以上《いじょう》・以下《いか》……その数字《すうじ》を含《ふく》める（例《れい》：10人以下《にんいか》=10、9、8、7…）　超《こ》える・未満《みまん》…その数字《すうじ》を含《ふく》まない（例《れい》：50ccを超《こ》え=51、52、53…）

信号《しんごう》の種類《しゅるい》と走《はし》り方《かた》

青色《あおいろ》の灯火《とうか》

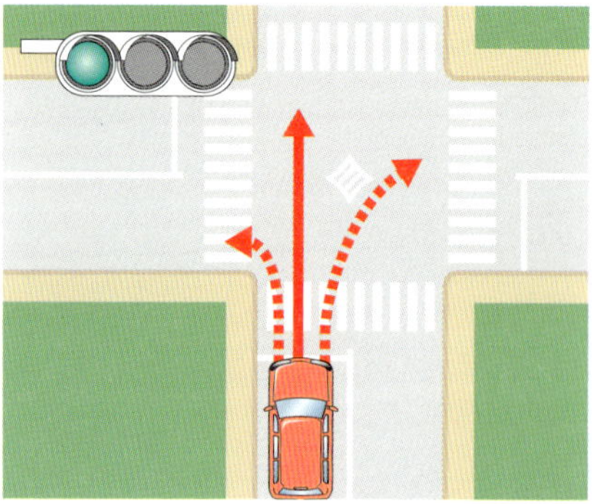

歩行者《ほこうしゃ》は進《すす》むことができる。車《くるま》、路面電車《ろめんでんしゃ》は直進《ちょくしん》・左折《させつ》・右折《うせつ》（二段階右折《にだんかいうせつ》の原付《げんつき》と軽車両《けいしゃりょう》は除《のぞ》く）することができる。
ただし、右折《うせつ》する場合《ばあい》は、青色《あおいろ》の灯火《とうか》にしたがって進《すす》んでくる車《くるま》や路面電車《ろめんでんしゃ》の進行《しんこう》を妨《さまた》げてはいけない。

原動機付自転車《げんどうきつきじてんしゃ》の二段階右折《にだんかいうせつ》の標識《ひょうしき》がある場合《ばあい》

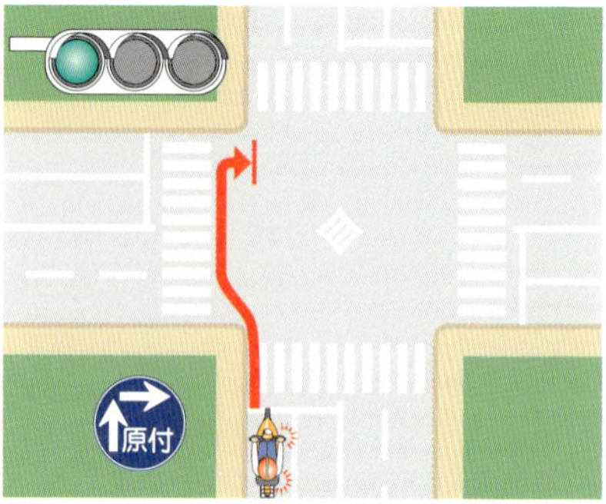

軽車両《けいしゃりょう》と原動機付自転車《げんどうきつきじてんしゃ》は、右折《うせつ》する地点《ちてん》まで直進《ちょくしん》し、その地点《ちてん》で向《む》きを変《か》えたあと、進《すす》むべき方向《ほうこう》の信号《しんごう》が青《あお》になるのを待《ま》つ。

（注）片側《かたがわ》３車線以上《しゃせんいじょう》の交通整理《こうつうせいり》が行《おこな》われている交差点《こうさてん》では、標識《ひょうしき》がなくても二段階右折《にだんかいうせつ》を行《おこな》う

黄色《きいろ》の灯火《とうか》

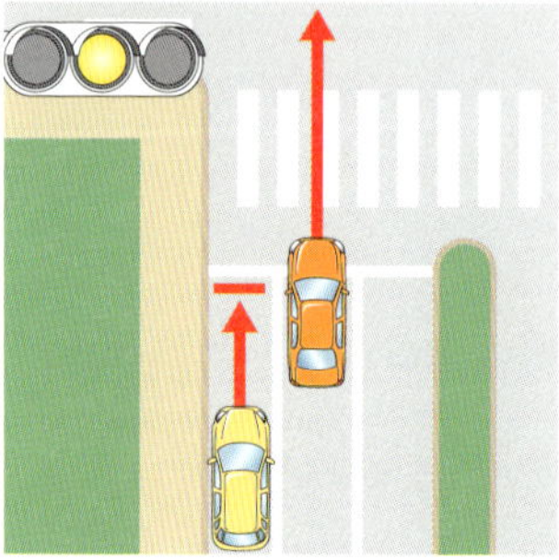

車《くるま》や路面電車《ろめんでんしゃ》は、停止位置《ていしいち》から先《さき》に進《すす》んではいけない。歩行者《ほこうしゃ》は横断《おうだん》を始《はじ》めてはいけない。横断中《おうだんちゅう》のときはすみやかに渡《わた》るか、横断《おうだん》をやめて引《ひ》き返《かえ》す。

黄色《きいろ》に変《か》わったとき停止位置《ていしいち》に近《ちか》づいていて、安全《あんぜん》に停止《ていし》できない場合《ばあい》はそのまま進《すす》むことができる。

赤色《あかいろ》の灯火《とうか》

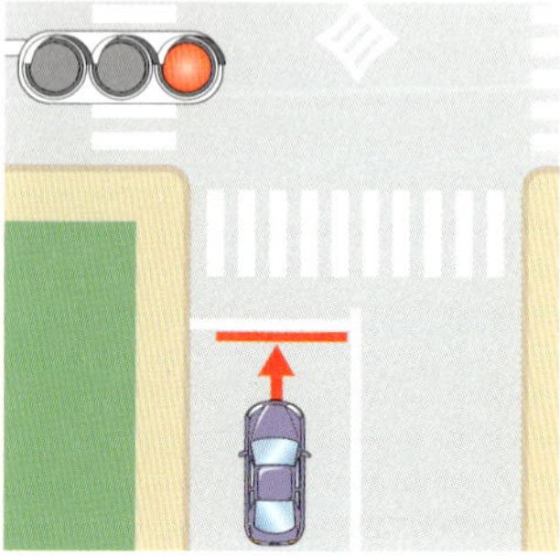

歩行者《ほこうしゃ》は横断《おうだん》できない。車《くるま》、路面《ろめん》電車《でんしゃ》は、停止位置《ていしいち》を越《こ》えて進《すす》んではいけない。ただし、交差点《こうさてん》ですでに左折《させつ》または右折《うせつ》しているときは、進行方向《しんこうほうこう》の信号《しんごう》が赤《あか》であってもそのまま進《すす》むことができる。

青色《あおいろ》矢印《やじるし》の灯火《とうか》

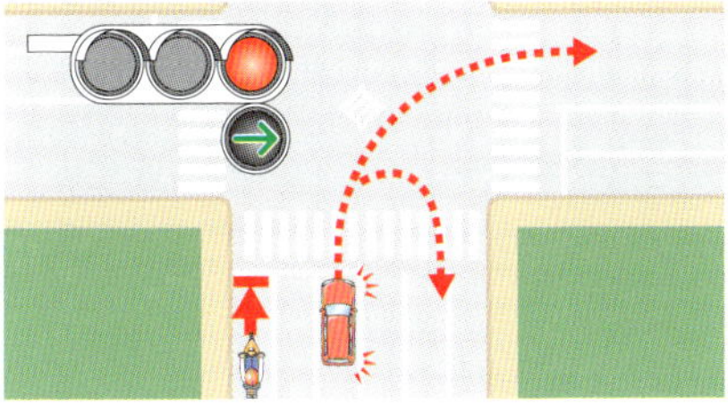

車《くるま》は矢印《やじるし》の方向《ほうこう》に進《すす》むことができる。右折《うせつ》の矢印《やじるし》の場合《ばあい》、右折《うせつ》に加《くわ》えて、転回《てんかい》することができる。ただし、軽車両《けいしゃりょう》と二段階《にだんかい》の右折方法《うせつほうほう》により右折《うせつ》する原動機付自転車《げんどうきつきじてんしゃ》は進《すす》むことができない。

※道路標識等《どうろひょうしきとう》で転回《てんかい》が禁止《きんし》されている交差点《こうさてん》や区間《くかん》では、転回《てんかい》できない

黄色《きいろ》矢印《やじるし》の灯火《とうか》

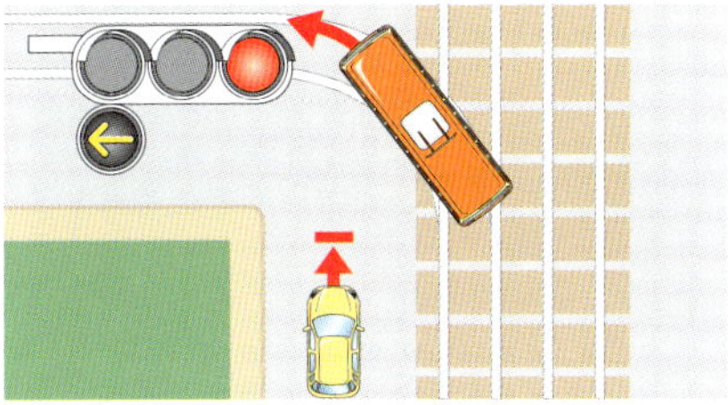

路面電車《ろめんでんしゃ》だけに対《たい》する信号《しんごう》なので、歩行者《ほこうしゃ》や車《くるま》は進《すす》むことができない。路面電車《ろめんでんしゃ》は矢印《やじるし》の方向《ほうこう》に進《すす》むことができる。

黄色灯火《きいろとうか》の点滅《てんめつ》

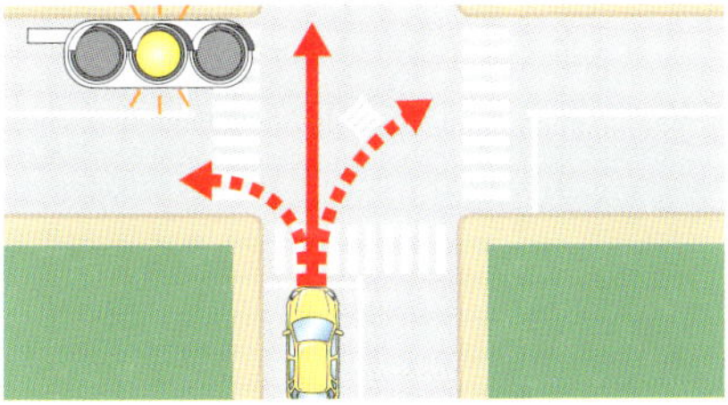

歩行者《ほこうしゃ》や車《くるま》、路面電車《ろめんでんしゃ》はほかの交通《こうつう》に注意《ちゅうい》して進《すす》むことができる。

赤色灯火《あかいろとうか》の点滅《てんめつ》

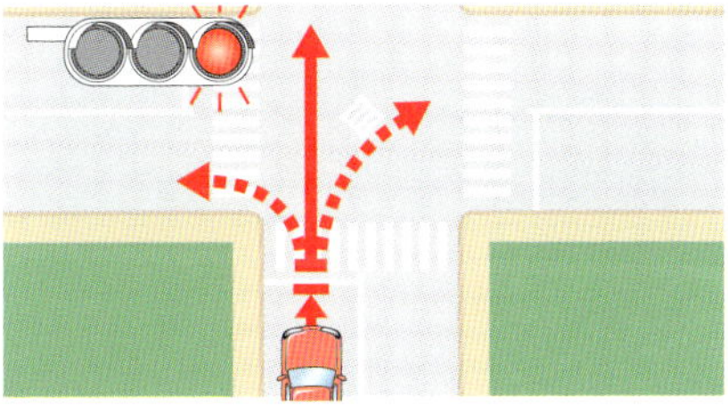

車《くるま》や路面電車《ろめんでんしゃ》は、停止位置《ていしいち》で一時停止《いちじていし》し、安全《あんぜん》を確認《かくにん》したあとに進《すす》むことができる。歩行者《ほこうしゃ》はほかの交通《こうつう》に注意《ちゅうい》して進《すす》むことができる。

「左折可《させつか》」の標示板《ひょうじばん》がある場合《ばあい》

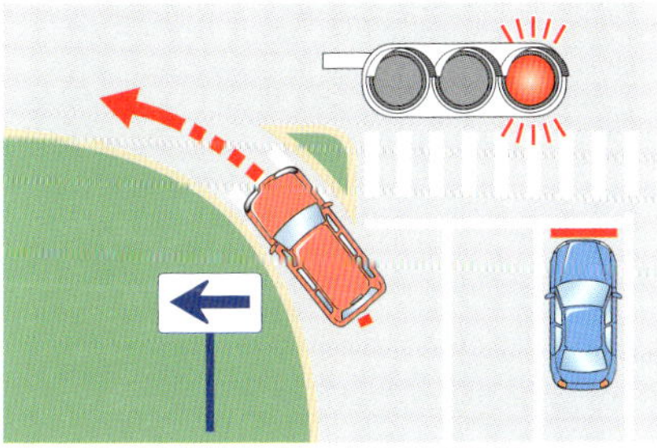

白地《しろじ》に青色《あおいろ》の、左向《ひだりむ》き矢印《やじるし》の標示板《ひょうじばん》があるときは、信号《しんごう》にかかわらず周《まわ》りの交通《こうつう》に注意《ちゅうい》して左折《させつ》できる。この場合《ばあい》、信号《しんごう》にしたがって横断《おうだん》している歩行者《ほこうしゃ》や自転車《じてんしゃ》などの通行《つうこう》を妨《さまた》げてはいけない。

停止線《ていしせん》がない場合《ばあい》の停止位置《ていしいち》

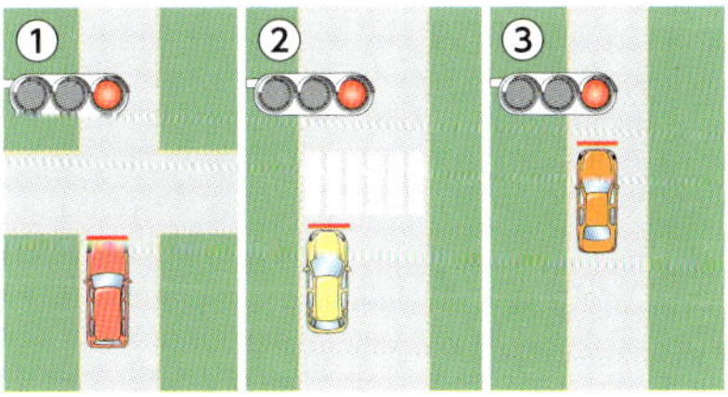

①交差点《こうさてん》ではその直前《ちょくぜん》
②交差点以外《こうさてんいがい》では、横断歩道《おうだんほどう》や自転車横断帯《じてんしゃおうだんたい》、踏切《ふみきり》があるところならその直前《ちょくぜん》
③それらがなく、信号機《しんごうき》だけがあるところでは信号《しんごう》の直前《ちょくぜん》（信号《しんごう》の見《み》える位置《いち》）

交差点《こうさてん》の通行《つうこう》ルール

左折《させつ》の仕方《しかた》と注意点《ちゅういてん》
(環状交差点《かんじょうこうさてん》を除《のぞ》く)

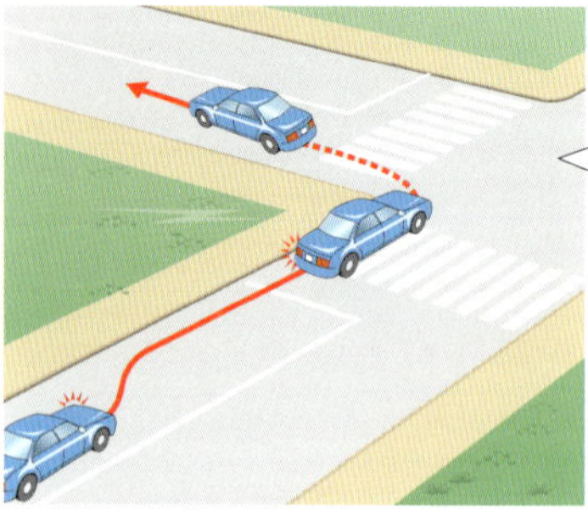

あらかじめ道路《どうろ》の左端《ひだりはし》にできるだけ寄《よ》り、交差点《こうさてん》の側端《そくたん》に沿《そ》って徐行《じょこう》する。

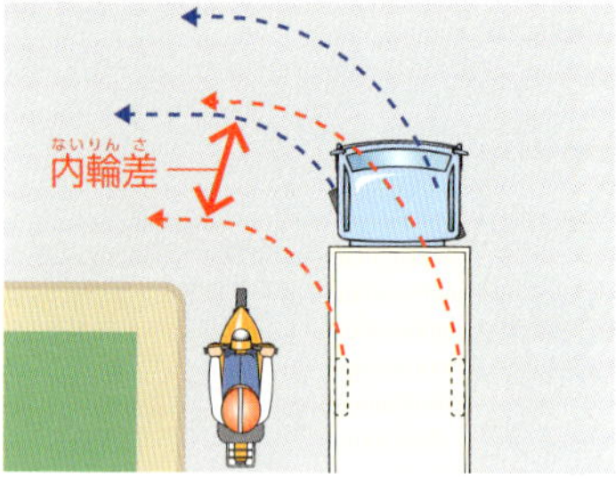

車《くるま》が右左折《うさせつ》するときは、内輪差《ないりんさ》が生《しょう》じるので、歩行者《ほこうしゃ》や自転車《じてんしゃ》などを巻《ま》き込《こ》まないように注意《ちゅうい》する。右左折時《うさせつじ》はバックミラーだけの安全確認《あんぜんかくにん》では死角部分《しかくぶぶん》を見落《みお》とすので、直接目視《ちょくせつもくし》による確認《かくにん》が大切《たいせつ》。

右折《うせつ》の仕方《しかた》と注意点《ちゅういてん》
(環状交差点《かんじょうこうさてん》を除《のぞ》く)

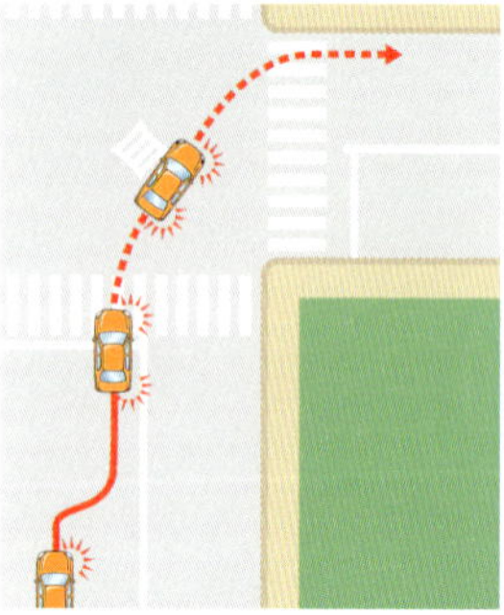

あらかじめ道路《どうろ》の中央《ちゅうおう》にできるだけ寄《よ》り、交差点《こうさてん》の中心《ちゅうしん》のすぐ内側《うちがわ》を徐行《じょこう》する。

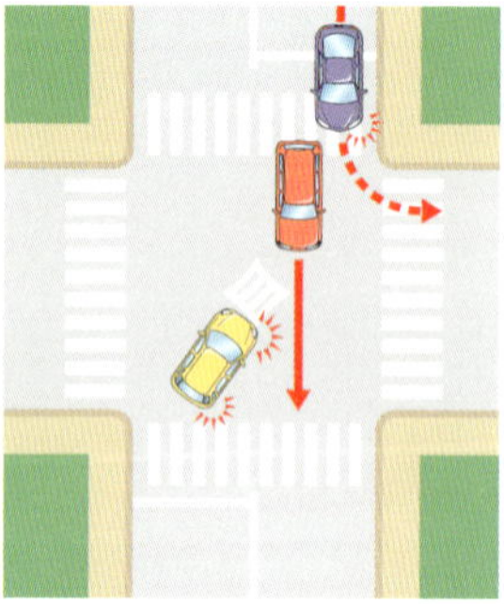

対向《たいこう》する直進車《ちょくしんしゃ》や左折車《させつしゃ》の進行《しんこう》を妨《さまた》げないように注意《ちゅうい》する。

一方通行《いっぽうつうこう》の場合《ばあい》
(環状交差点《かんじょうこうさてん》を除《のぞ》く)

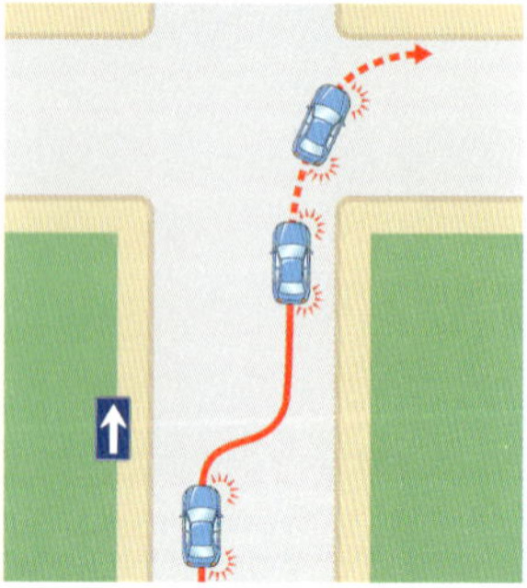

あらかじめ道路《どうろ》の右端《みぎはし》に寄《よ》り、交差点《こうさてん》の中心《ちゅうしん》の内側《うちがわ》を徐行《じょこう》しながら通行《つうこう》。

原動機付自転車《げんどうきつきじてんしゃ》が二段階右折《にだんかいうせつ》する場合《ばあい》(環状交差点《かんじょうこうさてん》を除《のぞ》く)

❶あらかじめ道路《どうろ》の左端《ひだりはし》に寄《よ》る。
❷交差点《こうさてん》の手前《てまえ》 30m から右折《うせつ》の合図《あいず》を出《だ》す。
❸青信号《あおしんごう》を徐行《じょこう》しながら交差点《こうさてん》の向《む》こう側《がわ》まで直進《ちょくしん》する。
❹停止《ていし》し、右《みぎ》に向《む》きを変《か》えたら合図《あいず》をやめる。
❺前方《ぜんぽう》の信号《しんごう》が青《あお》になったら進《すす》む。

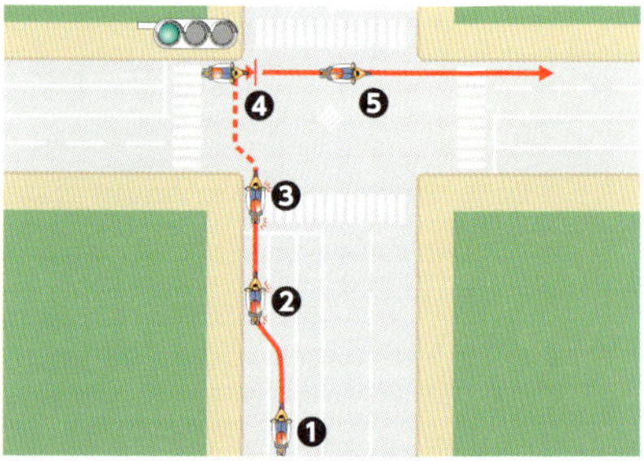

●二段階《にだんかい》右折《うせつ》の方法《ほうほう》により右折《うせつ》する交差点《こうさてん》（環状交差点《かんじょうこうさてん》を除《のぞ》く）

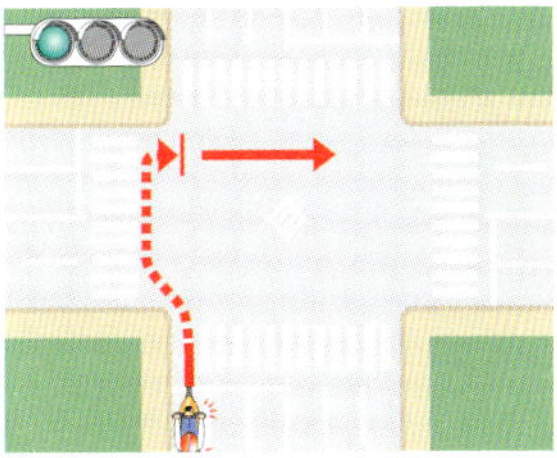

信号機《しんごうき》などのある、車両通《しゃりょうつう》行帯《こうたい》が３つ以《い》上《じょう》ある道路《どうろ》（片《かた》側《がわ》３車線以上《しゃせんいじょう》）の交差点《こうさてん》。

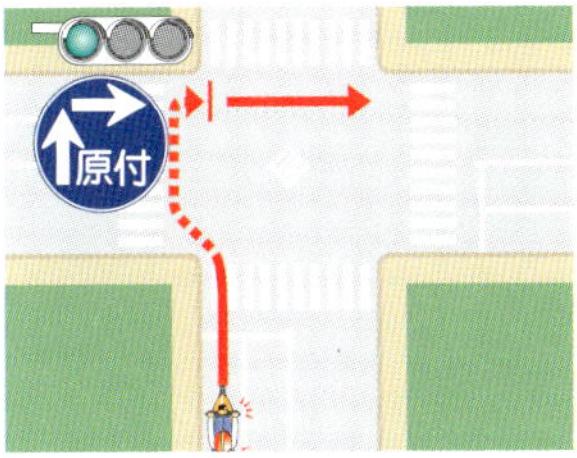

「原動機付自《げんどうきつきじ》転車《てんしゃ》の右折方《うせつほう》法《ほう》（二段階《にだんかい》）」の標識《ひょうしき》がある交差点《こうさてん》。

●小回《こまわ》り右折《うせつ》の方法《ほうほう》（自動車《じどうしゃ》と同《おな》じ方法《ほうほう》）により右折《うせつ》する交差点《こうさてん》（環状交差点《かんじょうこうさてん》を除《のぞ》く）

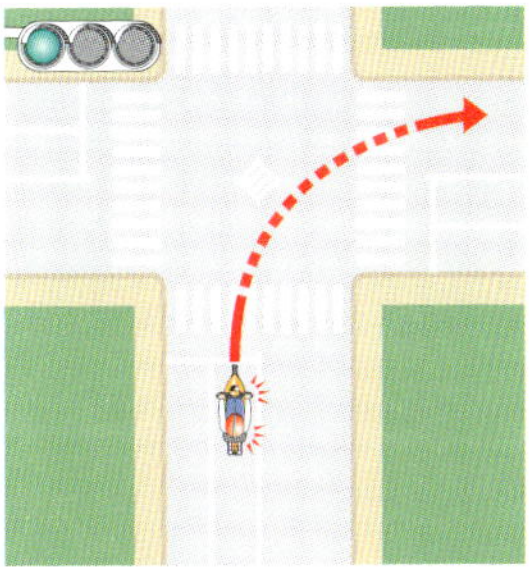

車両通行帯《しゃりょうつうこうたい》が２つ以下《いか》の交差《こうさ》点《てん》。

車両通行帯《しゃりょうつうこうたい》が３つ以上《いじょう》あっても、「原動機付自転車《げんどうきつきじてんしゃ》の右折方《うせつほう》法《ほう》（小回《こまわ》り）」の標識《ひょうしき》がある交《こう》差点《さてん》。

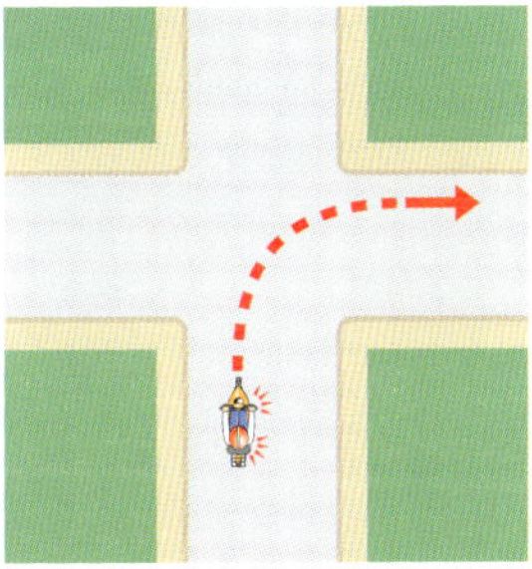

交通整理《こうつうせいり》が行《おこな》われていない道《どう》路《ろ》の交差点《こうさてん》。

●環状交差点《かんじょうこうさてん》の通行《つうこう》

環状交差点《かんじょうこうさてん》とは

図《ず》のように通行部分《つうこうぶぶん》が環状《かんじょう》（ドーナツ状《じょう》）の、右回《みぎまわ》りに通行《つうこう》することが指定《してい》されている交差点《こうさてん》。

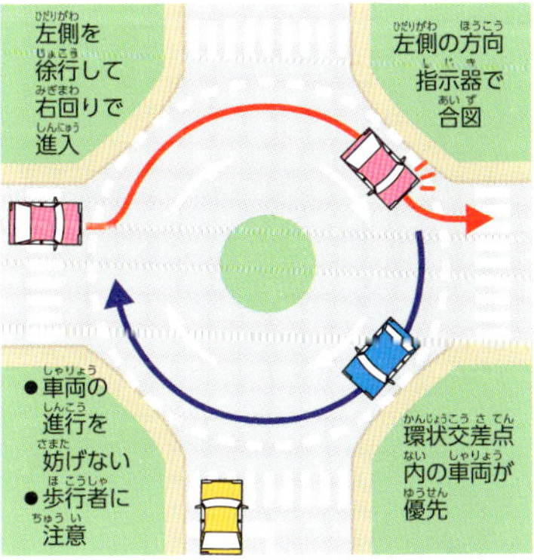

環状交差点《かんじょうこうさてん》に設置《せっち》される道路標識《どうろひょうしき》

環状交差点《かんじょうこうさてん》の通行《つうこう》の仕方《しかた》

❶環状交差点《かんじょうこうさてん》に入《はい》るときは、あらかじめ道路《どうろ》の左端《ひだりはし》に寄《よ》り、徐行《じょこう》して進入《しんにゅう》する（方向指示器《ほうこうしじき》の合図《あいず》は不要《ふよう》）。

❷環状交差点進入時《かんじょうこうさてんしんにゅうじ》は、横断歩行者《おうだんほこうしゃ》の通行《つうこう》や交差点内《こうさてんない》を通行中《つうこうちゅう》の車両《しゃりょう》の進行《しんこう》を妨《さまた》げてはならない。

❸環状交差点内《かんじょうこうさてんない》は、できるだけ交差点《こうさてん》の左側端《ひだりそくたん》に沿《そ》って、右回《みぎまわ》り（時計回《とけいまわ》り）に徐行《じょこう》して通行《つうこう》する。

❹環状交差点内通行中《かんじょうこうさてんないつうこうちゅう》は優先車両《ゆうせんしゃりょう》となる（左方《さほう》から環《かん》状交差点《じょうこうさてん》に進入《しんにゅう》する車《くるま》に優先《ゆうせん》して通行《つうこう》できる）。

❺環状交差点《かんじょうこうさてん》から出《で》るときは、出《で》る地点《ちてん》のひとつ前《まえ》の出口通過直後《でぐちつうかちょくご》に左折《させつ》の合図《あいず》をし、交差点《こうさてん》を出《で》るまで合図《あいず》を継続《けいぞく》する（進入直後《しんにゅうちょくご》の出口《でぐち》を左折《させつ》するときは進入後《しんにゅうご》ただちに合図《あいず》を始《はじ》める）。

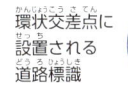

信号《しんごう》のない交差点《こうさてん》の優先順位《ゆうせんじゅんい》

●優先道路《ゆうせんどうろ》では（環状交差点《かんじょうこうさてん》を除《のぞ》く）

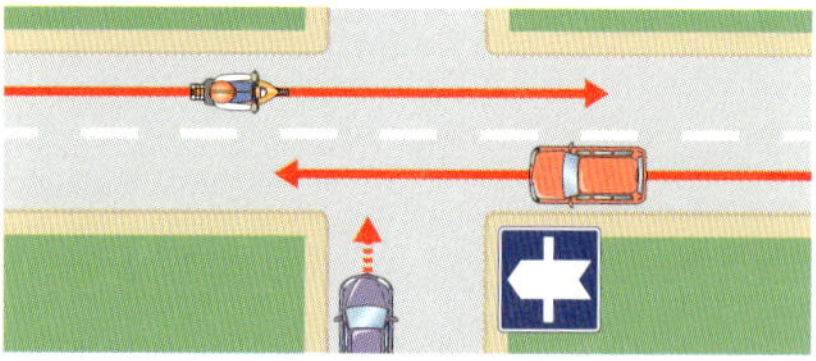

優先道路《ゆうせんどうろ》を通行《つうこう》する車《くるま》が優先《ゆうせん》されるので、直進《ちょくしん》または右左折《うさせつ》する車《くるま》は、徐行《じょこう》して左右《さゆう》の安全《あんぜん》を確《たし》かめながら進行《しんこう》する。

●片方《かたほう》の道幅《みちはば》が広《ひろ》いとき（環状交差点《かんじょうこうさてん》を除《のぞ》く）

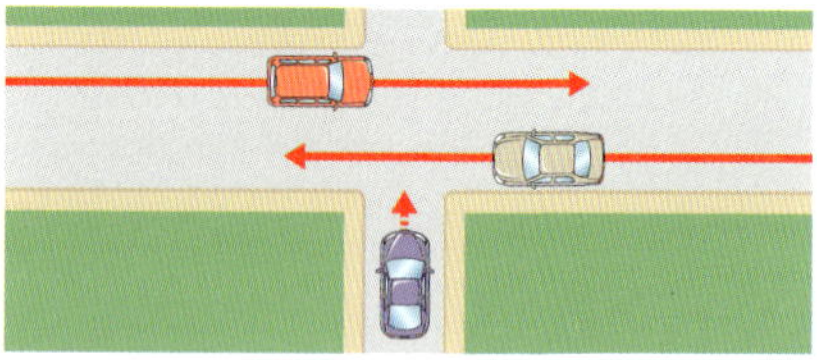

幅《はば》の広《ひろ》い道路《どうろ》を通行《つうこう》する車《くるま》が優先《ゆうせん》される。狭《せま》い道路側《どうろがわ》の車《くるま》は徐行《じょこう》して左右《さゆう》の安全《あんぜん》を確《たし》かめながら進行《しんこう》する。

※**優先道路《ゆうせんどうろ》とは**…「優先道路《ゆうせんどうろ》」の標識《ひょうしき》がある道路《どうろ》、または交差点《こうさてん》の中《なか》まで中央線《ちゅうおうせん》が引《ひ》かれている道路《どうろ》のこと

踏切《ふみきり》の安全《あんぜん》な渡《わた》り方《かた》

●踏切《ふみきり》の通過方法《つうかほうほう》

踏切《ふみきり》の直前《ちょくぜん》（停止線《ていしせん》があるときは、その直前《ちょくぜん》）で一時停止《いちじていし》し、窓《まど》を開《あ》けるなどして目《め》と耳《みみ》で安全確認《あんぜんかくにん》をする。

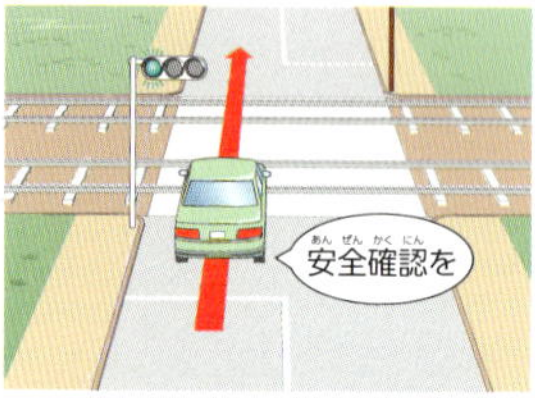

信号機《しんごうき》のあるところでは、その表示《ひょうじ》にしたがって通過《つうか》する（一時停止《いちじていし》は不要《ふよう》だが、安全確認《あんぜんかくにん》は必要《ひつよう》）。

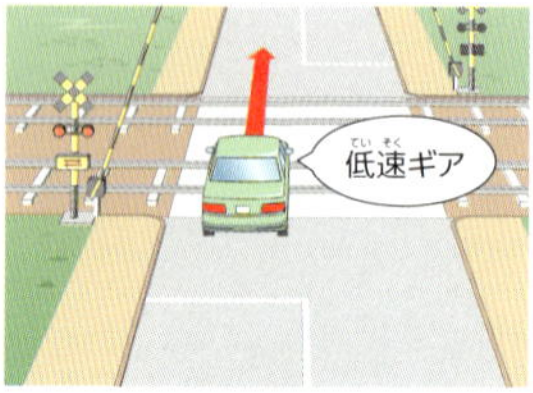

エンストや落輪《らくりん》を防《ふせ》ぐため、低速《ていそく》ギアのまま変速《へんそく》はせず、やや中央寄《ちゅうおうよ》りを通行《つうこう》する。

緊急自動車《きんきゅうじどうしゃ》などの優先《ゆうせん》

●交差点《こうさてん》やその付近《ふきん》で緊急自動車《きんきゅうじどうしゃ》が近《ちか》づいてきたら

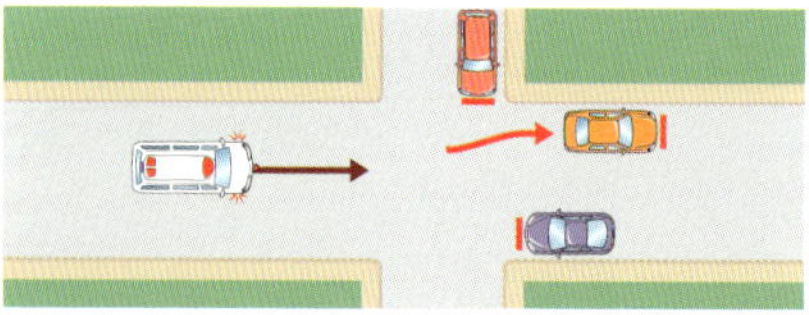

交差点《こうさてん》を避《さ》け、道路《どうろ》の左側《ひだりがわ》に寄《よ》って一時停止《いちじていし》する。

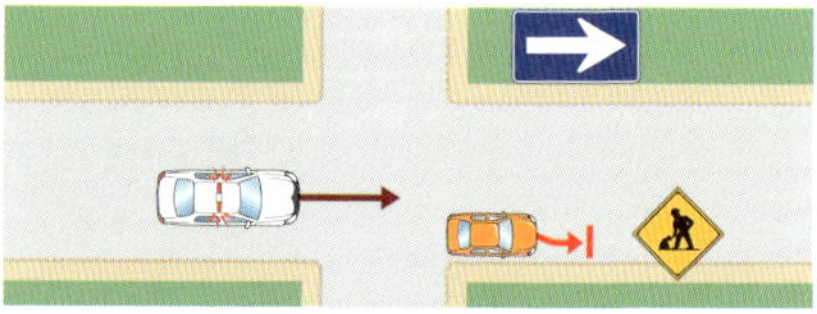

一方通行《いっぽうつうこう》の道路《どうろ》で、左側《ひだりがわ》に寄《よ》るとかえって緊急自動車《きんきゅうじどうしゃ》の妨《さまた》げになるときには、交差点《こうさてん》を避《さ》け、道路《どうろ》の右側《みぎがわ》に寄《よ》って一時停止《いちじていし》する。

交差点《こうさてん》やその付近以外《ふきんいがい》で緊急自動車《きんきゅうじどうしゃ》が近《ちか》づいてきたら

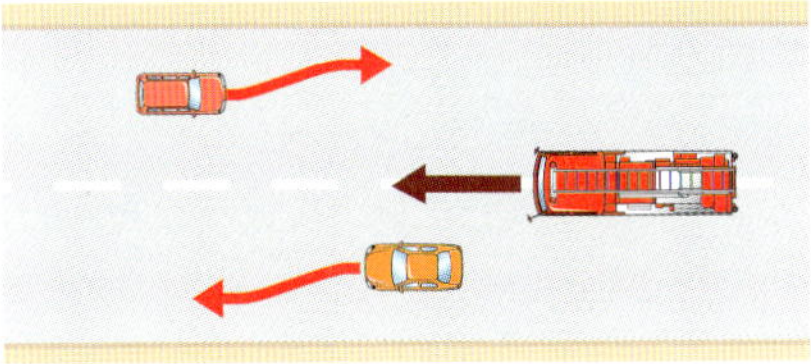

道路《どうろ》の左側《ひだりがわ》に寄《よ》って、進路《しんろ》を譲《ゆず》る。

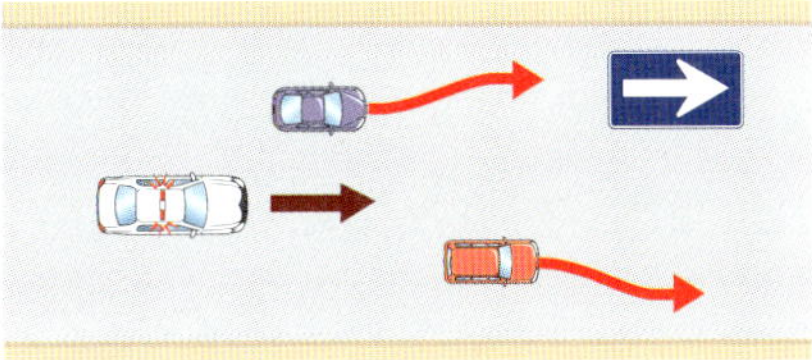

一方通行《いっぽうつうこう》の道路《どうろ》で、左側《ひだりがわ》に寄《よ》るとかえって緊急自動車《きんきゅうじどうしゃ》の妨《さまた》げになる場合《ばあい》は、道路《どうろ》の右側《みぎがわ》に寄《よ》って進路《しんろ》を譲《ゆず》る。

路線《ろせん》バスなどの優先《ゆうせん》

路線《ろせん》バス等優先通行帯《とうゆうせんつうこうたい》では

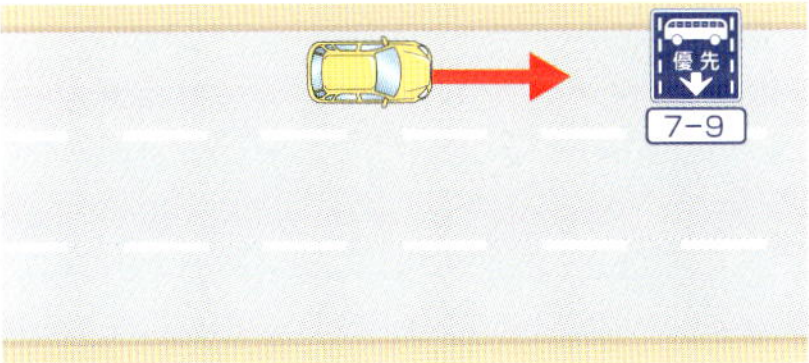

路線《ろせん》バスなどのほか、自動車《じどうしゃ》、原動機付自転車《げんどうきつきじてんしゃ》、軽車両《けいしゃりょう》も通行《つうこう》してよい（ただし、右左折《うさせつ》するためや工事《こうじ》などでやむを得《え》ない場合以外《ばあいいがい》は、後《うし》ろから路線《ろせん》バス等《とう》が接近《せっきん》してきたら右《みぎ》のイラストのようにする）。

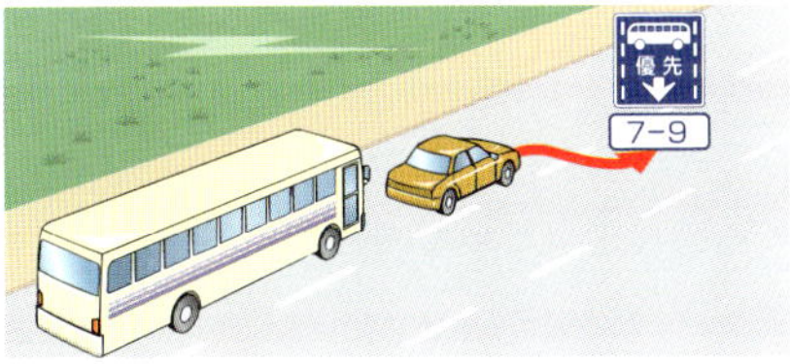

自動車《じどうしゃ》は路線《ろせん》バスなどが近《ちか》づいてきたら、ほかの通行帯《つうこうたい》に出《で》なければならない（原付《げんつき》・小型特殊《こがたとくしゅ》・軽車両《けいしゃりょう》を除《のぞ》く）。混雑時《こんざつじ》などでそこから出《で》られなくなるおそれがあるときは、はじめから通行《つうこう》してはならない。

バス専用通行帯《せんようつうこうたい》では

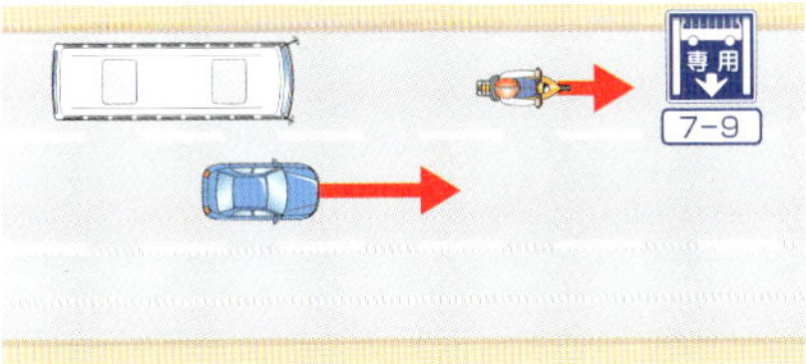

指定《してい》された車《くるま》、原動機付自転車《げんどうきつきじてんしゃ》、小型特殊自動車《こがたとくしゅじどうしゃ》、軽車両《けいしゃりょう》以外《いがい》の車《くるま》は、通行《つうこう》できない。ただし、右左折《うさせつ》や工事《こうじ》などでやむを得《え》ない場合《ばあい》は除《のぞ》く。

路線《ろせん》バスなどが
発進《はっしん》の合図《あいず》をしたとき

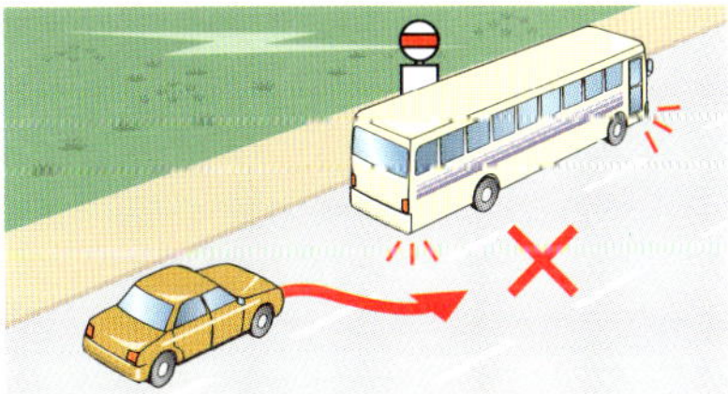

後方《こうほう》の車《くるま》は徐行《じょこう》、または一時停止《いちじていし》をして路線《ろせん》バスなどの発進《はっしん》を妨《さまた》げてはならない。ただし、急《きゅう》ブレーキや急《きゅう》ハンドルで避《さ》けなければならない場合《ばあい》は除《のぞ》く。

追越《おいこ》し禁止《きんし》のとき・場所《ばしょ》

どんな場所《ばしょ》で、どんな車《くるま》を追越《おいこ》しできないかを整理《せいり》しておきましょう。

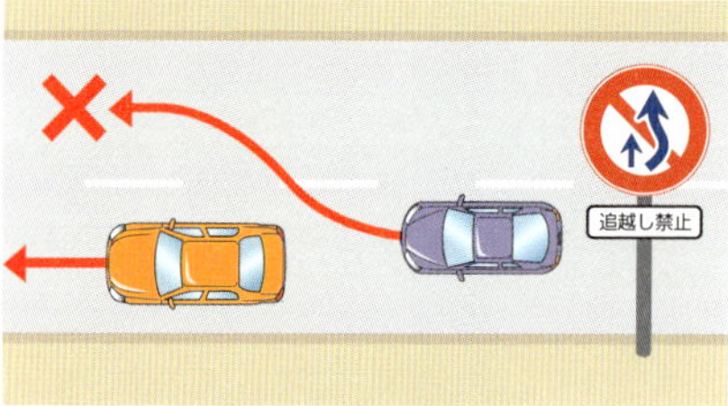

標識《ひょうしき》により、追《お》い越《こ》しが禁止《きんし》されている。

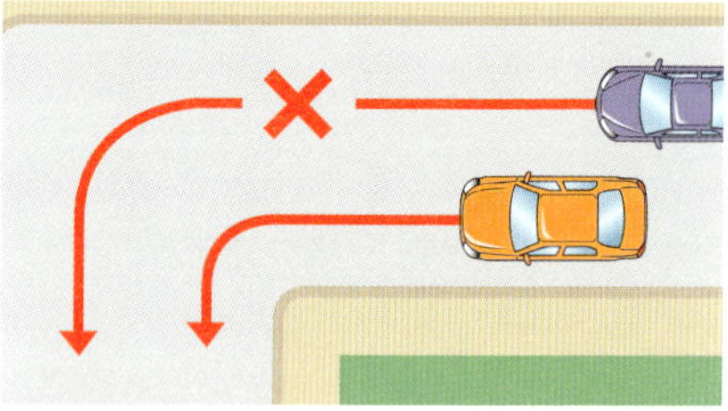

道路《どうろ》の曲《ま》がり角《かど》付近《ふきん》。

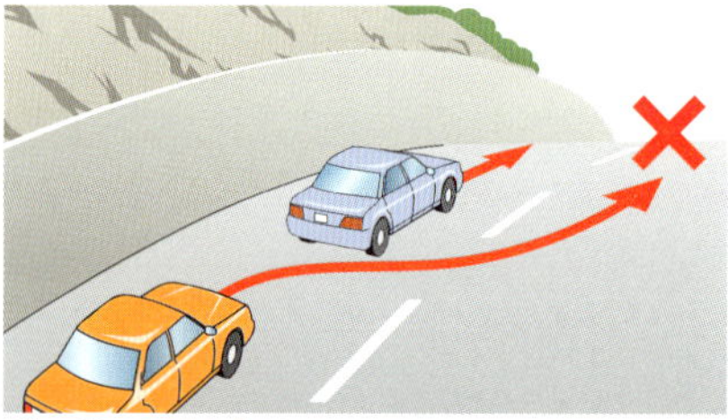

上《のぼ》り坂《ざか》の頂上付近《ちょうじょうふきん》。

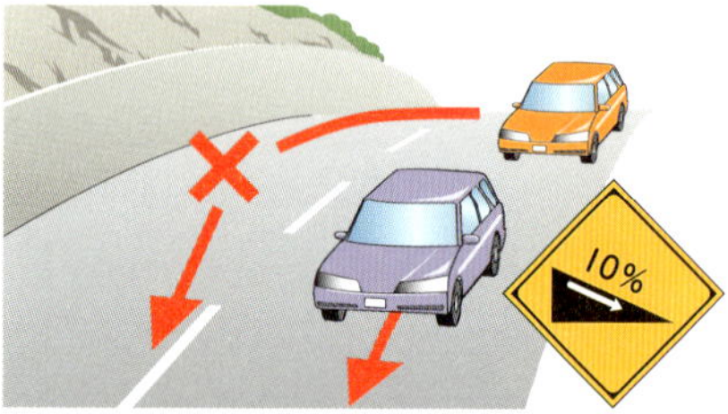

こう配《ばい》の急《きゅう》な下《くだ》り坂《ざか》。

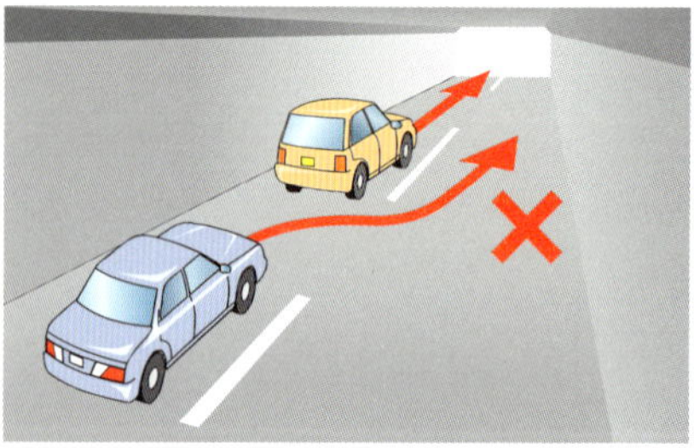

トンネル内《ない》。

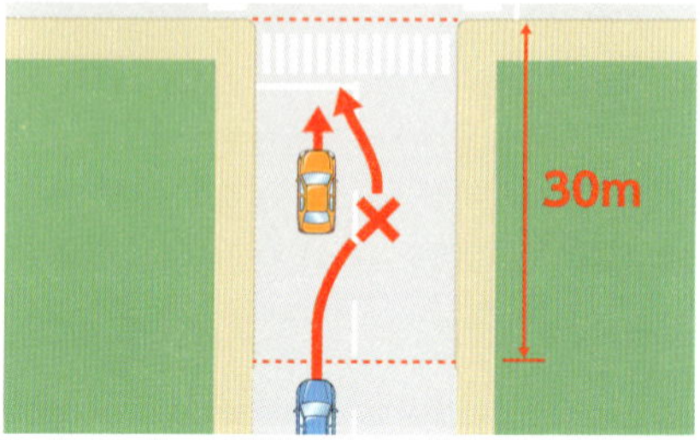

交差点《こうさてん》とその手前《てまえ》から30メートル以内《いない》の場所《ばしょ》。

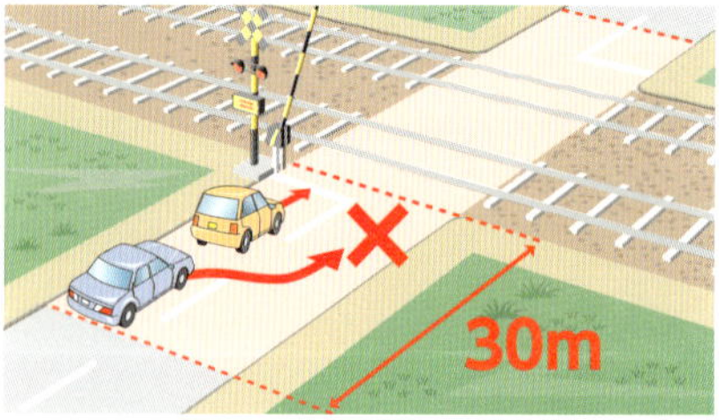

踏切《ふみきり》とその手前《てまえ》から30メートル以内《いない》の場所《ばしょ》。

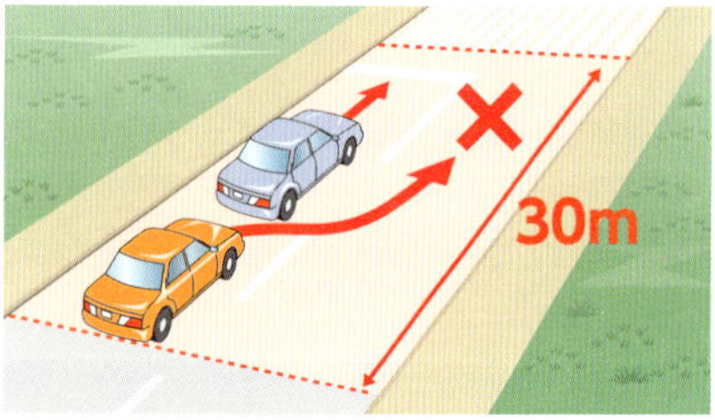

横断歩道《おうだんほどう》、自転車横断帯《じてんしゃおうだんたい》とその手前《てまえ》から30メートル以内《いない》の場所《ばしょ》。

例外《れいがい》

・トンネル内《ない》でも車両通行帯《しゃりょうつうこうたい》がある場合《ばあい》
・交差点《こうさてん》とその手前《てまえ》から30メートル以内《いない》の場所《ばしょ》でも、優先道路《ゆうせんどうろ》を通行《つうこう》している場合《ばあい》

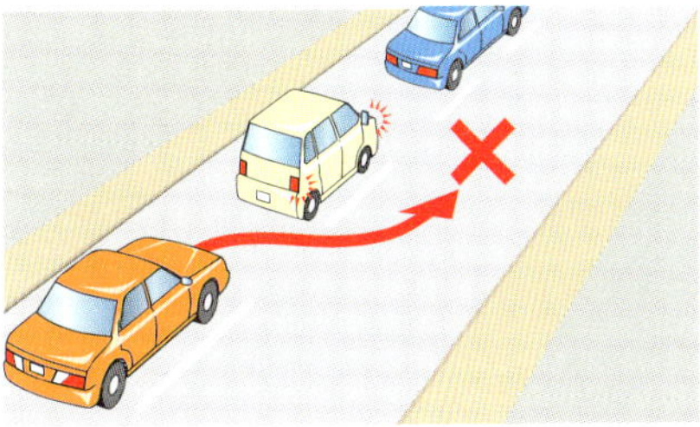

前《まえ》の車《くるま》が自動車《じどうしゃ》を追《お》い越《こ》そうとしているとき(二重追越《にじゅうおいこ》し)。したがって、原動機付自転車《げんどうきつきじてんしゃ》や軽車両《けいしゃりょう》を追《お》い越《こ》そうとしているときは、禁《きん》止《し》されない。

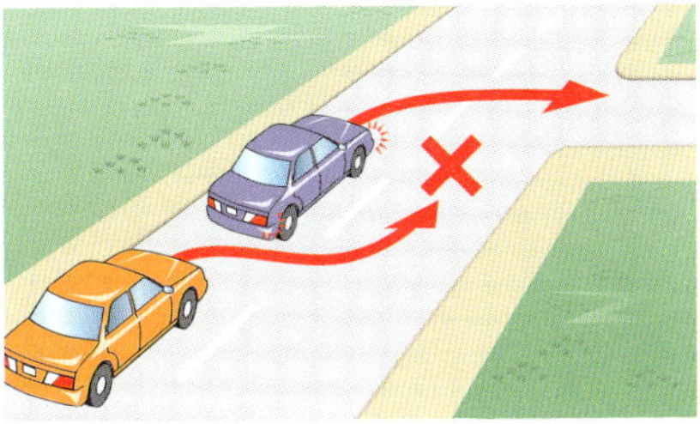

前《まえ》の車《くるま》が右折《うせつ》などのために右側《みぎがわ》に進路《しんろ》を変《か》えようとしているとき。

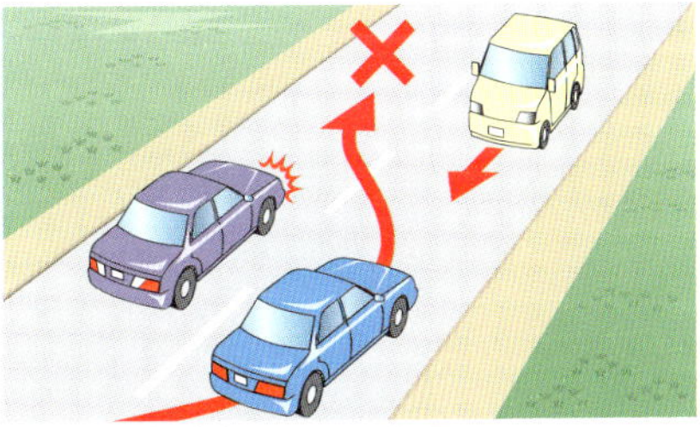

道路《どうろ》の右側《みぎがわ》部分《ぶぶん》に入《はい》って追越《おいこ》しをしようとする場合《ばあい》に、反対方向《はんたいほうこう》からの車《くるま》や路面電車《ろめんでんしゃ》の進《しん》行《こう》を妨《さまた》げるようなときや、前《まえ》の車《くるま》の進行《しんこう》を妨《さまた》げなければ道路《どうろ》の左側《ひだりがわ》部分《ぶぶん》に戻《もど》れないとき。

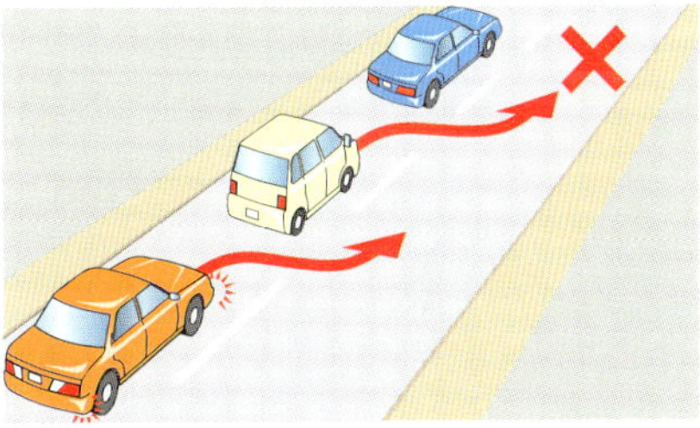

後《うし》ろの車《くるま》が自分《じぶん》の車《くるま》を追《お》い越《こ》そうとしているとき。

徐行《じょこう》しなければいけないとき・場所《ばしょ》

徐行《じょこう》する場所《ばしょ》では、すぐに停止《ていし》できる速度《そくど》におさえて通行《つうこう》しましょう。

1. 徐行《じょこう》の標識《ひょうしき》があるところ (P.36 参照《さんしょう》)
2. 左右《さゆう》の見通《みとお》しがきかない交差点《こうさてん》(信号機《しんごうき》のある交差点《こうさてん》、優先道路《ゆうせんどうろ》を通行《つうこう》している場合《ばあい》は例外《れいがい》)
3. 道路《どうろ》の曲《ま》がり角《かど》付近《ふきん》
4. 上《のぼ》り坂《ざか》の頂上《ちょうじょう》付近《ふきん》
5. こう配《ばい》の急《きゅう》な下《くだ》り坂《ざか》
6. 許可《きょか》を受《う》けて歩行者専用道路《ほこうしゃせんようどうろ》を通行《つうこう》するとき (P.16 参照《さんしょう》)
7. 歩行者《ほこうしゃ》のそばを通《とお》るのに安全《あんぜん》な間隔《かんかく》(1～1.5メートル以上《いじょう》)がとれないとき (P.12 参照《さんしょう》)
8. 道路外《どうろがい》に出《で》るために右左折《うさせつ》するとき
9. 安全地帯《あんぜんちたい》のある停留所《ていりゅうじょ》に路面電車《ろめんでんしゃ》が停止《ていし》しているとき (P.13 参照《さんしょう》)
10. 乗降客《じょうこうきゃく》のいない停止中《ていしちゅう》の路面電車《ろめんでんしゃ》との間隔《かんかく》が1.5メートル以上《いじょう》のとき (P.13 参照《さんしょう》)
11. 交差点《こうさてん》を右左折《うさせつ》するとき (P.20、21 参照《さんしょう》)
12. 優先道路《ゆうせんどうろ》や幅《はば》の広《ひろ》い道路《どうろ》に入《はい》るとき (P.22 参照《さんしょう》)
13. ぬかるみや水《みず》たまりの場所《ばしょ》を通《とお》るとき (P.13 参照《さんしょう》)
14. 身体《しんたい》の不自由《ふじゆう》な人《ひと》、通行《つうこう》に支障《ししょう》のある高齢者《しゃ》、子どもがひとりで歩《ある》いているとき (P.13 参照《さんしょう》)
15. 歩行者《ほこうしゃ》のいる安全地帯《あんぜんちたい》の側方《そくほう》を通過《つうか》するとき (P.12 参照《さんしょう》)
16. 乗降《じょうこう》のため停車中《ていしゃちゅう》の通学《つうがく》・通園《つうえん》バスのそばを通《とお》るとき (P.13 参照《さんしょう》)

駐車禁止《ちゅうしゃきんし》の場所《ばしょ》

1メートル

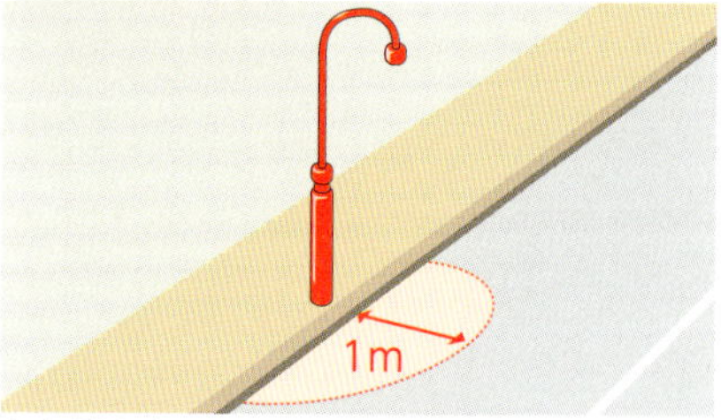

火災報知機《かさいほうちき》から1メートル以内《いない》。

3メートル

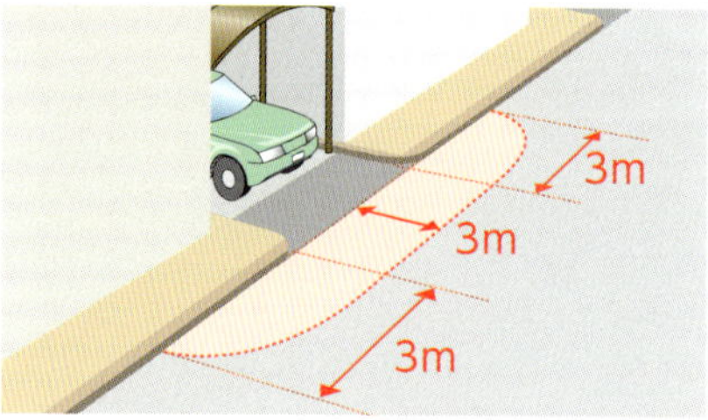

駐車場《ちゅうしゃじょう》、車庫《しゃこ》など、自動車専用《じどうしゃせんよう》の出入口《でいりぐち》から3メートル以内《いない》。

駐車《ちゅうしゃ》と停車《ていしゃ》の違《ちが》いとは？

- **駐車《ちゅうしゃ》**…5分《ふん》を超《こ》える荷物《にもつ》の積《つ》み下《お》ろし、人待《ひとま》ち、車《くるま》から離《はな》れてすぐに運転《うんてん》できない状態《じょうたい》の停止《ていし》。
- **停車《ていしゃ》**…5分《ふん》以内《いない》の荷物《にもつ》の積《つ》み下《お》ろし、人《ひと》の乗《の》り降《お》りやすぐに運転《うんてん》できる短時間《たんじかん》の停止《ていし》。

5メートル

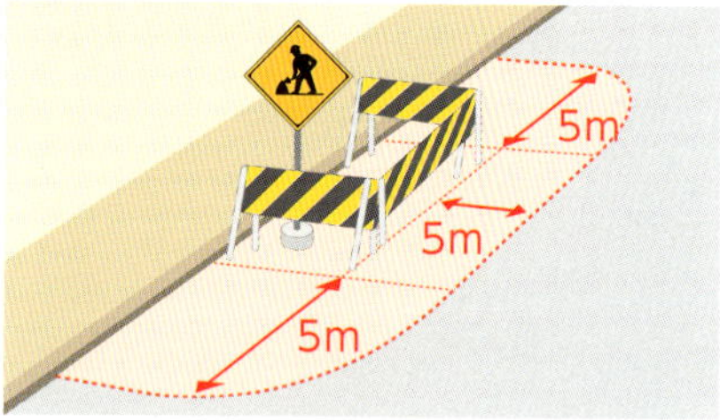

道路工事《どうろこうじ》の区域《くいき》の端《はし》から5メートル以内《いない》。

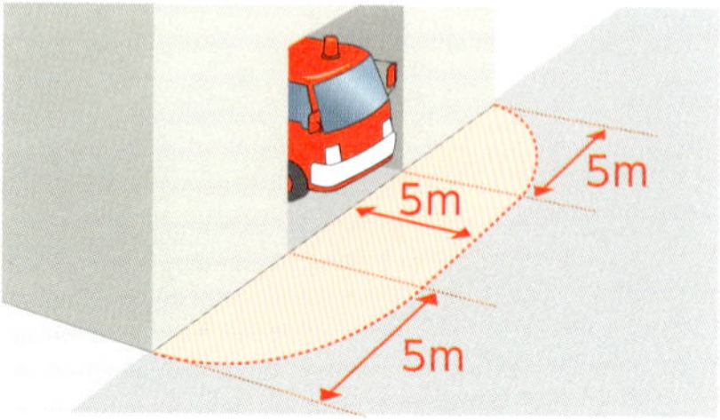

消防用機械器具《しょうぼうようきかいきぐ》の置場《おきば》、消防用防火水《しょうぼうようぼうかすい》そうなどの出入口《でいりぐち》から5メートル以内《いない》。

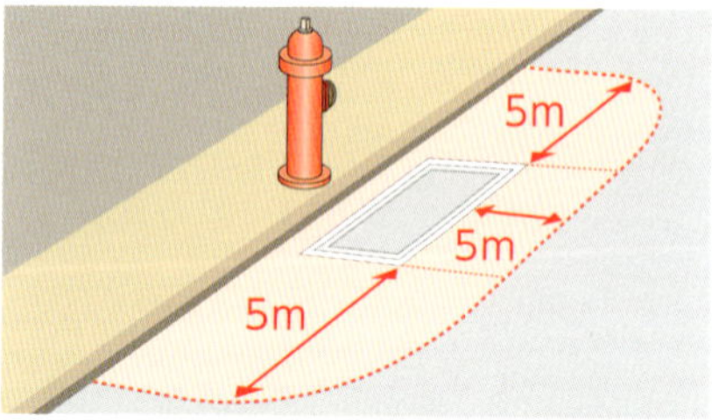

消火栓《しょうかせん》、指定消防水利《していしょうぼうすいり》の標識《ひょうしき》、消防用防火水《しょうぼうようぼうかすい》そうの取《と》り入《い》れ口《ぐち》から5メートル以内《いない》。

駐車禁止場所《ちゅうしゃきんしばしょ》のゴロ合《あ》わせ暗記術《あんきじゅつ》

「火災《かさい》が出《で》たら一目散《いちもくさん》、出口《でぐち》さん、消防工事《しょうぼうこうじ》ごくろうさん」

火災《かさい》が出《で》たら　…火災報知機《かさいほうちき》
一目散《いちもくさん》　…1メートル以内《いない》
出口《でぐち》　…駐車場《ちゅうしゃじょう》、車庫《しゃこ》などの自動車専用《じどうしゃせんよう》の出入口《でいりぐち》から
さん　…3メートル以内《いない》
消防《しょうぼう》　…消防関係《しょうぼうかんけい》（消防用機械器具《しょうぼうようきかいきぐ》の置場《おきば》、消防用《しょうぼうよう》防火水《ぼうかすい》そう、消火栓《しょうかせん》、指定消防水利《していしょうぼうすいり》など）
工事《こうじ》　…道路工事《どうろこうじ》の区域《くいき》の端《はし》から
ごくろうさん　…5メートル以内《いない》

駐停車禁止《ちゅうていしゃきんし》の場所《ばしょ》

5メートル

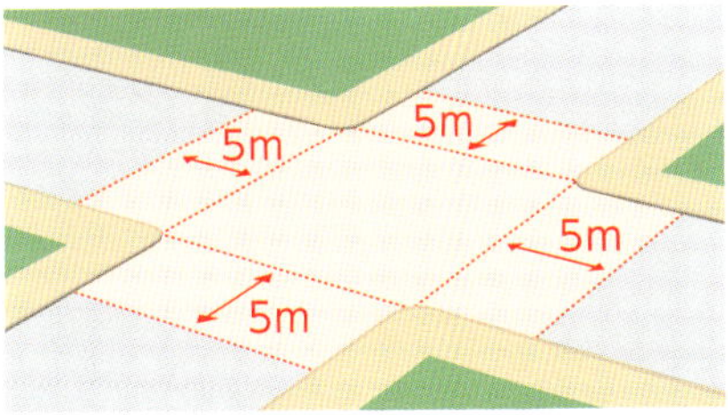

交差点《こうさてん》とその端《はし》から5メートル以内《いない》。

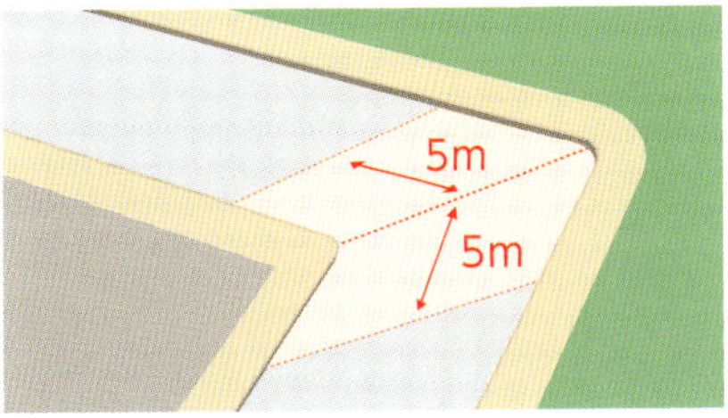

道路《どうろ》の曲《ま》がり角《かど》から5メートル以内《いない》。

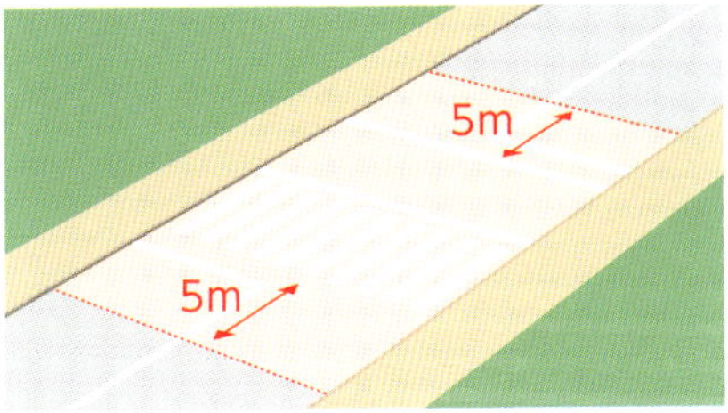

横断歩道《おうだんほどう》、自転車横断帯《じてんしゃおうだんたい》とその端《はし》から前後《ぜんご》5メートル以内《いない》。

10メートル

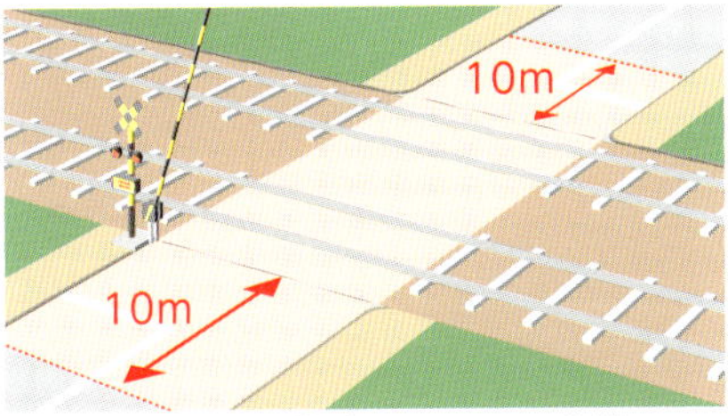

踏切《ふみきり》とその端《はし》から前後《ぜんご》10メートル以内《いない》。

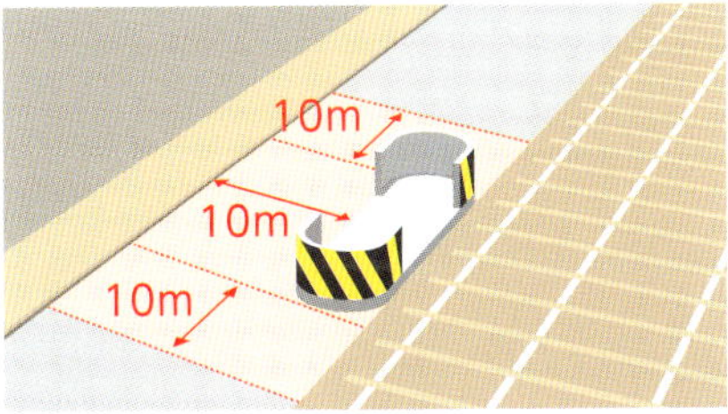

安全地帯《あんぜんちたい》の左側《ひだりがわ》とその前後《ぜんご》10メートル以内《いない》。

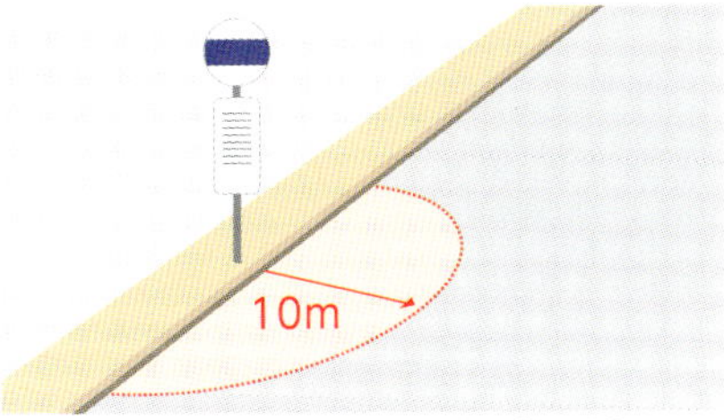

バス、路面電車《ろめんでんしゃ》の停留所《ていりゅうじょ》の標示板《ひょうじばん》（柱《はしら》）から10メートル以内《いない》（運行時間中《うんこうじかんちゅう》に限《かぎ》る）。

駐停車禁止場所《ちゅうていしゃきんしばしょ》のゴロ合《あ》わせ暗記術《あんきじゅつ》

「トキサカコマオ5年生《ねんせい》、バスに揺《ゆ》られて不安《ふあん》な遠出《とおで》」

ト …トンネル
キ …軌道敷内《きどうしきない》
サカ…坂《さか》の頂上付近《ちょうじょうふきん》やこう配《ばい》の急《きゅう》な坂《さか》（上《のぼ》り、下《くだ》りとも）
コ …交差点《こうさてん》とその端《はし》から
マ …曲《ま》がり角《かど》から
オ …横断歩道《おうだんほどう》、自転車横断帯《じてんしゃおうだんたい》とその端《はし》から
5年生《ねんせい》 …5メートル以内《いない》
バスに揺《ゆ》られて …バス、路面電車《ろめんでんしゃ》の停留所《ていりゅうじょ》の標示板《ひょうじばん》（柱《はしら》）から
不《ふ》 …踏切《ふみきり》とその端《はし》から
安《あん》な …安全地帯《あんぜんちたい》の左側《ひだりがわ》とその前後《ぜんご》
遠出《とおで》 …10メートル以内《いない》

迷《ま》い《よ》やすい数字《すうじ》をチェック

試験《しけん》には、さまざまな数字《すうじ》に関《かん》する問題《もんだい》が出題《しゅつだい》されます。ひとつひとつを覚《おぼ》えるのは大変《たいへん》ですから、テーマごとに関連《かんれん》づけて整理《せいり》しましょう。なかでも、「1」「3(30)」「5」「10」など、よく出《で》てくる数字《すうじ》は確実《かくじつ》に押《お》さえておきます。

駐車禁止場所《ちゅうしゃきんしばしょ》

- 火災報知機《かさいほうちき》から **1メートル以内《いない》**の場所《ばしょ》は**駐車禁止《ちゅうしゃきんし》**
- 駐車場《ちゅうしゃじょう》、車庫《しゃこ》などの自動車専用《じどうしゃせんよう》の出入口《でいりぐち》から **3メートル以内《いない》**の場所《ばしょ》は**駐車禁止《ちゅうしゃきんし》**
- 道路工事《どうろこうじ》の区域《くいき》の端《はし》から **5メートル以内《いない》**の場所《ばしょ》は**駐車禁止《ちゅうしゃきんし》**
- 消防用機械器具《しょうぼうようきかいきぐ》の置場《おきば》、消防用防火水《しょうぼうようぼうかすい》そう、これらの道路《どうろ》に接《せっ》する出入口《でいりぐち》から **5メートル以内《いない》**の場所《ばしょ》は**駐車禁止《ちゅうしゃきんし》**
- 消火栓《しょうかせん》、指定消防水利《していしょうぼうすいり》の標識《ひょうしき》がある位置《いち》や、消防用防火水《しょうぼうようぼうかすい》そうの取《と》り入《い》れ口《ぐち》から **5メートル以内《いない》**の場所《ばしょ》は**駐車禁止《ちゅうしゃきんし》**

駐停車禁止《ちゅうていしゃきんし》の場所《ばしょ》と時間《じかん》

- 交差点《こうさてん》とその端《はし》から **5メートル以内《いない》**の場所《ばしょ》は**駐停車禁止《ちゅうていしゃきんし》**
- 道路《どうろ》の曲《ま》がり角《かど》から **5メートル以内《いない》**の場所《ばしょ》は**駐停車禁止《ちゅうていしゃきんし》**
- 横断歩道《おうだんほどう》や自転車横断帯《じてんしゃおうだんたい》とその端《はし》から**前後《ぜんご》5メートル以内《いない》**の場所《ばしょ》は**駐停車禁止《ちゅうていしゃきんし》**
- **5分《ふん》を超《こ》える**荷物《にもつ》の積《つ》み下《お》ろしは**駐車《ちゅうしゃ》**、**5分以内《ふんいない》**なら**停車《ていしゃ》**
- 踏切《ふみきり》とその端《はし》から**前後《ぜんご》10メートル以内《いない》**の場所《ばしょ》は**駐停車禁止《ちゅうていしゃきんし》**
- 安全地帯《あんぜんちたい》の左側《ひだりがわ》と**その前後《ぜんご》10メートル以内《いない》**の場所《ばしょ》は**駐停車禁止《ちゅうていしゃきんし》**
- バス、路面電車《ろめんでんしゃ》の停留所《ていりゅうじょ》の標示板《ひょうじばん》（柱《はしら》）から**10メートル以内《いない》**の場所《ばしょ》は**駐停車禁止《ちゅうていしゃきんし》**（運行時間中《うんこうじかんちゅう》のみ）

路側帯《ろそくたい》での駐停車《ちゅうていしゃ》

- 一本線《いっぽんせん》の路側帯《ろそくたい》のある道路《どうろ》では、路側帯《ろそくたい》の幅《はば》が**0.75メートル以下《いか》**なら車道《しゃどう》の左端《ひだりはし》に沿《そ》う
- 一本線《いっぽんせん》の路側帯《ろそくたい》のある道路《どうろ》では、路側帯《ろそくたい》の幅《はば》が**0.75メートルを超《こ》える**場合《ばあい》は、路側帯《ろそくたい》の中《なか》に入《はい》って車《くるま》の左側《ひだりがわ》に**0.75メートル以上《いじょう》**の余地《よち》をあける

1本線《ぽんせん》の路側帯《ろそくたい》がある道路《どうろ》

【路側帯《ろそくたい》の幅《はば》が0.75m以下《いか》の場合《ばあい》】

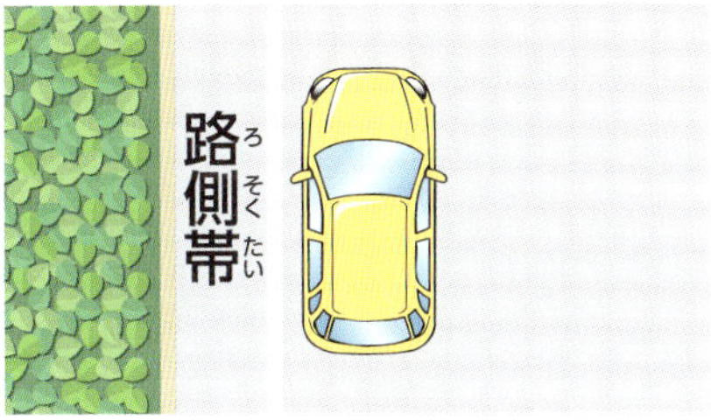

車道《しゃどう》の左端《ひだりはし》に沿《そ》い、路側帯《ろそくたい》の中《なか》には入《はい》らない

【路側帯《ろそくたい》の幅《はば》が0.75mを超《こ》える場合《ばあい》】

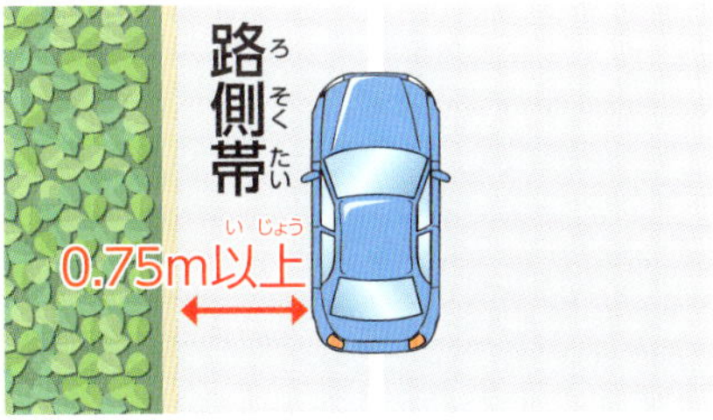

路側帯《ろそくたい》の中《なか》に入《はい》って、左側《ひだりがわ》に0.75m以上《いじょう》の余地《よち》をあける

徐行《じょこう》

- ブレーキを操作《そうさ》してから停止《ていし》するまでの距離《きょり》が**約《やく》1メートル以内《いない》**なら「**徐行《じょこう》**」（おおむね時速《じそく》10km毎時以下《まいじいか》とされる）

合図《あいず》を出《だ》すとき・場所《ばしょ》

- **進路変更《しんろへんこう》**の合図《あいず》は**約《やく》3秒前《びょうまえ》**に行《おこな》う
- **右左折《うさせつ》**や**転回《てんかい》**の合図《あいず》は**30メートル手前《てまえ》**で行《おこな》う（環状交差点《かんじょうこうさてん》は除《のぞ》く）

歩行者《ほこうしゃ》などの保護《ほご》

- 歩行者《ほこうしゃ》や自転車《じてんしゃ》のそばを通《とお》るときは**安全《あんぜん》な間隔《かんかく》（1～1.5メートル以上《いじょう》）**をあける

法定速度《ほうていそくど》（一般道路《いっぱんどうろ》）

- 普通自動車《ふつうじどうしゃ》の**最高速度《さいこうそくど》**は **60キロメートル毎時《まいじ》**
- 原動機付自転車《げんどうきつきじてんしゃ》の**最高速度《さいこうそくど》**は **30キロメートル毎時《まいじ》**

<table>
<tr><td colspan="2">自動車《じどうしゃ》</td><td>60km/h</td></tr>
<tr><td colspan="2">原動機付自転車《げんどうきつきじてんしゃ》</td><td>30km/h</td></tr>
<tr><td rowspan="4">けん引《いん》するとき</td><td>けん引自動車《いんじどうしゃ》で、けん引《いん》されるための構造《こうぞう》と装置《そうち》のある車《くるま》をけん引《いん》するとき</td><td>60km/h</td></tr>
<tr><td>車両総重量《しゃりょうそうじゅうりょう》2,000kg以下《いか》の故障車《こしょうしゃ》などを、その3倍以上《ばいいじょう》の車両総重量《しゃりょうそうじゅうりょう》の車《くるま》でけん引《いん》するとき</td><td>40km/h</td></tr>
<tr><td>その他《た》の場合《ばあい》で故障車《こしょうしゃ》などをけん引《いん》するとき</td><td>30km/h</td></tr>
<tr><td>総排気量《そうはいきりょう》125cc以下《いか》の普通自動二輪車《ふつうじどうにりんしゃ》や原動機付《げんどうきつき》自転車《じてんしゃ》でほかの車《くるま》をけん引《いん》するとき</td><td>25km/h</td></tr>
</table>

※決《き》められた速度内《そくどない》であっても、混《こ》み具合《ぐあい》、天候《てんこう》、視界等《しかいとう》を考慮《こうりょ》した安全速度《あんぜんそくど》で走《はし》る。さらに安全《あんぜん》な車間距離《しゃかんきょり》を保《たも》つ
※原動機付自転車《げんどうきつきじてんしゃ》でのリヤカーけん引《いん》は都道府県《とどうふけん》により制限《せいげん》あり

追越《おいこ》し禁止《きんし》

- 交差点《こうさてん》とその手前《てまえ》から**30メートル以内《いない》**の場所《ばしょ》は**追越《おいこ》し禁止《きんし》**（優先道路《ゆうせんどうろ》を通行《つうこう》している場合《ばあい》を除《のぞ》く）

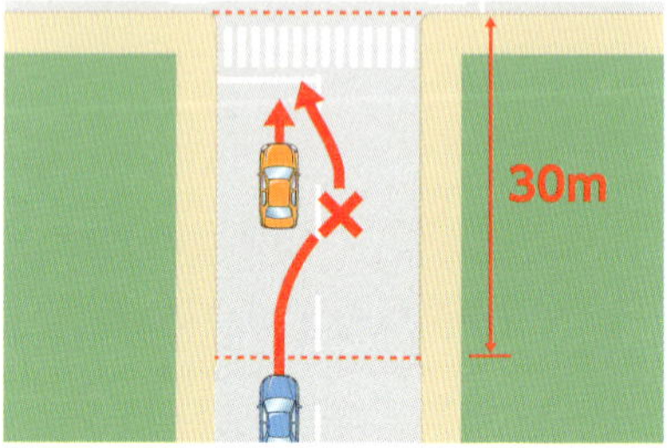

- 踏切《ふみきり》とその手前《てまえ》から**30メートル以内《いない》**の場所《ばしょ》は**追越《おいこ》し禁止《きんし》**
- 横断歩道《おうだんほどう》や自転車横断帯《じてんしゃおうだんたい》とその手前《てまえ》から**30メートル以内《いない》**の場所《ばしょ》は**追越《おいこ》し禁止《きんし》**

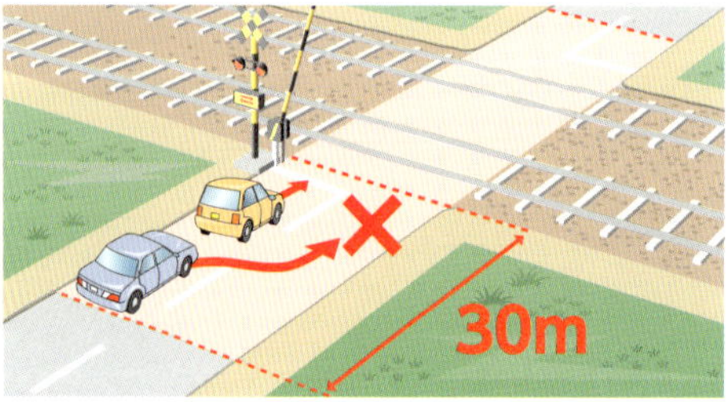

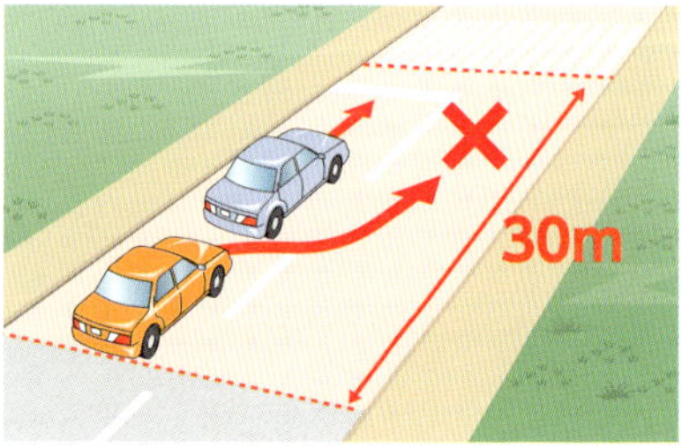

積載制限《せきさいせいげん》

- 普通自動車《ふつうじどうしゃ》の積載制限《せきさいせいげん》は、**地上《ちじょう》からの高《たか》さ3.8メートル以下《いか》**、**自動車《じどうしゃ》の長《なが》さ×1.2メートル以下《いか》**、**自動車《じどうしゃ》の幅《はば》×1.2メートル以下《いか》**
- 原動機付自転車《げんどうきつきじてんしゃ》の**最大積載量《さいだいせきさいりょう》**は**30キログラム**
  ※リヤカーのけん引時《いんじ》にはリヤカーに 120 キログラムまで積《つ》める
- 原動機付自転車《げんどうきつきじてんしゃ》の積載制限《せきさいせいげん》は、**地上《ちじょう》からの高《たか》さ2.0メートル以下《いか》**、**積載装置《せきさいそうち》の長《なが》さ＋0.3メートル以下《いか》**、**積載装置《せきさいそうち》の幅《はば》＋左右《さゆう》それぞれ0.15メートル以下《いか》**

区分《くぶん》	積載物《せきさいぶつ》の大《おお》きさと積載《せきさい》の方法《ほうほう》
大型自動車《おおがたじどうしゃ》 **大型特殊自動車《おおがたとくしゅじどうしゃ》** **中型自動車《ちゅうがたじどうしゃ》** **準中型自動車《じゅんちゅうがたじどうしゃ》** **普通自動車《ふつうじどうしゃ》**	自動車《じどうしゃ》の長《なが》さ×1.2m以下《いか》 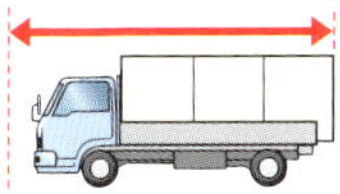 ※ただし車体《しゃたい》の前後《ぜんご》・左右《さゆう》の0.1倍《ばい》まで 自動車《じどうしゃ》の幅《はば》×1.2m以下《いか》 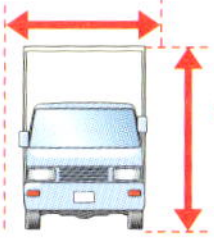 以下《いか》3.8m 三輪《さんりん》の普通自動車《ふつうじどうしゃ》と総排気量《そうはいきりょう》660cc以下《いか》の普通自動車《ふつうじどうしゃ》は、高《たか》さ2.5m以下《いか》
大型自動二輪車《おおがたじどうにりんしゃ》 **普通自動二輪車《ふつうじどうにりんしゃ》** (側車付《そくしゃつき》を除《のぞ》く)	積載装置《せきさいそうち》の長《なが》さ＋0.3m以下《いか》  積載装置《せきさいそうち》の幅《はば》＋左右《さゆう》0.15m以下《いか》 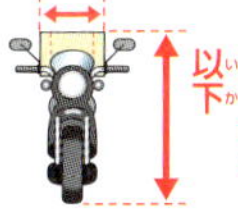 以下《いか》2.0m
原動機付自転車《げんどうきつきじてんしゃ》	**同上《どうじょう》**
小型特殊自動車《こがたとくしゅじどうしゃ》	自動車《じどうしゃ》の長《なが》さ×1.1m以下《いか》 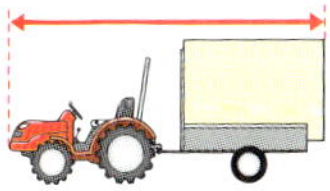 自動車《じどうしゃ》の幅以下《はばいか》 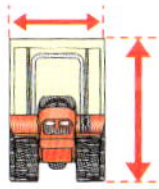 以下《いか》2.0m

衝撃力《しょうげきりょく》・遠心力《えんしんりょく》・制動距離《せいどうきょり》

- 衝撃力《しょうげきりょく》と遠心力《えんしんりょく》・制動距離《せいどうきょり》はおおむね速度《そくど》の**2乗《じょう》に比例《ひれい》**

衝撃力《しょうげきりょく》は速度《そくど》の2乗《じょう》に比例《ひれい》

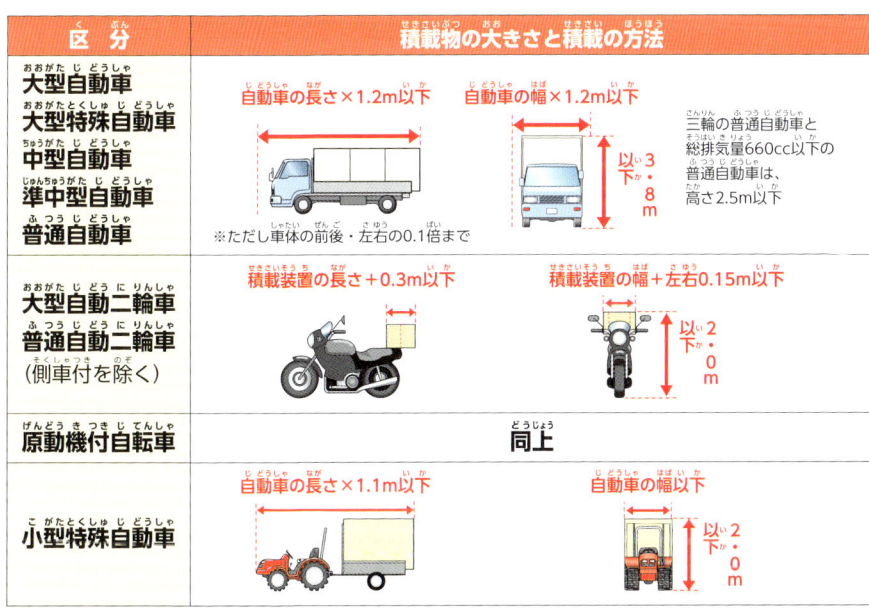

迷《まよ》いやすい言葉《ことば》づかいをチェック

学科試験問題《がっかしけんもんだい》には、「以下《いか》」「以上《いじょう》」「未満《みまん》」「超《こ》える」などのまぎらわしい言葉《ことば》がひっかけに使《つか》われます。安全運転《あんぜんうんてん》をしているように思《おも》える抽象的《ちゅうしょうてき》な言葉《ことば》や限定《げんてい》した言《い》い方《かた》、急激《きゅうげき》な行動《こうどう》を示《しめ》す言葉《ことば》は注意《ちゅうい》しましょう。

問題文中《もんだいぶんちゅう》にこれらの言葉《ことば》が出《で》たら注意《ちゅうい》!!

問題文《もんだいぶん》には、まどわす言葉《ことば》が含《ふく》まれていることが多《おお》いので、まとめてチェックしておきます。

言葉《ことば》づかい①	傾向《けいこう》と対策《たいさく》
「かもしれないので」 「おそれがあるので」 「スピードを落《お》とした」 「一時停止《いちじていし》して」 「徐行《じょこう》して」	これらの表現《ひょうげん》は安全運転《あんぜんうんてん》に思《おも》われるが、どのような意図《いと》で使《つか》われているか、必《かなら》ずチェックする。 危険予測《きけんよそく》イラスト問題《もんだい》や、減速《げんそく》・徐行《じょこう》・停止《ていし》にかかわる問題《もんだい》でよく使《つか》われる。

例題《れいだい》

問《とい》1：安全地帯《あんぜんちたい》のそばを通行《つうこう》するときは、歩行者《ほこうしゃ》がいてもいなくても**徐行《じょこう》しなければならない**。

言葉《ことば》づかい②	傾向《けいこう》と対策《たいさく》
「必《かなら》ず」 「絶対《ぜったい》」 「すべて」	限定《げんてい》した言《い》い回《まわ》しは、ほかに当《あ》てはまるケースはないか、例外《れいがい》はないかを確認《かくにん》することが必要《ひつよう》。

例題《れいだい》

問《とい》2：こう配《ばい》の急《きゅう》な坂道《さかみち》では、上《のぼ》りも下《くだ》りも**必《かなら》ず**徐行《じょこう》しなければならない。

問《とい》3：警笛区間内《けいてきくかんない》の交差点《こうさてん》では、見通《みとお》しのよし悪《あ》しにかかわらず**絶対《ぜったい》**に警音器《けいおんき》を鳴《な》らさなければならない。

問《とい》4：高速自動車国道《こうそくじどうしゃこくどう》の本線車道《ほんせんしゃどう》における普通乗用車《ふつうじょうようしゃ》の最高速度《さいこうそくど》は、**すべて**100キロメートル毎時《まいじ》である。

言葉《ことば》づかい③	傾向《けいこう》と対策《たいさく》
「大丈夫《だいじょうぶ》だと思《おも》うので」 「そのままの速度《そくど》で」	勝手《かって》に安全《あんぜん》だと思《おも》い込《こ》んで判断《はんだん》するのは、間違《まちが》った答《こた》えであることが多《おお》い。

例題《れいだい》

問《とい》5：駐車場《ちゅうしゃじょう》に入《はい》るために歩道《ほどう》を横切《よこぎ》るとき、人《ひと》がいなくて**大丈夫《だいじょうぶ》だと思《おも》ったのでそのままの速度《そくど》で**通過《つうか》した。

言葉《ことば》づかい④	傾向《けいこう》と対策《たいさく》
「急《きゅう》に」 「一気《いっき》に」 「すばやく」 「急《いそ》いで」 「加速《かそく》して」 「急《きゅう》ブレーキをかけて」	いずれも、危険《きけん》を避《さ》けるためやむを得《え》ない場合以外《ばあいいがい》は、好《この》ましくない行動《こうどう》に関係《かんけい》した表現《ひょうげん》として使《つか》われることが多《おお》い。 ●**「急《きゅう》に」「急《いそ》いで」** →危険《きけん》やあせりを感《かん》じさせる。 ●**「一気《いっき》に」** →勢《いきお》いをつけるものは好《この》ましくないことが多《おお》い（踏切《ふみきり》を除《のぞ》く）。 ●**「すみやか」**は好《この》ましい場合《ばあい》に使《つか》われることが多《おお》い。

言葉《ことば》づかい⑤	傾向《けいこう》と対策《たいさく》
「以下《いか》」 「未満《みまん》」 「以上《いじょう》」 「超《こ》える」	問題《もんだい》の数値《すうち》が含《ふく》まれるか含《ふく》まれないかを問《と》う場合《ばあい》によく使《つか》われる。 ●**「以下《いか》」「以上《いじょう》」** →その数値《すうち》を含《ふく》む。 ●**「未満《みまん》」「超《こ》える」** →その数値《すうち》を含《ふく》まない。

例題《れいだい》の答《こた》え

問《とい》1：× 明《あき》らかに歩行者《ほこうしゃ》がいないときは、徐行《じょこう》する必要《ひつよう》はない。
問《とい》2：× 徐行《じょこう》しなければならないのは、こう配《ばい》の急《きゅう》な下《くだ》り坂《ざか》だけ。
問《とい》3：× 警笛区間内《けいてきくかんない》の交差点《こうさてん》では、見通《みとお》しの悪《わる》いときだけ警音器《けいおんき》を鳴《な》らす。
問《とい》4：× 普通自動車《ふつうじどうしゃ》のうち、三輪《さんりん》のものは80キロメートル毎時《まいじ》。
問《とい》5：× 大丈夫《だいじょうぶ》だと思《おも》い込《こ》むのは間違《まちが》い。歩道《ほどう》を横切《よこぎ》るときは必《かなら》ず一時停止《いちじていし》が必要《ひつよう》。

「原則《げんそく》」と「例外《れいがい》」に注意《ちゅうい》

交通《こうつう》ルールには「原則《げんそく》」と「例外《れいがい》」があります。問題《もんだい》にひっかからないよう、注《ちゅう》意《い》しましょう。

追越《おいこ》しの方法《ほうほう》

●車《くるま》を追《お》い越《こ》すとき

原則《げんそく》	前車《ぜんしゃ》の右側《みぎがわ》を通行《つうこう》する。
例外《れいがい》	前車《ぜんしゃ》が右折《うせつ》するために道路《どうろ》の中央《ちゅうおう》（一方通行路《いっぽうつうこうろ》では右端《みぎはし》）に寄《よ》って通行《つうこう》しているときは、前車《ぜんしゃ》の左側《ひだりがわ》を通行《つうこう》する。

●路面電車《ろめんでんしゃ》を追《お》い越《こ》すとき

原則《げんそく》	路面電車《ろめんでんしゃ》の左側《ひだりがわ》を通行《つうこう》する。
例外《れいがい》	軌道《きどう》が左端《ひだりはし》に寄《よ》って設《もう》けられているときは、路面電車《ろめんでんしゃ》の右側《みぎがわ》を通行《つうこう》する。

踏切《ふみきり》

原則《げんそく》	踏《ふ》み切《き》りの直前《ちょくぜん》（停止線《ていしせん》があるときは、その直前《ちょくぜん》）で一時停止《いちじていし》し、窓《まど》を開《あ》けるなどして目《め》と耳《みみ》で安全確認《あんぜんかくにん》をする。
例外《れいがい》	信号機《しんごうき》のあるところで青色《あおいろ》のときはその表示《ひょうじ》にしたがって通過《つうか》する（一時《いちじ》停止《ていし》は不要《ふよう》、安全確認《あんぜんかくにん》は必要《ひつよう》）。

駐車余地《ちゅうしゃよち》

原則《げんそく》	車《くるま》を止《と》めたとき、右側《みぎがわ》の道路上《どうろじょう》に 3.5m 以上《いじょう》の余地《よち》がとれない場所《ばしょ》には駐《ちゅう》車《しゃ》してはいけない。
例外《れいがい》	次《つぎ》の場合《ばあい》は余地《よち》がなくても駐車《ちゅうしゃ》できる。 ①荷物《にもつ》の積《つ》み下《お》ろしを行《おこな》う場合《ばあい》で、運転者《うんてんしゃ》がすぐに運転《うんてん》できるとき。 ②傷病者《しょうびょうしゃ》を救護《きゅうご》するため、やむを得《え》ないとき。

警音器《けいおんき》を鳴《な》らす場所《ばしょ》

原則《げんそく》
「警笛鳴《けいてきな》らせ」の標識《ひょうしき》がある場所《ばしょ》では警音器《けいおんき》を鳴《な》らす。その他《た》の場所《ばしょ》は原則《げんそく》鳴《な》らしてはいけない。

例外《れいがい》
危険《きけん》を防止《ぼうし》するため、やむを得《え》ない場合《ばあい》は鳴《な》らしてもよい。

夜間《やかん》、一般道路《いっぱんどうろ》への駐停車《ちゅうていしゃ》

原則《げんそく》
非常点滅表示灯《ひじょうてんめつひょうじとう》、駐車灯《ちゅうしゃとう》または尾灯《びとう》をつける。

例外《れいがい》
次《つぎ》の場合《ばあい》は灯火類《とうかるい》をつけずに駐停車《ちゅうていしゃ》できる。
①道路照明《どうろしょうめい》などで 50m 後方《こうほう》から見《み》えるとき。
②停止表示機材《ていしひょうじきざい》を置《お》いたとき。

乗車《じょうしゃ》・積載《せきさい》

原則《げんそく》
座席《ざせき》以外《いがい》に人《ひと》を乗《の》せてはいけない。

例外《れいがい》
下記《かき》の場合《ばあい》は荷台《にだい》に人《ひと》を乗《の》せられる。
①出発地警察署長《しゅっぱつちけいさつしょちょう》の許可《きょか》を受《う》けたとき。
②積《つ》んだ荷物《にもつ》を見張《みは》るとき（必要最小限《ひつようさいしょうげん》の人数《にんずう》に限《かぎ》る）。

原則《げんそく》
制限《せいげん》を超《こ》えて荷物《にもつ》を積《つ》んではいけない。

例外《れいがい》
分割《ぶんかつ》できない荷物《にもつ》で出発地警察署長《しゅっぱつちけいさつしょちょう》の許可《きょか》を受《う》けたとき（荷物《にもつ》の見《み》やすい位置《いち》に 0.3m 平方《へいほう》以上《いじょう》の赤《あか》い布《ぬの》を付《つ》ける）。

高速道路《こうそくどうろ》の駐停車《ちゅうていしゃ》

原則《げんそく》
高速道路《こうそくどうろ》では駐停車《ちゅうていしゃ》をしてはいけない。

例外《れいがい》
次《つぎ》の場合《ばあい》は高速道路《こうそくどうろ》でも駐停車《ちゅうていしゃ》できる。
①危険防止《きけんぼうし》のため。
②故障《こしょう》などのやむを得《え》ない場合《ばあい》。

覚《おぼ》えておきたいおもな標識《ひょうしき》

試験《しけん》に出題《しゅつだい》されやすい標識《ひょうしき》です。巻頭《かんとう》の一覧表《いちらんひょう》も参照《さんしょう》しておきましょう。

●標識《ひょうしき》の区分《くぶん》

標識《ひょうしき》
- **本標識《ほんひょうしき》**（規制《きせい》・指示《しじ》・警戒《けいかい》・案内《あんない》の４種類《しゅるい》がある）
- **補助標識《ほじょひょうしき》**（本標識《ほんひょうしき》に取《と》り付《つ》けられ、意味《いみ》を補足《ほそく》する）

●規制標識《きせいひょうしき》

特定《とくてい》の方法《ほうほう》を禁止《きんし》、または特定《とくてい》の方法《ほうほう》にしたがって通行《つうこう》するよう指定《してい》します。

車両通行止《しゃりょうつうこうど》め 自動車《じどうしゃ》・原動機付自転車《げんどうきつきじてんしゃ》・軽車両《けいしゃりょう》は通行《つうこう》できない。 	**二輪《にりん》の自動車以外《じどうしゃいがい》の自動車通行止《じどうしゃつうこうど》め** 二輪《にりん》の自動車以外《じどうしゃいがい》の自動車《じどうしゃ》は通行《つうこう》できない。 	**追越《おいこ》しのための右側《みぎがわ》部分《ぶぶん》はみ出《だ》し通行禁止《つうこうきんし》** 車《くるま》は、道路《どうろ》の右側部分《みぎがわぶぶん》にはみ出《だ》して追《お》い越《こ》しをしてはいけない。 	**駐車禁止《ちゅうしゃきんし》** 車《くるま》は、駐車《ちゅうしゃ》をしてはいけない。数字《すうじ》は禁止《きんし》の時間帯《じかんたい》を示《しめ》す。 
指定方向外進行禁止《していほうこうがいしんこうきんし》 矢印方向以外《やじるしほうこういがい》への車《くるま》の進行禁止《しんこうきんし》。 	**車両横断禁止《しゃりょうおうだんきんし》** 車《くるま》の横断《おうだん》の禁止《きんし》（道路《どうろ》左側《ひだりがわ》に面《めん》した施設《しせつ》または場所《ばしょ》に出入《でい》りするための横断《おうだん》を除《のぞ》く）。 	**最低速度《さいていそくど》** 自動車《じどうしゃ》は表示《ひょうじ》された速度《そくど》未満《みまん》の速度《そくど》で運転《うんてん》してはいけない。 	**徐行《じょこう》** 徐行《じょこう》すべき場所《ばしょ》を示《しめ》す。 

一時停止《いちじていし》

車《くるま》は、一時停止《いちじていし》しなければならない。

転回禁止《てんかいきんし》

車《くるま》は、転回《てんかい》（Uターン）をしてはいけない。

駐停車禁止《ちゅうていしゃきんし》

車《くるま》は、駐車《ちゅうしゃ》や停車《ていしゃ》をしてはいけない（8時《じ》から20時《じ》まで）。

車両進入禁止《しゃりょうしんにゅうきんし》

車《くるま》は、標識《ひょうしき》の示《しめ》す方向《ほうこう》から進入《しんにゅう》してはいけない。

通行止《つうこうど》め

歩行者《ほこうしゃ》、車《くるま》、路面電車《ろめんでんしゃ》は、通行《つうこう》してはいけない。

大型乗用自動車等《おおがたじょうようじどうしゃとう》通行止《つうこうど》め

大型乗用自動車《おおがたじょうようじどうしゃ》・中型《ちゅうがた》乗用自動車《じょうようじどうしゃ》は通行《つうこう》してはいけないが、乗車定員《じょうしゃていいん》10人《にん》以下《いか》の普通乗用自動車《ふつうじょうようじどうしゃ》は通行《つうこう》してもよい。

自動車専用《じどうしゃせんよう》

高速道路《こうそくどうろ》（高速自動車国道《こうそくじどうしゃこくどう》または自動車専用道路《じどうしゃせんようどうろ》）を示《しめ》す。原動機付自転車《げんどうきつきじてんしゃ》は通行《つうこう》してはいけない。

自転車《じてんしゃ》および歩行者専用《ほこうしゃせんよう》

自転車《じてんしゃ》と歩行者《ほこうしゃ》の専用《せんよう》道路《どうろ》であることを示《しめ》す。普通自転車《ふつうじてんしゃ》以外《いがい》の車《くるま》は通行《つうこう》してはいけない。

歩行者専用《ほこうしゃせんよう》

歩行者専用道路《ほこうしゃせんようどうろ》であることを示《しめ》す。車《くるま》は原則《げんそく》として通行《つうこう》してはいけない。

警笛鳴《けいてきな》らせ

車《くるま》は、警音器《けいおんき》を鳴《な》らさなければならない。

警笛区間《けいてきくかん》

車《くるま》は、区間内《くかんない》の指定《してい》の場所《ばしょ》で警音器《けいおんき》を鳴《な》らさなければならない。

車両通行区分《しゃりょうつうこうくぶん》

標示板《ひょうじばん》に示《しめ》された車《くるま》は、通行区分《つうこうくぶん》に従《したが》って通行《つうこう》しなければならない。

高《たか》さ制限《せいげん》

車《くるま》の地上高《ちじょうこう》を制限《せいげん》する。

最大幅《さいだいはば》

車《くるま》の最大幅《さいだいはば》を制限《せいげん》する。

一方通行《いっぽうつうこう》

車《くるま》は、矢印《やじるし》の示《しめ》す方向《ほうこう》の反対方向《はんたいほうこう》に通行《つうこう》してはいけない。

進行方向別通行区分《しんこうほうこうべつつうこうくぶん》

車《くるま》が交差点《こうさてん》で進行《しんこう》する方向別《ほうこうべつ》の通行区分《つうこうくぶん》（直進《ちょくしん》、右左折《うさせつ》）を示《しめ》す。

●指示標識《しじひょうしき》

特定《とくてい》の交通方法《こうつうほうほう》が可能《かのう》なことや、道路交通法上《どうろこうつうほうじょう》、定《さだ》められた場所《ばしょ》などを指示《しじ》します。

横断歩道《おうだんほどう》

横断歩道《おうだんほどう》であることを示《しめ》す。

軌道敷内通行可《きどうしきないつうこうか》

自動車《じどうしゃ》は、軌道敷内《きどうしきない》を通行《つうこう》できる（原動機付《げんどうきつき》自転車《じてんしゃ》は対象外《たいしょうがい》）。

駐車可《ちゅうしゃか》

駐車《ちゅうしゃ》が可能《かのう》であることを示《しめ》す。

停止線《ていしせん》

車両《しゃりょう》が停止《ていし》する場合《ばあい》の位置《いち》を示《しめ》す。

中央線《ちゅうおうせん》

道路《どうろ》の中央《ちゅうおう》、または中央線《ちゅうおうせん》であることを示《しめ》す。

優先道路《ゆうせんどうろ》

優先道路《ゆうせんどうろ》であることを示《しめ》す。

自転車横断帯《じてんしゃおうだんたい》

自転車横断帯《じてんしゃおうだんたい》であることを示《しめ》す。

安全地帯《あんぜんちたい》

安全地帯《あんぜんちたい》であることを示《しめ》す。

●補助標識《ほじょひょうしき》

本標識《ほんひょうしき》に取《と》り付《つ》けられ、本標識《ほんひょうしき》の意味《いみ》を補足《ほそく》します。

日《ひ》・時間《じかん》

本標識《ほんひょうしき》が表示《ひょうじ》する規制《きせい》の、適用《てきよう》される時間帯《じかんたい》や曜日《ようび》を示《しめ》す。

区間内《くかんない》・区域内《くいきない》

本標識《ほんひょうしき》が表示《ひょうじ》する交通《こうつう》規制《きせい》の区間内《くかんない》・区域内《くいきない》であることを示《しめ》す。

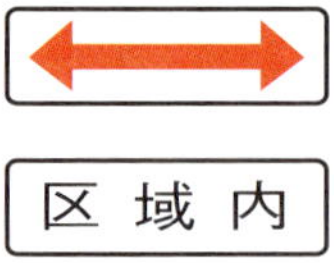

始《はじ》まり

本標識《ほんひょうしき》が示《しめ》す交通規制《こうつうきせい》の始《はじ》まりを示《しめ》す。

終《お》わり

本標識《ほんひょうしき》を示《しめ》す交通規制《こうつうきせい》の終《お》わりを示《しめ》す。

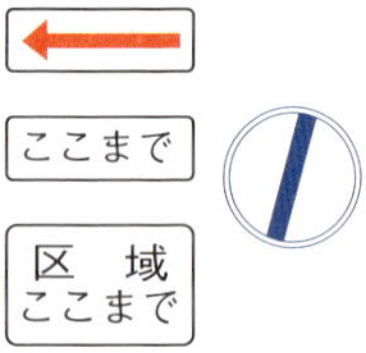

注意《ちゅうい》

車両《しゃりょう》または路面電車《ろめんでんしゃ》の運転上注意《うんてんじょうちゅうい》の必要《ひつよう》があることを示《しめ》す。

駐車余地《ちゅうしゃよち》

自動車《じどうしゃ》が駐車《ちゅうしゃ》する場合《ばあい》に、当該自動車《とうがいじどうしゃ》の右側《みぎがわ》の道路上《どうろじょう》にとらなければならない余地《よち》を示《しめ》す。

車両《しゃりょう》の種類《しゅるい》

本標識《ほんひょうしき》が示《しめ》す交通規制《こうつうきせい》の対象《たいしょう》となる車《くるま》の種類《しゅるい》を示《しめ》す。

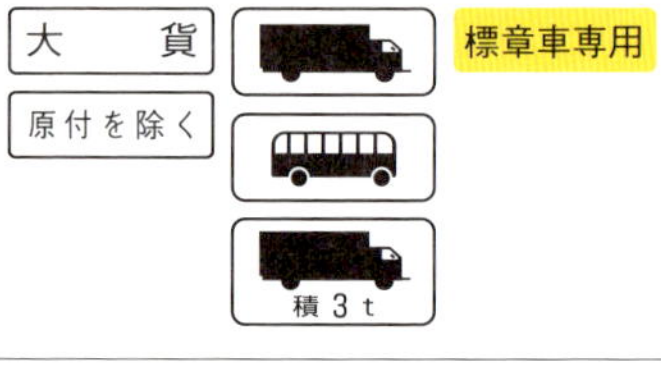

警戒標識《けいかいひょうしき》

道路上《どうろじょう》の危険《きけん》や注意《ちゅうい》すべき状況《じょうきょう》を、あらかじめ道路《どうろ》の利用者《りようしゃ》に知《し》らせ、注意《ちゅうい》をうながします。

学校《がっこう》、幼稚園《ようちえん》、保育所《ほいくじょ》などあり

近《ちか》くに学校《がっこう》・幼稚園《ようちえん》・保育所《ほいくじょ》などがあることを示《しめ》す。

合流交通《ごうりゅうこうつう》あり

前方《ぜんぽう》に合流《ごうりゅう》する道路《どうろ》があることを示《しめ》す。

車線数減少《しゃせんすうげんしょう》

前方《ぜんぽう》の道路《どうろ》の車線数《しゃせんすう》が少《すく》なくなることを示《しめ》す。

踏切《ふみきり》あり

前方《ぜんぽう》に踏切《ふみきり》があることを示《しめ》す。

十形道路交差点《じゅうがたどうろこうさてん》あり

十字道路交差点《じゅうじどうろこうさてん》があることを示《しめ》す。

T形道路交差点《がたどうろこうさてん》あり

Ｔ字道路交差点《じどうろこうさてん》があることを示《しめ》す。

Y形道路交差点《がたどうろこうさてん》あり

Ｙ字道路交差点《じどうろこうさてん》があることを示《しめ》す。

ロータリーあり

ロータリーがあることを示《しめ》す。

幅員減少《ふくいんげんしょう》

道幅《みちはば》が狭《せま》くなっていることを示《しめ》す。

落石《らくせき》のおそれあり

落石《らくせき》のおそれがあることを示《しめ》す。

すべりやすい

道路《どうろ》がすべりやすいことを示《しめ》す。

二方向交通《にほうこうこうつう》

対面通行《たいめんつうこう》の道路《どうろ》であることを示《しめ》す。

【例題《れいだい》】

【問《とい》1】 図《ず》1の標識《ひょうしき》のあるところでは、歩行者《ほこうしゃ》、車《くるま》、路面電車《ろめんでんしゃ》のすべてが通行《つうこう》できない。

図《ず》1

【問《とい》2】 図《ず》2の標識《ひょうしき》のあるところでは、どんな車《くるま》でも歩行者《ほこうしゃ》に注意《ちゅうい》して徐行《じょこう》すれば通《とお》ることができる。

図《ず》2

【問《とい》3】 図《ず》3の標識《ひょうしき》のある交差点《こうさてん》では必《かなら》ず一時停止《いちじていし》しなければいけない。

図《ず》3

答《こたえ》1 ○ 図《ず》1は「通行止め」の標識《ひょうしき》。歩行者、車《くるま》（自動車《じどうしゃ》、原動機付自転車《げんどうきつきじてんしゃ》、軽車両《けいしゃりょう》）、路面電車《ろめんでんしゃ》のすべてが通行《つうこう》できない。

答《こたえ》2 × 図《ず》2は「歩行者専用《ほこうしゃせんよう》」の標識《ひょうしき》。沿道《えんどう》に車庫《しゃこ》を持《も》つなどで特《とく》に通行《つうこう》が認《みと》められた車以外《くるまいがい》は通行《つうこう》できない。

答《こたえ》3 × 図《ず》3は「停止線《ていしせん》」の標識《ひょうしき》だが、車《くるま》の停止位置《ていしいち》を示《しめ》すものであって、必《かなら》ずしも一時停止《いちじていし》する必要《ひつよう》はない。

覚《おぼ》えておきたいおもな標示《ひょうじ》

試験《しけん》に出題《しゅつだい》されやすい標示《ひょうじ》です。巻頭《かんとう》の一覧表《いちらんひょう》も参照《さんしょう》しておきましょう。

◉標示《ひょうじ》の区分《くぶん》

- **標示《ひょうじ》**
  - **規制標示《きせいひょうじ》** （特定《とくてい》の交通方法《こうつうほうほう》の禁止《きんし》または指定《してい》）
  - **指示標示《しじひょうじ》** （特定《とくてい》の交通《こうつう》ができること、決《き》められた場所《ばしょ》の指示《しじ》）

◉規制標示《きせいひょうじ》

特定《とくてい》の交通方法《こうつうほうほう》を禁止《きんし》または指定《してい》します。

転回禁止《てんかいきんし》

車両《しゃりょう》は転回《てんかい》できない。数字《すうじ》は禁止《きんし》の時間帯《じかんたい》を示《しめ》す。

進路変更禁止《しんろへんこうきんし》

Aの車両通行帯《しゃりょうつうこうたい》を通行《つうこう》する車両《しゃりょう》がBを通行《つうこう》することおよび、Bの車両通《しゃりょうつう》行帯《こうたい》を通行《つうこう》する車両《しゃりょう》がAを通行《つうこう》することを禁止《きんし》。

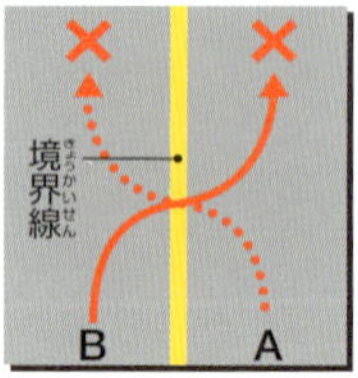

Bの車両通行帯《しゃりょうつうこうたい》を通行《つうこう》する車両《しゃりょう》が、Aの車両《しゃりょう》通行帯《つうこうたい》を通行《つうこう》することを禁止《きんし》。

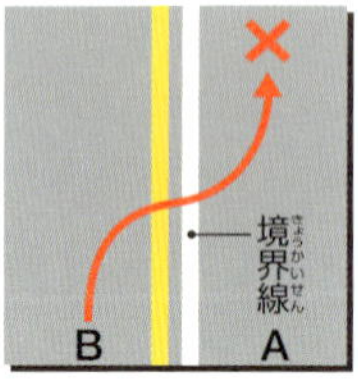

終《お》わり

規制標示《きせいひょうじ》が表示《ひょうじ》する交《こう》通規制《つうきせい》の区間《くかん》の終《お》わりであることを示《しめ》す。

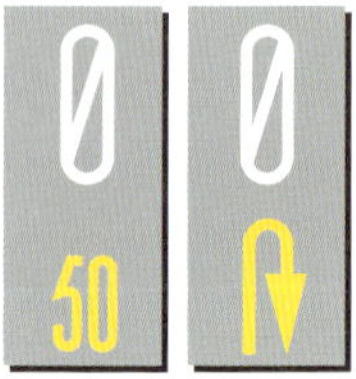

追《お》い越《こ》しのための右側部分《みぎがわぶぶん》はみ出《だ》し通行禁止《つうこうきんし》

AおよびBの部分《ぶぶん》の右《みぎ》側部分《がわぶぶん》はみ出《だ》し追越《おいこ》し禁止《きんし》。

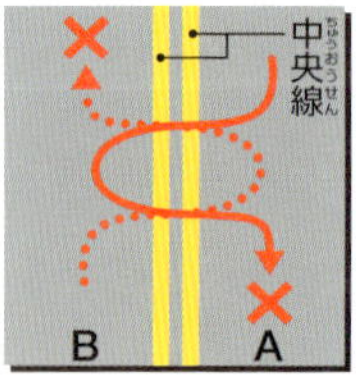

AおよびBの部分《ぶぶん》の右《みぎ》側部分《がわぶぶん》はみ出《だ》し追越《おいこ》し禁止《きんし》。

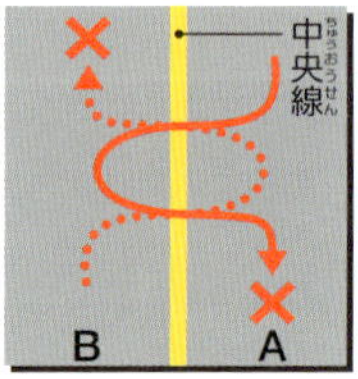

Bの部分《ぶぶん》からAの部分《ぶぶん》へのはみ出《だ》し追越《おいこ》し禁止《きんし》。

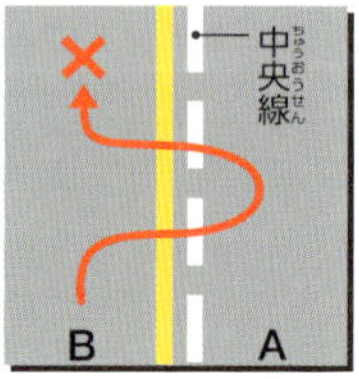

※はみ出《だ》さなければ追《お》い越《こ》しができるので注意《ちゅうい》する。

路側帯《ろそくたい》

歩行者《ほこうしゃ》と軽車両《けいしゃりょう》が通行《つうこう》でき、幅《はば》が0.75メートルを超《こ》える場合《ばあい》は、路《ろ》側帯《そくたい》に入《はい》って駐停車《ちゅうていしゃ》できる。

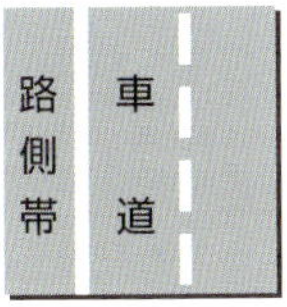

車両通行区分《しゃりょうつうこうくぶん》

車《くるま》の種類《しゅるい》によって通行《つうこう》位置《いち》が指定《してい》された車両《しゃりょう》通行帯《つうこうたい》を示《しめ》す。

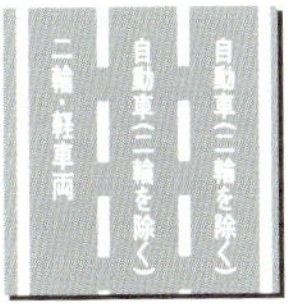

専用通行帯《せんようつうこうたい》

標示《ひょうじ》された車《くるま》（路線《ろせん》バス等《とう》）の専用通行帯《せんようつうこうたい》であることを示《しめ》す（7時《じ》～9時《じ》）。原動機付自転車《げんどうきつきじてんしゃ》は通行《つうこう》できる。

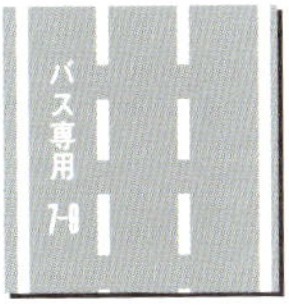

駐車禁止《ちゅうしゃきんし》

駐車《ちゅうしゃ》が禁止《きんし》されていることを示《しめ》す。

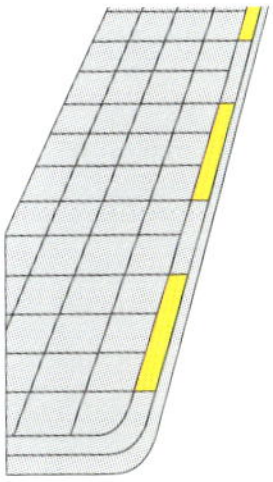

駐停車禁止路側帯《ちゅうていしゃきんしろそくたい》

車《くるま》は標示内《ひょうじない》に駐停車《ちゅうていしゃ》してはいけない。歩行者《ほこうしゃ》と軽車両《けいしゃりょう》は通行《つうこう》できる。

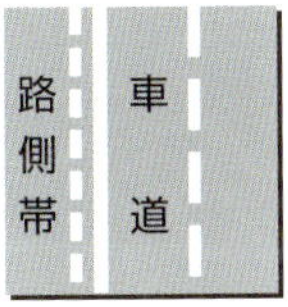

歩行者用路側帯《ほこうしゃようろそくたい》

歩行者《ほこうしゃ》だけしか通行《つうこう》できない。車《くるま》は標示内《ひょうじない》に駐停車《ちゅうていしゃ》してはいけない。

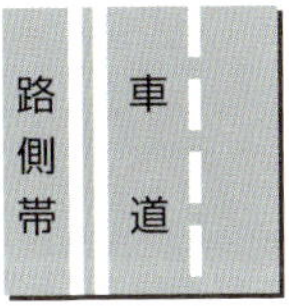

優先本線車道《ゆうせんほんせんしゃどう》

標示《ひょうじ》がある本線車道《ほんせんしゃどう》と合流《ごうりゅう》する前方《ぜんぽう》の本線車《ほんせんしゃ》道《どう》が優先道路《ゆうせんどうろ》であることを表《あらわ》す。

最高速度《さいこうそくど》

車両《しゃりょう》および路面電車《ろめんでんしゃ》の最高速度《さいこうそくど》を示《しめ》す。

右左折《うさせつ》の方法《ほうほう》

車《くるま》が交差点《こうさてん》で右左折《うさせつ》するとき、通行《つうこう》しなければいけない部分《ぶぶん》を示《しめ》す。

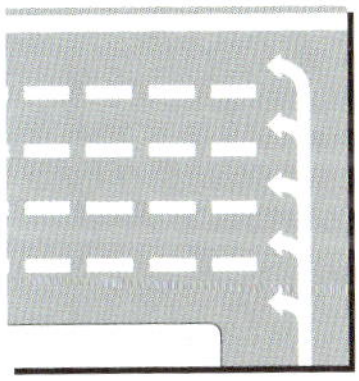

立入《たちい》り禁止部分《きんしぶぶん》

黄線内《きせんない》への車《くるま》の立《た》ち入《い》りが禁止《きんし》されていることを示《しめ》す。

停止禁止部分《ていしきんしぶぶん》

白線内《はくせんない》での車両《しゃりょう》および路面電車《ろめんでんしゃ》の停止《ていし》が禁止《きんし》されていることを示《しめ》す。

駐停車禁止《ちゅうていしゃきんし》

駐車《ちゅうしゃ》と停車《ていしゃ》が禁止《きんし》されていることを示《しめ》す。破《は》線《せん》なら駐車禁止《ちゅうしゃきんし》のみ。

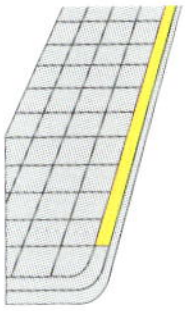

特定《とくてい》の種類《しゅるい》の車両《しゃりょう》の通行区分《つうこうくぶん》

通行位置《つうこういち》が指示《しじ》されている車《くるま》はそれに従《したが》う。

指示標示《しじひょうじ》

特定《とくてい》の交通方法《こうつうほうほう》ができること、道路交通法上《どうろこうつうほうじょう》決《き》められた場所《ばしょ》などを指示《しじ》します。

横断歩道《おうだんほどう》

横断歩道《おうだんほどう》であることを示《しめ》す。

自転車横断帯《じてんしゃおうだんたい》

自転車《じてんしゃ》が道路《どうろ》を横断《おうだん》する場所《ばしょ》であることを示《しめ》す。

右側通行《みぎがわつうこう》

道路《どうろ》の右側部分《みぎがわぶぶん》にはみ出《だ》して通行《つうこう》できることを示《しめ》す。

二段停止線《にだんていしせん》

二輪車《にりんしゃ》と二輪車以外《にりんしゃいがい》の車《くるま》の停止位置《ていしいち》をそれぞれ示《しめ》す。

進行方向《しんこうほうこう》

矢印《やじるし》の方向《ほうこう》に進行《しんこう》できることを示《しめ》す。

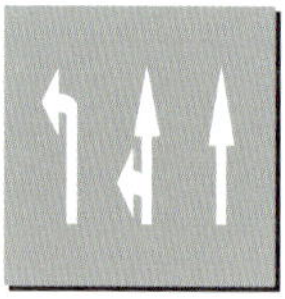

安全地帯《あんぜんちたい》

黄色《きいろ》で囲《かこ》われた範囲《はんい》が安全地帯《あんぜんちたい》であることを示《しめ》す。

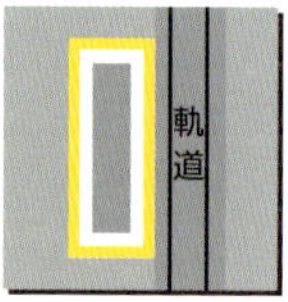

横断歩道《おうだんほどう》または自転車横断帯《じてんしゃおうだんたい》あり

前方《ぜんぽう》に横断歩道《おうだんほどう》や自転《じてん》車横断帯《しゃおうだんたい》があることを示《しめ》す。

前方優先道路《ぜんぽうゆうせんどうろ》

前方《ぜんぽう》の道路《どうろ》が優先道路《ゆうせんどうろ》であることを示《しめ》す（標示《ひょうじ》のある道路《どうろ》は優先道路《ゆうせんどうろ》ではない）。

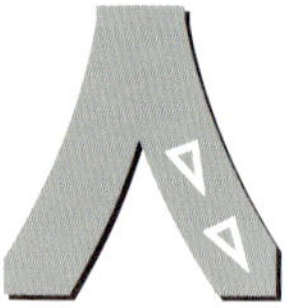

停止線《ていしせん》

車《くるま》が停止《ていし》する位置《いち》を表《あらわ》す。

路面電車停留場《ろめんでんしゃていりゅうじょう》

路面電車《ろめんでんしゃ》の停留所《ていりゅうじょ》であることを表《あらわ》す。

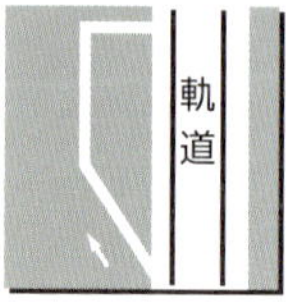

安全地帯《あんぜんちたい》または路上障害物《ろじょうしょうがいぶつ》に接近《せっきん》

前方《ぜんぽう》に安全地帯《あんぜんちたい》または路上障害物《ろじょうしょうがいぶつ》があり、これに接近《せっきん》していることを表《あらわ》す。

片側《かたがわ》に避《さ》ける

両側《りょうがわ》に避《さ》ける

中央線《ちゅうおうせん》

道路《どうろ》の中央《ちゅうおう》か中央線《ちゅうおうせん》を示《しめ》す。

導流帯《どうりゅうたい》

車《くるま》の通行《つうこう》を安全《あんぜん》で円滑《えんかつ》に誘導《ゆうどう》するため、車《くるま》が通《とお》らないようにしている道路《どうろ》の部分《ぶぶん》であることを示《しめ》す。

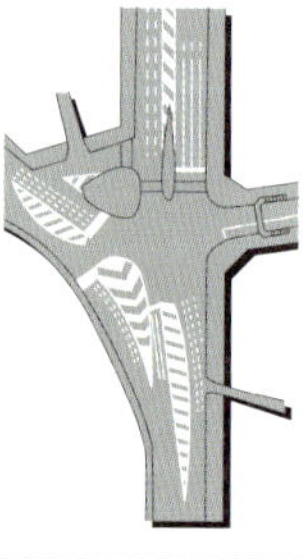

●路側帯《ろそくたい》の種類《しゅるい》

規制標示《きせいひょうじ》である路側帯《ろそくたい》には以下《いか》の３種類《しゅるい》があります。

歩行者《ほこうしゃ》と軽車両《けいしゃりょう》が通行《つうこう》できる路《ろ》側帯《そくたい》。	路側帯《ろそくたい》に入《はい》っての車《くるま》の駐車《ちゅうしゃ》と停《てい》車《しゃ》が禁止《きんし》されている駐停車禁止《ちゅうていしゃきんし》路側帯《ろそくたい》。	路側帯《ろそくたい》に入《はい》っての車《くるま》の駐停車《ちゅうていしゃ》、軽車両《けいしゃりょう》の通行《つうこう》が禁止《きんし》されている歩行者用路側帯《ほこうしゃようろそくたい》。
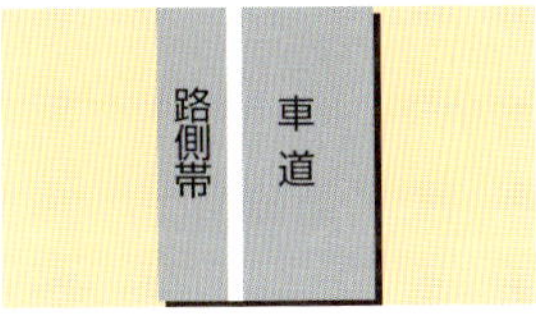	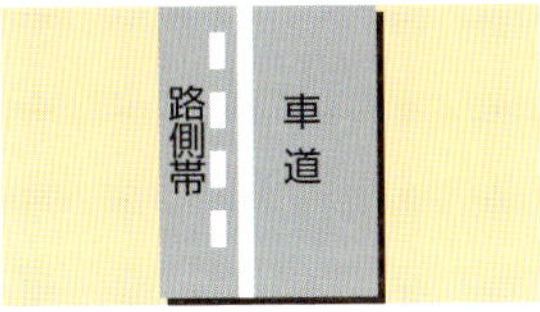	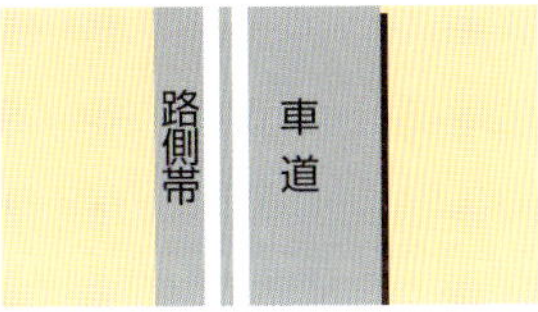

※標識《ひょうしき》や標示《ひょうじ》は、自動車《じどうしゃ》・原動機付自転車《げんどうきつきじてんしゃ》・歩行者《ほこうしゃ》のどれに対《たい》する規制《きせい》をしているのかを確認《かくにん》。時間制限駐車区間《じかんせいげんちゅうしゃくかん》は、表示《ひょうじ》された時間《じかん》を超《こ》えて駐車《ちゅうしゃ》してはいけない。重量《じゅうりょう》・高《たか》さ・最大幅《さいだいはば》の制限《せいげん》は、指定《してい》された数字《すうじ》を「超《こ》える」ものが規制《きせい》される

【例題《れいだい》】

【問《とい》1】図《ず》１の標示《ひょうじ》は立《た》ち入《い》り禁止《きんし》部分《ぶぶん》を示《しめ》す。

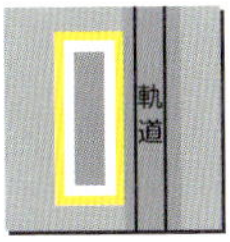

図《ず》1

答《こたえ》1 ×
図《ず》１は「安全地帯《あんぜんちたい》」の標示《ひょうじ》。黄色《きいろ》で囲《かこ》われた範囲《はんい》が安全地帯《あんぜんちたい》であることを示《しめ》す。

【問《とい》2】図《ず》２の標示《ひょうじ》のあるところでは後退《こうたい》が禁止《きんし》されている。

図《ず》2

答《こたえ》2 ×
図《ず》２の標示《ひょうじ》は「転回禁止《てんかいきんし》」の標示《ひょうじ》で、後退《こうたい》は禁止《きんし》されていない。

【問《とい》3】図《ず》３の標示《ひょうじ》があるときは、前方《ぜんぽう》に横断歩道《おうだんほどう》または自転《じてん》車横断帯《しゃおうだんたい》があるという意味《いみ》である。

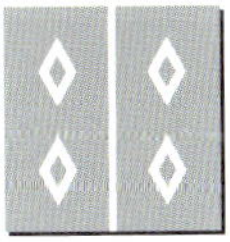
図《ず》3

答《こたえ》3 ○
道路《どうろ》に図《ず》３「横断歩道《おうだんほどう》または自転車《じてんしゃ》横断帯《おうだんたい》あり」の指示標示《しじひょうじ》があるときは、前方《ぜんぽう》に横断歩道《おうだんほどう》または自転車横《じてんしゃおう》断帯《だんたい》があるという意味《いみ》である。

【問《とい》4】図《ず》４の路側帯《ろそくたい》のある道路《どうろ》では、車《くるま》は路側帯内《ろそくたいない》に駐停車《ちゅうていしゃ》できない。

図《ず》4

答《こたえ》4 ○
図《ず》４「歩行者用路側帯《ほこうしゃようろそくたい》」のある道路ではは、車《くるま》は路側帯内《ろそくたいない》に駐停車《ちゅうていしゃ》できない。

【問《とい》5】図《ず》５の指示標示《しじひょうじ》があるところでは、車《くるま》は道路《どうろ》の右側部《みぎがわぶ》分《ぶん》にはみ出《だ》して通行《つうこう》することができる。

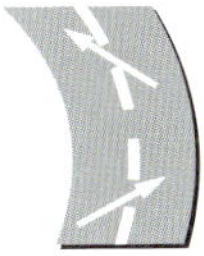
図《ず》5

答《こたえ》5 ○
図《ず》５は、「右側通行《みぎがわつうこう》」を表《あらわ》す指示標示《しじひょうじ》。道路《どうろ》の右側《みぎがわ》にはみ出《だ》して通行《つうこう》することができる。

イラスト問題《もんだい》の攻略《こうりゃく》ポイント

危険予測《きけんよそく》イラスト問題《もんだい》とは？

普通免許《ふつうめんきょ》の学科試験《がっかしけん》では、危険《きけん》を予測《よそく》した運転《うんてん》に関《かん》する問題《もんだい》が5問出題《もんしゅつだい》されます。出題《しゅつだい》はイラストと文章《ぶんしょう》を組《く》み合《あ》わせた形式《けいしき》で、その中《なか》にどのような危険《きけん》がひそんでいるかを答《こた》えます。設問《せつもん》は5問《もん》それぞれに(1)～(3)まであり、それぞれの正誤《せいご》を判断《はんだん》。配点《はいてん》は1問《もん》2点《てん》で、3つの設問《せつもん》すべてに正解《せいかい》しないと得点《とくてん》になりません。また、『正《せい》』は1つとは限《かぎ》らず、すべてが『誤《ご》』の場合《ばあい》もあります。

危険予測《きけんよそく》イラスト問題《もんだい》の攻略《こうりゃく》ポイント

①「見《み》えないところ」にも注意《ちゅうい》！
……危険《きけん》は見《み》えるところ以外《いがい》からもやってくる

②「～するはずなので」「～と思《おも》われるので」という表現《ひょうげん》には注意《ちゅうい》！
……思《おも》い込《こ》みで運転《うんてん》することは危険《きけん》

③「そのままの速度《そくど》で」という表現《ひょうげん》には注意《ちゅうい》！
……徐行《じょこう》や停止《ていし》が必要《ひつよう》かどうかを問《と》う場合《ばあい》が多《おお》い

④「すばやく」「急《いそ》いで」という表現《ひょうげん》には注意《ちゅうい》！
……急《きゅう》ハンドルや急《きゅう》ブレーキの必要性《ひつようせい》を問《と》う場合《ばあい》が多《おお》い

⑤「自分《じぶん》の行動《こうどう》・他者《たしゃ》（車《くるま》）の行動《こうどう》・周囲《しゅうい》の状況《じょうきょう》」に神経《しんけい》を配《くば》る
……危険予測《きけんよそく》の問題《もんだい》では、これら3つの要素《ようそ》を考《かんが》えさせる場合《ばあい》が多《おお》い

イラストのここをチェック！

車《くるま》のかげに注意《ちゅうい》！
見《み》えないところから対向車《たいこうしゃ》が来《く》るかもしれない

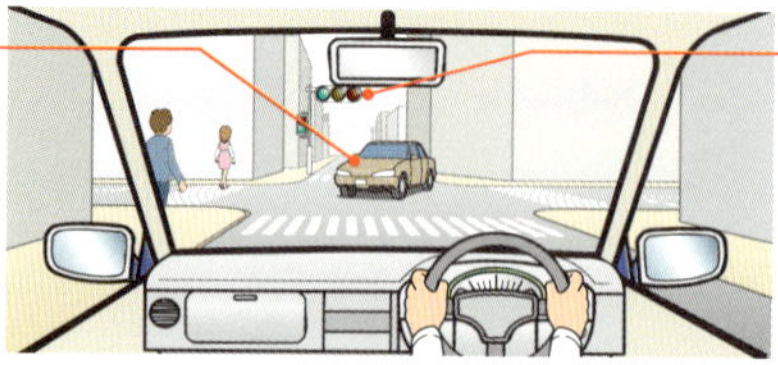

信号機《しんごうき》に注意《ちゅうい》！
対向車《たいこうしゃ》で見《み》えない場合《ばあい》や点滅《てんめつ》などさまざまな状況《じょうきょう》がある

天候《てんこう》や地形《ちけい》に注意《ちゅうい》！
天候《てんこう》や地形《ちけい》も危険《きけん》を予測《よそく》するうえでの手《て》がかりになる

方向指示器《ほうこうしじき》に注意《ちゅうい》！
合図《あいず》の有無《うむ》、指示《しじ》を出《だ》している方向《ほうこう》などを確認《かくにん》

ミラーに注意《ちゅうい》！
後続車《こうぞくしゃ》などが危険予《きけんよ》測《そく》の手《て》がかりになる

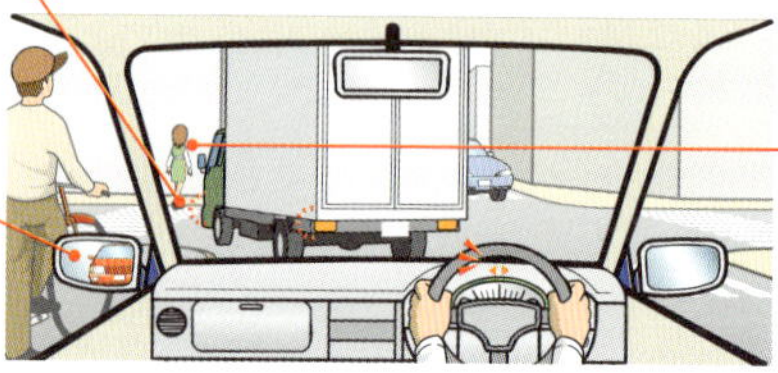

歩行者《ほこうしゃ》に注意《ちゅうい》！
車《くるま》だけでなく歩行者《ほこうしゃ》や自転車《じてんしゃ》の動《うご》きにも気《き》を配《くば》る

PART 2

傾向《けいこう》と対策《たいさく》を徹底分析《てっていぶんせき》！

本試験《ほんしけん》そっくりの実力養成《じつりょくようせい》テスト

学科試験《がっかしけん》にかなりの高確率《こうかくりつ》で出題《しゅつだい》される問題《もんだい》を厳選《げんせん》！
本試験《ほんしけん》そっくりの実力養成《じつりょくようせい》テストを解《と》くことで
一発合格《いっぱつごうかく》に必要《ひつよう》な知識《ちしき》がどんどん身《み》についていきます。
暗記《あんき》シートを使《つか》えばさらに効果抜群《こうかばつぐん》!!

攻略《こうりゃく》メニュー

- 第《だい》1回《かい》〜第《だい》6回《かい》：実力養成《じつりょくようせい》テスト

制限時間《せいげんじかん》／50分《ぷん》

合格《ごうかく》ライン／90点《てん》

第《だい》1回《かい》 実力養成《じつりょくようせい》テスト

■制限時間《せいげんじかん》／50分《ぷん》
■合格《ごうかく》ライン／90点《てん》
・問《とい》1～問《とい》90は、各《かく》1点《てん》
・問《とい》91～問《とい》95は、各《かく》2点《てん》

●次《つぎ》の問題《もんだい》で正《ただ》しいと思《おも》うものは「○」、誤《あやま》っていると思《おも》うものは「×」と答《こた》えなさい。

【問《とい》1】 交通巡視員《こうつうじゅんしいん》が信号機《しんごうき》の信号《しんごう》と違《ちが》う手信号《てしんごう》をしていたが、交通巡視員《こうつうじゅんしいん》の手信号《てしんごう》に従《したが》わず、信号機《しんごうき》の信号《しんごう》に従《したが》って通行《つうこう》した。

【問《とい》2】 交通量《こうつうりょう》の多《おお》いところでは、普通自動車《ふつうじどうしゃ》はできるだけ左側《ひだりがわ》のドアから乗《の》り降《お》りするほうがよい。

【問《とい》3】 高速自動車国道《こうそくじどうしゃこくどう》での車間距離《しゃかんきょり》は、一般的《いっぱんてき》に50メートルから60メートルは必要《ひつよう》である。

【問《とい》4】 アンチロックブレーキシステムを備《そな》えた自動車《じどうしゃ》で急《きゅう》ブレーキをかけるときは、フットブレーキを数回《すうかい》に分《わ》けて踏《ふ》むようにする。

【問《とい》5】 高速道路《こうそくどうろ》の本線車道《ほんせんしゃどう》を走行中《そうこうちゅう》、緊急自動車《きんきゅうじどうしゃ》が本線車道《ほんせんしゃどう》へ入《はい》ろうとしているときや本線車道《ほんせんしゃどう》から出《で》ようとしているときは、その通行《つうこう》を妨《さまた》げてはならない。

【問《とい》6】 衝突《しょうとつ》の衝撃力《しょうげきりょく》は速度《そくど》には関係《かんけい》あるが、重量《じゅうりょう》には関係《かんけい》ない。

【問《とい》7】 急発進《きゅうはっしん》や急《きゅう》ブレーキは危険《きけん》なばかりでなく、車《くるま》をいため、交通公害《こうつうこうがい》のもととなる。

【問《とい》8】 乗降《じょうこう》のため止《と》まっている通学通園《つうがくつうえん》バスのそばを通《とお》るときは、1.5メートル以上《いじょう》の間隔《かんかく》をあければ、徐行《じょこう》しないで通過《つうか》できる。

【問《とい》9】 図《ず》1の標識《ひょうしき》から3メートルの場所《ばしょ》に車《くるま》を止《と》め、運転者《うんてんしゃ》は車《くるま》に乗《の》ったままで、助手《じょしゅ》が約《やく》15分《ふん》かかって荷物《にもつ》の積卸《つみおろ》しをした。

図《ず》1

解答《かいとう》と解説《かいせつ》

自己採点《じこさいてん》	
1回目《かいめ》	2回目《かいめ》

問《とい》1 × 頻出《ひんしゅつ》

交通巡視員等《こうつうじゅんしいんとう》の手信号《てしんごう》などと信号機《しんごうき》の信号《しんごう》が違《ちが》っているときは、交通《こうつう》巡視員等《じゅんしいんとう》の指示《しじ》に従《したが》わなければならない。

問《とい》2 ○

交通量《こうつうりょう》の多《おお》いところでの普通自動車《ふつうじどうしゃ》の乗《の》り降《お》りはできるだけ左側《ひだりがわ》のドアから行《おこな》う。

問《とい》3 ×

高速自動車国道《こうそくじどうしゃこくどう》での車間距離《しゃかんきょり》は、最低《さいてい》80メートルから100メートルは必要《ひつよう》である。

問《とい》4 ×

アンチロックブレーキシステムを備《そな》えた自動車《じどうしゃ》で急《きゅう》ブレーキをかけるときは、フットブレーキを一気《いっき》に強《つよ》く踏《ふ》み込《こ》む。

問《とい》5 ○ 重要《じゅうよう》

緊急自動車《きんきゅうじどうしゃ》が本線車道《ほんせんしゃどう》へ入《はい》ろうとしているときや本線車道《ほんせんしゃどう》から出《で》ようとしているときは、その通行《つうこう》を妨《さまた》げてはならない。

問《とい》6 ×

衝突《しょうとつ》の衝撃力《しょうげきりょく》は速度《そくど》と重量《じゅうりょう》に応《おう》じて大《おお》きくなり、また、固《かた》い物《もの》にぶつかるときのように衝撃《しょうげき》の作用《さよう》が短時間《たんじかん》に行《おこな》われるほど、その力《ちから》は大《おお》きくなる。

問《とい》7 ○

不必要《ふひつよう》な急発進《きゅうはっしん》や急《きゅう》ブレーキ、空《から》ぶかしを避《さ》けるなどして交通公害《こうつうこうがい》を少《すく》なくする。

問《とい》8 × 頻出《ひんしゅつ》

乗降《じょうこう》のため止《と》まっている通学通園《つうがくつうえん》バスのそばを通《とお》るときは、徐行《じょこう》して安全《あんぜん》を確《たし》かめなければならない。

問《とい》9 × 重要《じゅうよう》

指定消防水利《していしょうぼうすいり》の標識《ひょうしき》から5メートル以内《いない》は駐車禁止場所《ちゅうしゃきんしばしょ》で、荷物《にもつ》の積《つみ》卸《おろ》しは5分以内《ふんいない》でなければならない。

頻出《ひんしゅつ》……試験《しけん》によく出《で》る問題《もんだい》　ひっかけ……ひっかけ問題《もんだい》　重要《じゅうよう》……理解《りかい》しておきたい問題《もんだい》

【問《とい》10】 □□
高速自動車国道《こうそくじどうしゃこくどう》の本線車道《ほんせんしゃどう》が片側《かたがわ》2車線《しゃせん》のときは、原則《げんそく》として左《ひだり》側《がわ》の車両通行帯《しゃりょうつうこうたい》を通行《つうこう》し、右側《みぎがわ》の車両通行帯《しゃりょうつうこうたい》は追越《おいこ》しをするとき以外通行《いがいつうこう》してはならない。

【問《とい》11】 □□
同乗者《どうじょうしゃ》に急《いそ》がされ、最高速度《さいこうそくど》を超《こ》えて運転《うんてん》した場合《ばあい》は、同乗者《どうじょうしゃ》にその責任《せきにん》があり、運転者《うんてんしゃ》には責任《せきにん》がない。

【問《とい》12】 □□
普通自動車《ふつうじどうしゃ》の一般道路《いっぱんどうろ》での最高速度《さいこうそくど》は80キロメートル毎時《まいじ》である。

【問《とい》13】 □□
路線《ろせん》バスなどの優先通行帯《ゆうせんつうこうたい》は、路線《ろせん》バスのほか軽車両《けいしゃりょう》だけが通行《つうこう》できる。

【問《とい》14】 □□
交通整理《こうつうせいり》の行《おこな》われていない交差点《こうさてん》の横断歩道《おうだんほどう》の手前《てまえ》に停止《ていし》している車《くるま》がいたので、その前方《ぜんぽう》に出《で》る前《まえ》に一時停止《いちじていし》した。

【問《とい》15】 □□
歩行者《ほこうしゃ》の通行《つうこう》やほかの車《くるま》などの正常《せいじょう》な通行《つうこう》を妨《さまた》げるおそれがあるときは、横断《おうだん》や転回《てんかい》をしてはならない。

【問《とい》16】 □□
前《まえ》の車《くるま》が自動車《じどうしゃ》を追《お》い越《こ》そうとしているときでも、安全《あんぜん》を確認《かくにん》すれば、さらにこれらの車《くるま》を追《お》い越《こ》してもかまわない。

【問《とい》17】 □□
安全地帯《あんぜんちたい》のそばを通《とお》るときには、歩行者《ほこうしゃ》がいるいないにかかわらず徐行《じょこう》しなければならない。

【問《とい》18】 □□
図《ず》2の標識《ひょうしき》のある道路《どうろ》は自動車《じどうしゃ》は通行《つうこう》できないが、自転車《じてんしゃ》は通行《つうこう》できる。

図《ず》2

【問《とい》19】 □□
ほかの車《くるま》に追《お》い越《こ》されるときは、追越《おいこ》しが終《お》わるまで速度《そくど》を上《あ》げてはならない。

【問《とい》20】 □□
普通免許等《ふつうめんきょとう》を取得後《しゅとくご》1年間《ねんかん》に違反点数《いはんてんすう》が一定《いってい》の基準《きじゅん》に達《たっ》した人《ひと》は初心運転者講習《しょしんうんてんしゃこうしゅう》を受《う》けなければならない。

問《とい》10 ○

一般道《いっぱんどう》でも高速道路《こうそくどうろ》でも２車線以上《しゃせんいじょう》の車両通行帯《しゃりょうつうこうたい》がある場合《ばあい》には、一《いち》番右側《ばんみぎがわ》の車両通行帯《しゃりょうつうこうたい》はあけておく。

問《とい》11 × 頻出《ひんしゅつ》

同乗者《どうじょうしゃ》に急《いそ》がされて最高速度《さいこうそくど》を超《こ》えて運転《うんてん》した場合《ばあい》は、運転者《うんてんしゃ》に責任《せきにん》がある。

問《とい》12 × 重要《じゅうよう》

普通自動車《ふつうじどうしゃ》の一般道路《いっぱんどうろ》での最高速度《さいこうそくど》は、標識《ひょうしき》や標示《ひょうじ》で指示《しじ》されていないときは60キロメートル毎時《まいじ》である。

問《とい》13 × 重要《じゅうよう》

路線《ろせん》バスなどの優先通行帯《ゆうせんつうこうたい》は自動車《じどうしゃ》や原動機付自転車《げんどうきつきじてんしゃ》、軽車両《けいしゃりょう》も通行《つうこう》できる。

問《とい》14 ○

横断歩道《おうだんほどう》、自転車横断帯《じてんしゃおうだんたい》やその手前《てまえ》で止《と》まっている車《くるま》があるときは、そのそばを通《とお》って前方《ぜんぽう》に出《で》る前《まえ》に一時停止《いちじていし》をしなければならない。

問《とい》15 ○ ひっかけ

横断《おうだん》や転回《てんかい》や後退《こうたい》などは歩行者《ほこうしゃ》の通行《つうこう》やほかの車《くるま》などの正常《せいじょう》な通行《つうこう》を妨《さまた》げるおそれがあるときは行《おこな》ってはならない。

問《とい》16 ×

前《まえ》の車《くるま》が自動車《じどうしゃ》を追《お》い越《こ》そうとしているときに、前《まえ》の車《くるま》を追《お》い越《こ》せば二重追越《にじゅうおいこ》しになるので禁止《きんし》されている。

問《とい》17 ×

安全地帯《あんぜんちたい》であっても歩行者《ほこうしゃ》がいなければ、そのまま進行《しんこう》することができ、歩行者《ほこうしゃ》がいれば徐行《じょこう》する。

問《とい》18 × ひっかけ

問題《もんだい》の標識《ひょうしき》は「通行止《つうこうど》め」を表示《ひょうじ》しているので、この標識《ひょうしき》のある道路《どうろ》は歩行者《ほこうしゃ》も車《くるま》も通行《つうこう》することはできない。

問《とい》19 ○ 頻出《ひんしゅつ》

ほかの車《くるま》に追《お》い越《こ》されるときは、追越《おいこ》しが終《お》わるまで速度《そくど》を上《あ》げてはならない。

問《とい》20 ○

免許取得後《めんきょしゅとくご》１年間《ねんかん》の初心運転者期間《しょしんうんてんしゃきかん》に違反《いはん》などを犯《おか》し、一定《いってい》の基準《きじゅん》に該当《がいとう》した人《ひと》は初心運転者講習《しょしんうんてんしゃこうしゅう》を受《う》けなければならない。

【問《とい》21】 追越《おいこ》しが終《お》わったら、すぐ、追《お》い越《こ》した車《くるま》の前《まえ》に出《で》るのがよい。

【問《とい》22】 前《まえ》の車《くるま》に続《つづ》いて踏切《ふみきり》を通過《つうか》するときは、一時停止《いちじていし》をしなくてもよい。

【問《とい》23】 夜間《やかん》、道路《どうろ》に駐停車《ちゅうていしゃ》するとき、道路照明《どうろしょうめい》などにより50メートル後《こう》方《ほう》から見《み》える場合《ばあい》や、停止表示器材《ていしひょうじきざい》を置《お》いている場合《ばあい》は、非常点《ひじょうてん》滅表示灯《めつひょうじとう》などをつけなくてもよい。

【問《とい》24】 災害《さいがい》などでやむを得《え》ず道路《どうろ》に駐車《ちゅうしゃ》して避難《ひなん》する場合《ばあい》は、避難《ひなん》する人《ひと》の通行《つうこう》や、応急対策《おうきゅうたいさく》の実施《じっし》を妨《さまた》げるような場所《ばしょ》に駐車《ちゅうしゃ》してはならない。

【問《とい》25】 夜間《やかん》、見通《みとお》しの悪《わる》い交差点《こうさてん》で車《くるま》の接近《せっきん》を知《し》らせるために、前照灯《ぜんしょうとう》を点滅《てんめつ》した。

【問《とい》26】 霧《きり》の中《なか》を走《はし》る場合《ばあい》は、前照灯《ぜんしょうとう》をつけ、危険防止《きけんぼうし》のため必要《ひつよう》に応《おう》じて警音器《けいおんき》を鳴《な》らすとよい。

【問《とい》27】 図《ず》３の標識《ひょうしき》のある道路《どうろ》は火薬類《かやくるい》などを積載《せきさい》した車《くるま》は通行《つうこう》できない。

図《ず》３

【問《とい》28】 高速走行《こうそくそうこう》をするときには、エンジンオイルの量《りょう》を規定《きてい》よりやや多《おお》めにするのがよい。

【問《とい》29】 交通事故《こうつうじこ》を起《お》こした場合《ばあい》は、救急車《きゅうきゅうしゃ》を待《ま》つ間《あいだ》に止血《しけつ》などの処置《しょち》をしたほうがよい。

【問《とい》30】 助手席用《じょしゅせきよう》のエアバッグを備《そな》えている自動車《じどうしゃ》で、やむを得《え》ず助手席《じょしゅせき》でチャイルドシートを使用《しよう》するときは、座席《ざせき》をできるだけ後《うし》ろまで下《さ》げ、必《かなら》ず前向《まえむ》きに固定《こてい》する。

問《とい》21 ×　ひっかけ

追越《おいこ》しをするときには追《お》い越《こ》した車《くるま》との間《あいだ》に安全《あんぜん》な間隔《かんかく》をとってから前方《ぜんぽう》に出《で》る。

問《とい》22 ×　頻出《ひんしゅつ》

踏切《ふみきり》を通過《つうか》するときは、前車《ぜんしゃ》に続《つづ》いて通過《つうか》するときでも、一時停止《いちじていし》をし、安全《あんぜん》を確《たし》かめなければならない。

問《とい》23 ○

道路照明《どうろしょうめい》などにより50メートル後方《こうほう》から見《み》える場所《ばしょ》に駐停車《ちゅうていしゃ》するときや、停止表示器材《ていしひょうじきざい》を置《お》いて駐停車《ちゅうていしゃ》しているときは非常点滅表示灯《ひじょうてんめつひょうじとう》などをつけなくてもよい。

問《とい》24 ○　頻出《ひんしゅつ》

駐車《ちゅうしゃ》するときは、避難《ひなん》する人《ひと》の通行《つうこう》や災害応急対策《さいがいおうきゅうたいさく》の実施《じっし》の妨《さまた》げとなるような場所《ばしょ》に駐車《ちゅうしゃ》してはならない。

問《とい》25 ○

見通《みとお》しの悪《わる》い交差点《こうさてん》やカーブなどの手前《てまえ》では、前照灯《ぜんしょうとう》を上向《うわむ》きに切《き》り替《か》えるか点滅《てんめつ》して、ほかの車《くるま》や歩行者《ほこうしゃ》に交差点《こうさてん》への接近《せっきん》を知《し》らせる。

問《とい》26 ○　重要《じゅうよう》

霧《きり》の中《なか》を走《はし》る場合《ばあい》には、ライトを下向《したむき》きに点《つ》け、危険《きけん》を防止《ぼうし》するため、必要《ひつよう》に応《おう》じて警音器《けいおんき》を使用《しよう》する。

問《とい》27 ○

問題《もんだい》の標識《ひょうしき》は「危険物積載車両通行止《きけんぶつせきさいしゃりょうつうこうど》め」を表示《ひょうじ》しているので、火薬《かやく》類《るい》、爆発物《ばくはつぶつ》、毒物《どくぶつ》、劇物《げきぶつ》などの危険物《きけんぶつ》を積載《せきさい》する車《くるま》は通行《つうこう》できない。

問《とい》28 ×　頻出《ひんしゅつ》

エンジンオイルの量《りょう》は規定《きてい》の量《りょう》でなければならない。Fの目盛《めも》りに近《ちか》いところまで入《い》れる。

問《とい》29 ○

負傷者《ふしょうしゃ》がいる場合《ばあい》は、医師《いし》、救急車《きゅうきゅうしゃ》などが到着《とうちゃく》するまでの間《あいだ》、可能《かのう》な応急救護処置《おうきゅうきゅうごしょち》を行《おこな》う。

問《とい》30 ○　頻出《ひんしゅつ》

助手席用《じょしゅせきよう》のエアバッグを備《そな》えている自動車《じどうしゃ》では、なるべく後部座席《こうぶざせき》でチャイルドシートを使用《しよう》する。やむを得《え》ず助手席《じょしゅせき》で使用《しよう》する場合《ばあい》は座席《ざせき》を一番後《いちばんうし》ろまで下《さ》げ、前向《まえむ》きに固定《こてい》する。

【問《とい》31】 □□
黄色《きいろ》の灯火《とうか》の点滅《てんめつ》をしている交差点《こうさてん》では、必《かなら》ず一時停止《いちじていし》をして安全《あんぜん》を確《たし》かめなければならない。

【問《とい》32】 □□
四輪車《よんりんしゃ》を運転《うんてん》するときのシートの前後《ぜんご》の位置《いち》は、クラッチペダルを踏《ふ》み込《こ》んだとき、ひざがまっすぐ伸《の》びる状態《じょうたい》に合《あ》わせるのがよい。

【問《とい》33】 □□
自家用《じかよう》の普通乗用自動車《ふつうじょうようじどうしゃ》は1年《ねん》ごとに定期点検《ていきてんけん》を受《う》けなければならない。

【問《とい》34】 □□
停車《ていしゃ》や駐車《ちゅうしゃ》をするときには燃料《ねんりょう》を余分《よぶん》に消費《しょうひ》しないようエンジンを切《き》る。

【問《とい》35】 □□
身体《しんたい》の不自由《ふじゆう》な人《ひと》が車《くるま》いすで通行《つうこう》しているときはその通行《つうこう》を妨《さまた》げないように一時停止《いちじていし》するか、徐行《じょこう》しなければならない。

【問《とい》36】 □□
図《ず》4の標識《ひょうしき》のある通行帯《つうこうたい》は、普通自動車《ふつうじどうしゃ》はどのような場合《ばあい》でも通行《つうこう》することはできない。

図《ず》4

【問《とい》37】 □□
雨《あめ》にぬれた道路《どうろ》では制動距離《せいどうきょり》が長《なが》くなる。

【問《とい》38】 □□
車両通行帯《しゃりょうつうこうたい》のない道路《どうろ》では、中央線《ちゅうおうせん》から左側《ひだりがわ》ならどの部分《ぶぶん》を通行《つうこう》してもよい。

【問《とい》39】 □□
交差点付近以外《こうさてんふきんいがい》を通行中《つうこうちゅう》、緊急自動車《きんきゅうじどうしゃ》が近《ちか》づいてきたので、道路《どうろ》の左側《ひだりがわ》に寄《よ》って進路《しんろ》をゆずった。

【問《とい》40】 □□
同一方向《どういつほうこう》に進行《しんこう》しながら進路《しんろ》を変更《へんこう》するときは、合図《あいず》と同時《どうじ》に速《すみ》やかに変更《へんこう》しなければならない。

【問《とい》41】 □□
自動車《じどうしゃ》で歩行者《ほこうしゃ》のそばを走行《そうこう》するときは、歩行者《ほこうしゃ》との間《あいだ》に安全《あんぜん》な間隔《かんかく》をあけるか、徐行《じょこう》しなければならない。

問《とい》31 × ひっかけ

黄色《きいろ》の灯火《とうか》の点滅信号《てんめつしんごう》では歩行者《ほこうしゃ》や車《くるま》などは、他《ほか》の交通《こうつう》に注意《ちゅうい》して進《すす》むことができる。

問《とい》32 ×

シートの前後《ぜんご》の位置《いち》は、クラッチペダルを踏《ふ》み込《こ》んだとき、ひざがわずかに曲《ま》がる状態《じょうたい》に合《あ》わせる（オートマ車《しゃ》の場合《ばあい》はブレーキペダルとなる）。

問《とい》33 ○ 頻《ひん》出《しゅつ》

自家用《じかよう》の普通乗用自動車《ふつうじょうようじどうしゃ》などについては1年《ねん》ごとに定期点検《ていきてんけん》を受《う》けなければならない。

問《とい》34 ○

駐車《ちゅうしゃ》や停車《ていしゃ》をしているときなど、不必要《ふひつよう》なアイドリングは燃料《ねんりょう》を余分《よぶん》に消費《しょうひ》する原因《げんいん》になる。

問《とい》35 ○ 頻《ひん》出《しゅつ》

身体障害者用《しんたいしょうがいしゃよう》の車《くるま》いすで通行《つうこう》している人《ひと》などがいる場合《ばあい》には、一時停《いちじてい》止《し》か徐行《じょこう》をして安全《あんぜん》に通《とお》れるようにする。

問《とい》36 × ひっかけ

問題《もんだい》の標識《ひょうしき》は「専用通行帯《せんようつうこうたい》」を表示《ひょうじ》しているので、普通自動車《ふつうじどうしゃ》は通行《つうこう》できないが、右左折《うさせつ》する場合《ばあい》や工事《こうじ》などでやむを得《え》ない場合《ばあい》は通行《つうこう》できる。

問《とい》37 ○

雨《あめ》にぬれた道路《どうろ》を走《はし》る場合《ばあい》や重《おも》い荷物《にもつ》を積《つ》んでいる場合《ばあい》などでは、制《せい》動距離《どうきょり》が長《なが》くなる。

問《とい》38 ×

車両通行帯《しゃりょうつうこうたい》のない道路《どうろ》では、追越《おいこ》しなどやむを得《え》ない場合《ばあい》のほかは、道路《どうろ》の左側《ひだりがわ》に寄《よ》って通行《つうこう》する。

問《とい》39 ○ ひっかけ

付近《ふきん》に交差点《こうさてん》のない場所《ばしょ》では、緊急自動車《きんきゅうじどうしゃ》の通行《つうこう》の妨《さまた》げにならないように道路《どうろ》の左側《ひだりがわ》に寄《よ》って進路《しんろ》をゆずる。

問《とい》40 ×

進路変更《しんろへんこう》するときは、進路変更《しんろへんこう》の合図《あいず》をしてから約《やく》3秒後《びょうご》に進路変更《しんろへんこう》を開始《かいし》する。

問《とい》41 ○ 頻《ひん》出《しゅつ》

歩行者《ほこうしゃ》のそばを通《とお》るときは、歩行者《ほこうしゃ》との間《あいだ》に安全《あんぜん》な間隔《かんかく》をあけるか、徐行《じょこう》しなければならない。

【問《とい》42】
踏切《ふみきり》の手前《てまえ》30メートル以内《いない》は追越《おいこ》しが禁止《きんし》されている。

【問《とい》43】
前方《ぜんぽう》の交通《こうつう》が混雑《こんざつ》しているため、交差点《こうさてん》の中《なか》で動《うご》きがとれなくなりそうな場合《ばあい》でも、信号《しんごう》が青色《あおいろ》のときは信号《しんごう》に従《したが》って交差点《こうさてん》に進《しん》入《にゅう》しなければならない。

【問《とい》44】
交差点《こうさてん》とその端《はし》から５メートル以内《いない》の場所《ばしょ》は駐停車禁止《ちゅうていしゃきんし》の場所《ばしょ》である。

【問《とい》45】
図《ず》５の標識《ひょうしき》のある場所《ばしょ》へは車《くるま》は入《はい》ることができない。

図《ず》5

【問《とい》46】
故障車《こしょうしゃ》は路上《ろじょう》に１日中駐車《にちじゅうちゅうしゃ》しておいても駐車《ちゅうしゃ》違反《いはん》にはならない。

【問《とい》47】
下《くだ》り坂《ざか》では、速度《そくど》が速《はや》くなりやすく停止距離《ていしきょり》が長《なが》くなるので、車《しゃ》間距離《かんきょり》を長《なが》めにとったほうがよい。

【問《とい》48】
交通事故《こうつうじこ》で頭部《とうぶ》を打《う》って相手《あいて》の体《からだ》にも衝撃《しょうげき》を与《あた》えたが、外傷《がいしょう》もなく特《とく》に異常《いじょう》がなかったので、医師《いし》の診断《しんだん》を受《う》けなかった。

【問《とい》49】
夜間《やかん》、対向車《たいこうしゃ》の多《おお》い市街地《しがいち》の道路《どうろ》では相手《あいて》に注意《ちゅうい》を与《あた》えるため前《ぜん》照灯《しょうとう》を上向《うわむ》きにしたまま運転《うんてん》したほうが安全《あんぜん》である。

【問《とい》50】
警察官《けいさつかん》や交通巡視員《こうつうじゅんしいん》が、交差点以外《こうさてんいがい》の道路《どうろ》で手信号《てしんごう》をしているときの停止位置《ていしいち》は、その警察官《けいさつかん》や交通巡視員《こうつうじゅんしいん》の10メートル手前《てまえ》である。

【問《とい》51】
横《よこ》の信号《しんごう》が赤《あか》になると同時《どうじ》に前方《ぜんぽう》の信号《しんごう》が青色《あおいろ》に変《か》わるので、前《ぜん》方《ぽう》の信号《しんごう》よりむしろ横《よこ》の信号《しんごう》をよく見《み》て速《すみ》やかに発進《はっしん》しなければならない。

問《とい》42 ○ 頻出《ひんしゅつ》

踏切《ふみきり》、横断歩道《おうだんほどう》、自転車横断帯《じてんしゃおうだんたい》とその手前《てまえ》から30メートル以内《いない》の場所《ばしょ》は追越《おいこ》しが禁止《きんし》されている。

問《とい》43 × ひっかけ

前方《ぜんぽう》の交通《こうつう》が混雑《こんざつ》しているため交差点内《こうさてんない》で止《と》まってしまうおそれがあるときは、信号《しんごう》が青色《あおいろ》でも交差点《こうさてん》に入《はい》ってはならない。

問《とい》44 ○

交差点《こうさてん》・横断歩道《おうだんほどう》・自転車横断帯《じてんしゃおうだんたい》とその端《はし》から5メートル以内《いない》の場所《ばしょ》は駐停車禁止《ちゅうていしゃきんし》である。

問《とい》45 ○ 重要《じゅうよう》

問題《もんだい》の標識《ひょうしき》は「安全地帯《あんぜんちたい》」を表示《ひょうじ》しているので、安全地帯《あんぜんちたい》には車《くるま》は入《はい》ることができない。

問《とい》46 × 頻出《ひんしゅつ》

故障車《こしょうしゃ》はできるだけ早《はや》くその場所《ばしょ》から移動《いどう》しなければならない。故障《こしょう》車《しゃ》であっても駐車違反《ちゅうしゃいはん》になる。

問《とい》47 ○

下《くだ》り坂《ざか》では加速《かそく》がつき、停止距離《ていしきょり》が長《なが》くなるので、車間距離《しゃかんきょり》を長《なが》めにとる。

問《とい》48 × 頻出《ひんしゅつ》

外傷《がいしょう》がなくとも頭部《とうぶ》などに強《つよ》い衝撃《しょうげき》を受《う》けたときは、必《かなら》ず医師《いし》の診断《しんだん》を受《う》けるようにする。

問《とい》49 × 重要《じゅうよう》

交通量《こうつうりょう》の多《おお》い市街地《しがいち》の道路《どうろ》などでは、つねに前照灯《ぜんしょうとう》を下向《したむ》きに切《き》り替《か》えておく。

問《とい》50 ×

交差点以外《こうさてんいがい》で、横断歩道《おうだんほどう》、自転車横断帯《じてんしゃおうだんたい》も踏切《ふみきり》もないところでの停止《ていし》位置《いち》は警察官等《けいさつかんとう》の1メートル手前《てまえ》である。

問《とい》51 × ひっかけ

信号機《しんごうき》の信号《しんごう》は、一時的《いちじてき》に全部赤色《ぜんぶあかいろ》となるところもあるので、横《よこ》の信《しん》号《ごう》にとらわれずに前方《ぜんぽう》の信号《しんごう》を見《み》る。

【問《とい》52】□□ ぬかるみに車《くるま》がはまり動《うご》かなくなったときは、ローギアに入《い》れてアクセルをふかすとよい。

【問《とい》53】□□ エンジンの点検《てんけん》では、始動時《しどうじ》やアイドリング状態《じょうたい》で異音《いおん》がないかを点検《てんけん》する。

【問《とい》54】□□ 図《ず》6の標示《ひょうじ》のある路側帯《ろそくたい》は、幅《はば》が広《ひろ》い路側帯《ろそくたい》であっても車《くるま》は路側帯《ろそくたい》の中《なか》に入《はい》って駐車《ちゅうしゃ》することはできない。

図《ず》6

【問《とい》55】□□ トンネルに入《はい》るときは減速《げんそく》するが、トンネルから出《で》るときは速度《そくど》を落《お》とす必要《ひつよう》はない。

【問《とい》56】□□ 高速走行中《こうそくそうこうちゅう》に速度《そくど》を落《お》とすときは、エンジンブレーキを使《つか》うとともに、フットブレーキを数回《すうかい》に分《わ》けてかけるようにする。

【問《とい》57】□□ 高齢者《こうれいしゃ》は危険《きけん》を回避《かいひ》するためにとっさの行動《こうどう》をとることが困難《こんなん》なので、高齢者《こうれいしゃ》が通行《つうこう》しているときは、警音器《けいおんき》を軽《かる》く鳴《な》らすとよい。

【問《とい》58】□□ 交差点《こうさてん》の横断歩道《おうだんほどう》のない道《みち》を歩行者《ほこうしゃ》が横断《おうだん》していたので、警音器《けいおんき》を鳴《な》らして横断《おうだん》を中止《ちゅうし》させて通過《つうか》した。

【問《とい》59】□□ 放置車両確認標章《ほうちしゃりょうかくにんひょうしょう》を取《と》り付《つ》けられた車《くるま》の運転者《うんてんしゃ》は、運転《うんてん》するときでも放置車両確認標章《ほうちしゃりょうかくにんひょうしょう》を取《と》り除《のぞ》いてはならない。

【問《とい》60】□□ 転回《てんかい》をするときは、転回《てんかい》しようとする地点《ちてん》より30メートル手前《てまえ》で合図《あいず》をしなければならない（環状交差点《かんじょうこうさてん》で転回《てんかい》する場合《ばあい》を除《のぞ》く）。

【問《とい》61】□□ 踏切《ふみきり》を通過《つうか》するときは必《かなら》ず警音器《けいおんき》を鳴《な》らさなければならない。

【問《とい》62】□□ 道路《どうろ》の片側《かたがわ》に障害物《しょうがいぶつ》がある場所《ばしょ》で対向車《たいこうしゃ》と行《い》き違《ちが》うときは、障害物《しょうがいぶつ》のある反対側《はんたいがわ》の車《くるま》があらかじめ一時停止《いちじていし》するか減速《げんそく》をして道《みち》をゆずらなければならない。

問《とい》52 ×（ひっかけ）

ぬかるみに車《くるま》がはまって動《うご》かなくなったときは、古毛布《ふるもうふ》、砂利《じゃり》などをすべり止《ど》めに使《つか》うと効果的《こうかてき》である。

問《とい》53 ○

エンジンの点検《てんけん》では始動時《しどうじ》およびアイドリング状態《じょうたい》で、異音《いおん》がないかを点検《てんけん》する。

問《とい》54 ×（頻出《ひんしゅつ》）

問題《もんだい》の標示《ひょうじ》は「路側帯《ろそくたい》」を表示《ひょうじ》しているが、路側帯《ろそくたい》の幅《はば》が0.75メートルを超《こ》える場合《ばあい》は路側帯《ろそくたい》に入《はい》り、車《くるま》の左側《ひだりがわ》に0.75メートル以上《いじょう》の余地《よち》を空《あ》けて駐停車《ちゅうていしゃ》することができる。

問《とい》55 ×（ひっかけ）

トンネルなど明《あか》るさが急《きゅう》に変《か》わるところでは視力《しりょく》が一時急激《いちじきゅうげき》に低下《ていか》するので、入《はい》るときも出《で》るときも速度《そくど》を落《お》とす。

問《とい》56 ○

高速走行中《こうそくそうこうちゅう》に速度《そくど》を落《お》とすときは、エンジンブレーキを使《つか》うとともにフットブレーキを数回《すうかい》に分《わ》けて踏《ふ》むようにする。

問《とい》57 ×（重要《じゅうよう》）

高齢者《こうれいしゃ》は、加齢《かれい》に伴《ともな》う身体《しんたい》の変化《へんか》によりとっさの行動《こうどう》をとることが困難《こんなん》なので、警音器《けいおんき》を鳴《な》らしたりせず、一時停止《いちじていし》か徐行《じょこう》をする。

問《とい》58 ×

横断歩道《おうだんほどう》のない交差点《こうさてん》やその近《ちか》くを歩行者《ほこうしゃ》が横断《おうだん》しているときは、その通行《つうこう》を妨《さまた》げてはならない。

問《とい》59 ×（ひっかけ）

運転《うんてん》するときは、交通事故防止《こうつうじこぼうし》のため、放置車両確認標章《ほうちしゃりょうかくにんひょうしょう》を取《と》り除《のぞ》くことができる。

問《とい》60 ○

転回《てんかい》しようとする地点《ちてん》から30メートル手前《てまえ》の地点《ちてん》に達《たっ》したときに合図《あいず》を行《おこな》う。

問《とい》61 ×

警音器《けいおんき》は標識《ひょうしき》で指定《してい》された場所《ばしょ》や区域《くいき》、危険《きけん》を避《さ》けるときにのみ使用《しよう》する。

問《とい》62 ×（頻出《ひんしゅつ》）

障害物《しょうがいぶつ》のある場所《ばしょ》で対向車《たいこうしゃ》と行《い》き違《ちが》うときは、障害物《しょうがいぶつ》のある側《がわ》の車《くるま》が一時停止《いちじていし》するか減速《げんそく》をして道《みち》をゆずる。

【問《とい》63】 □□

図《ず》7の標示《ひょうじ》のある交差点《こうさてん》では、原動機付自転《げんどうきつきじてん》車《しゃ》は「二輪《にりん》」と表示《ひょうじ》されている停止線《ていしせん》の手前《てまえ》で停止《ていし》する。

図《ず》7

【問《とい》64】 □□

原動機付自転車《げんどうきつきじてんしゃ》を運転《うんてん》して、道路《どうろ》の左側部分《ひだりがわぶぶん》に3車線以上《しゃせんいじょう》の車両通行帯《しゃりょうつうこうたい》のある交通整理《こうつうせいり》が行《おこな》われている交差点《こうさてん》で、二段階右折《にだんかいうせつ》をした。

【問《とい》65】 □□

駐停車禁止《ちゅうていしゃきんし》の場所《ばしょ》であっても、エンジンをかけて運転席《うんてんせき》にいれば駐停車違反《ちゅうていしゃいはん》にはならない。

【問《とい》66】 □□

オートマチック車《しゃ》はエンジン始動直後《しどうちょくご》やエアコン作動時《さどうじ》にエンジンの回転数《かいてんすう》が高《たか》くなり、急発進《きゅうはっしん》する危険《きけん》がある。

【問《とい》67】 □□

踏切《ふみきり》とその端《はし》から前後《ぜんご》10メートル以内《いない》の場所《ばしょ》は短時間《たんじかん》であっても、停車《ていしゃ》することはできない。

【問《とい》68】 □□

雨《あめ》の日《ひ》は、路面《ろめん》がすべりやすく停止距離《ていしきょり》も長《なが》くなるので、晴《は》れの日《ひ》より車間距離《しゃかんきょり》を多《おお》くとるのがよい。

【問《とい》69】 □□

普通免許《ふつうめんきょ》を受《う》けて1年《ねん》を経過《けいか》していない者《もの》は、その車《くるま》の前《まえ》と後《うし》ろの定《さだ》められた位置《いち》に初心者《しょしんしゃ》マークをつけなければならない。

【問《とい》70】 □□

高速自動車国道《こうそくじどうしゃこくどう》の本線車道《ほんせんしゃどう》での最低速度《さいていそくど》は、標識《ひょうしき》や標示《ひょうじ》で表示《ひょうじ》されていないところでは、50キロメートル毎時《まいじ》である。

【問《とい》71】 □□

普通免許《ふつうめんきょ》では、普通自動車《ふつうじどうしゃ》のほか、小型特殊自動車《こがたとくしゅじどうしゃ》や原動機付自《げんどうきつきじ》転車《てんしゃ》を運転《うんてん》することができる。

【問《とい》72】 □□

図《ず》8の標識《ひょうしき》のある交差点《こうさてん》では、自動車《じどうしゃ》は右折《うせつ》や左折《させつ》をすることはできない。

図《ず》8

【問《とい》73】 □□

自動車《じどうしゃ》を運転中《うんてんちゅう》に携帯電話《けいたいでんわ》を使用《しよう》したいときは、車《くるま》を安全《あんぜん》な場所《ばしょ》に止《と》めてから使《つか》う。

問《とい》63 ○

問題《もんだい》の標示《ひょうじ》は「二段停止線《にだんていしせん》」を表示《ひょうじ》しているので、二輪車《にりんしゃ》は「二輪《にりん》」、二輪車以外《にりんしゃいがい》は「四輪《よんりん》」の停止位置《ていしいち》で停止《ていし》する。

問《とい》64 頻出《ひんしゅつ》 ○

3車線以上《しゃせんいじょう》の車両通行帯《しゃりょうつうこうたい》のある交通整理《こうつうせいり》が行《おこな》われている交差点《こうさてん》や、標識等《ひょうしきとう》により二段階右折《にだんかいうせつ》の指定《してい》がある交差点《こうさてん》では二段階右折《にだんかいうせつ》する。

問《とい》65 重要《じゅうよう》 ×

駐停車禁止場所《ちゅうていしゃきんしばしょ》では運転者《うんてんしゃ》が乗《の》っていても駐停車《ちゅうていしゃ》することはできない。

問《とい》66 ひっかけ ○

エンジン始動直後《しどうちょくご》やエアコン作動時《さどうじ》は、エンジンの回転数《かいてんすう》が高《たか》くなり、急発進《きゅうはっしん》する危険《きけん》があるので、ブレーキペダルをしっかりと踏《ふ》んでおく。

問《とい》67 ○

踏切《ふみきり》とその端《はし》から前後《ぜんご》10メートル以内《いない》の場所《ばしょ》では駐停車《ちゅうていしゃ》は禁止《きんし》されている。

問《とい》68 ひっかけ ○

雨《あめ》の日《ひ》はすべりやすいので、晴《は》れの日《ひ》よりも速度《そくど》を落《お》とし、車間距離《しゃかんきょり》を十分《じゅうぶん》にとる。

問《とい》69 ○

普通免許《ふつうめんきょ》を受《う》けて1年《ねん》を経過《けいか》していない初心運転者《しょしんうんてんしゃ》は、その車《くるま》の前《まえ》と後《うし》ろの定《さだ》められた位置《いち》に初心者《しょしんしゃ》マークをつけなければならない。

問《とい》70 頻出《ひんしゅつ》 ○

高速自動車国道《こうそくじどうしゃこくどう》の本線車道《ほんせんしゃどう》での最低速度《さいていそくど》は、標識《ひょうしき》や標示《ひょうじ》で指定《してい》されていなければ50キロメートル毎時《まいじ》である。

問《とい》71 頻出《ひんしゅつ》 ○

普通免許《ふつうめんきょ》では、普通自動車《ふつうじどうしゃ》、小型特殊自動車《こがたとくしゅじどうしゃ》、原動機付自転車《げんどうきつきじてんしゃ》を運転《うんてん》することができる。

問《とい》72 ○

問題《もんだい》の標識《ひょうしき》は「指定方向外進行禁止《していほうこうがいしんこうきんし》」(左折《させつ》・右折禁止《うせつきんし》)を表示《ひょうじ》している。

問《とい》73 頻出《ひんしゅつ》 ○

走行中《そうこうちゅう》は携帯電話《けいたいでんわ》は使用《しよう》しない。携帯電話《けいたいでんわ》を使用《しよう》するときは、車《くるま》を安全《あんぜん》な場所《ばしょ》に止《と》めてから行《おこな》う。

【問《とい》74】 仮運転免許標識《かりうんてんめんきょひょうしき》をつけている車《くるま》への幅寄《はばよ》せや割《わ》り込《こ》みは禁止《きんし》されているが、初心者《しょしんしゃ》マークをつけている車《くるま》に対《たい》しては禁止《きんし》されていない。

【問《とい》75】 ブレーキの液量《えきりょう》の点検《てんけん》は、リザーバタンク内《ない》の液量《えきりょう》が規定《きてい》の範囲《はんい》内《ない》にあるかを見《み》る。

【問《とい》76】 自動車《じどうしゃ》の運転者《うんてんしゃ》が酒《さけ》を飲《の》んでいるのを知《し》りながら家《いえ》まで送《おく》ってくれるように依頼《いらい》した場合《ばあい》には、その人《ひと》も罰則《ばっそく》の対象《たいしょう》となる。

【問《とい》77】 徐行《じょこう》とは、20キロメートル毎時《まいじ》以下《いか》の速度《そくど》で走《はし》ることである。

【問《とい》78】 原動機付自転車《げんどうきつきじてんしゃ》は、交通量《こうつうりょう》が少《すく》ないときには自転車道《じてんしゃどう》を通行《つうこう》してもよい。

【問《とい》79】 原動機付自転車《げんどうきつきじてんしゃ》を運転《うんてん》して乾燥《かんそう》した路面《ろめん》でブレーキをかけるときは、前輪《ぜんりん》ブレーキをやや強《つよ》くかける。

【問《とい》80】 夕日《ゆうひ》の反射《はんしゃ》などによって方向指示器《ほうこうしじき》が見《み》えにくい場合《ばあい》には、方向《ほうこう》指示器《しじき》の操作《そうさ》とあわせて手《て》による合図《あいず》を行《おこな》うようにしたほうがよい。

【問《とい》81】 図《ず》9の標識《ひょうしき》のある道路《どうろ》では徐行《じょこう》しなければならない。

図《ず》9

【問《とい》82】 トンネル内《ない》は、車両通行帯《しゃりょうつうこうたい》があるなしにかかわらず追越《おいこ》しが禁止《きんし》されている。

【問《とい》83】 交通整理《こうつうせいり》が行《おこな》われていない道幅《みちはば》が同《おな》じような交差点《こうさてん》（優先道路通《ゆうせんどうろつう》行中《こうちゅう》を除《のぞ》く）に入《はい》ろうとしたとき、右方《うほう》から路面電車《ろめんでんしゃ》が接近《せっきん》してきたが、左方車優先《さほうしゃゆうせん》であるからそのまま進行《しんこう》した（環状交差点《かんじょうこうさてん》を除《のぞ》く）。

問《とい》74 ×　重要《じゅうよう》

初心者《しょしんしゃ》マークや高齢者《こうれいしゃ》マーク、身障者《しんしょうしゃ》マーク、聴覚障害者《ちょくかくしょうがいしゃ》マークをつけている車《くるま》への幅寄《はばよ》せや割《わ》り込《こ》みも禁止《きんし》されている。

問《とい》75 ○　頻出《ひんしゅつ》

ブレーキの液量《えきりょう》は、リザーバタンク内《ない》の液量《えきりょう》が規定《きてい》の範囲内《はんいない》にあるかを点検《てんけん》する。

問《とい》76 ○　頻出《ひんしゅつ》

酒《さけ》を飲《の》んでいる人《ひと》に車《くるま》を運転《うんてん》させると、依頼《いらい》した人《ひと》も罰則《ばっそく》の対象《たいしょう》となる。

問《とい》77 ×　重要《じゅうよう》

徐行《じょこう》とは、車《くるま》がただちに停止《ていし》できるような速度《そくど》で進《すす》むことをいう。おおむね10キロメートル毎時以下《まいじいか》の速度《そくど》で走《はし》ることをいう。

問《とい》78 ×

自転車道《じてんしゃどう》は交通量《こうつうりょう》が少《すく》なくても自転車《じてんしゃ》以外《いがい》は通行《つうこう》できない。道路《どうろ》に面《めん》した場所《ばしょ》に出入《でい》りするために横切《よこぎ》る場合《ばあい》などは別《べつ》である。

問《とい》79 ○　重要《じゅうよう》

乾燥《かんそう》した路面《ろめん》では前輪《ぜんりん》ブレーキを、路面《ろめん》がすべりやすいときは後輪《こうりん》ブレーキをやや強《つよ》くかける。

問《とい》80 ○　頻出《ひんしゅつ》

方向指示器《ほうこうしじき》が見《み》えにくい場合《ばあい》には、方向指示器《ほうこうしじき》の操作《そうさ》とあわせて手《て》による合図《あいず》を行《おこな》うようにする。

問《とい》81 ○

問題《もんだい》の標識《ひょうしき》は「下《くだ》り急《きゅう》こう配《ばい》あり」を表示《ひょうじ》しているので、徐行《じょこう》しなければならない。

問《とい》82 ×　ひっかけ

トンネル内《ない》は、車両通行帯《しゃりょうつうこうたい》がない場合《ばあい》に限《かぎ》り、追越《おいこ》しが禁止《きんし》されている。

問《とい》83 ×　ひっかけ

交通整理《こうつうせいり》が行《おこな》われていない道幅《みちはば》が同《おな》じような交差点《こうさてん》（優先道路通行中《ゆうせんどうろつうこうちゅう》を除《のぞ》く）では、路面電車《ろめんでんしゃ》に対《たい》しては右方《うほう》、左方《さほう》に関係《かんけい》なく路面電車《ろめんでんしゃ》に優先権《ゆうせんけん》がある。

【問《とい》84】 □□ 違法《いほう》に駐車《ちゅうしゃ》している車《くるま》の運転者《うんてんしゃ》は、警察官《けいさつかん》からその車《くるま》の移動《いどう》を命《めい》じられたときには、ただちにその車《くるま》を移動《いどう》しなければならない。

【問《とい》85】 □□ 踏切《ふみきり》に信号機《しんごうき》がある場合《ばあい》で青信号《あおしんごう》のときは、信号機《しんごうき》に従《したが》って一時《いちじ》停止《ていし》せずに通過《つうか》することができる。

【問《とい》86】 □□ 道路工事《どうろこうじ》の区域《くいき》の端《はし》から5メートル以内《いない》の場所《ばしょ》は駐車《ちゅうしゃ》も停車《ていしゃ》も禁止《きんし》されている。

【問《とい》87】 □□ 歩道《ほどう》のある道路《どうろ》では、車道《しゃどう》の左端《ひだりはし》に沿《そ》って駐停車《ちゅうていしゃ》しなければならない。

【問《とい》88】 □□ 交差点《こうさてん》で警察官《けいさつかん》が腕《うで》を垂直《すいちょく》に上《あ》げているときは、警察官《けいさつかん》に対面《たいめん》する交通《こうつう》については、信号機《しんごうき》の赤色《あかいろ》の灯火《とうか》と同《おな》じ意味《いみ》である。

【問《とい》89】 □□ 黄色《きいろ》の線《せん》の車両通行帯《しゃりょうつうこうたい》を通行《つうこう》しているとき、緊急自動車《きんきゅうじどうしゃ》が近《ちか》づいてきたときは、進路《しんろ》をゆずらなくてもよい。

【問《とい》90】 □□ 乗車定員《じょうしゃていいん》が11人以上《にんいじょう》の車《くるま》を運転《うんてん》する場合《ばあい》には中型免許《ちゅうがためんきょ》か大型免許《おおがためんきょ》が必要《ひつよう》である。

問《とい》84 ○

警察官《けいさつかん》や交通巡視員《こうつうじゅんしいん》から車《くるま》の移動《いどう》を命《めい》じられたときは、ただちにその車《くるま》を移動《いどう》しなければならない。

問《とい》85 ○ 頻《ひん》出《しゅつ》

踏切《ふみきり》に信号機《しんごうき》のある場合《ばあい》で青信号《あおしんごう》のときは、信号機《しんごうき》に従《したが》って安全確認《あんぜんかくにん》だけで通過《つうか》することができる。

問《とい》86 ×

道路工事《どうろこうじ》の区域《くいき》の端《はし》から5メートル以内《いない》の場所《ばしょ》は駐車《ちゅうしゃ》は禁止《きんし》されているが、停車《ていしゃ》は禁止《きんし》されていない。

問《とい》87 ○ ひっかけ

歩道《ほどう》のある一般《いっぱん》の道路《どうろ》では車道《しゃどう》の左端《ひだりはし》に沿《そ》って駐停車《ちゅうていしゃ》する。歩道《ほどう》や路《ろ》側帯《そくたい》がない道路《どうろ》では道路《どうろ》の左端《ひだりはし》に沿《そ》って駐停車《ちゅうていしゃ》する。

問《とい》88 ○

対面《たいめん》する交通《こうつう》については赤色《あかいろ》、平行《へいこう》する交通《こうつう》については黄色《きいろ》の灯火《とうか》と同《おな》じ意味《いみ》である。

問《とい》89 ×

黄色《きいろ》の線《せん》の車両通行帯《しゃりょうつうこうたい》を通行《つうこう》しているときでも、緊急自動車《きんきゅうじどうしゃ》が近《ちか》づいてきたときは道路《どうろ》の左側《ひだりがわ》に寄《よ》って進路《しんろ》をゆずらなければならない。

問《とい》90 ○ 頻《ひん》出《しゅつ》

11人以上《にんいじょう》の乗車定員《じょうしゃていいん》の車《くるま》を運転《うんてん》するには中型免許《ちゅうがためんきょ》か大型免許《おおがためんきょ》が必要《ひつよう》である。

【問《とい》91】 30km/hで進行《しんこう》しています。交差点《こうさてん》に近《ちか》づくと対向車線《たいこうしゃせん》の先頭車《せんとうしゃ》が右折《うせつ》してきて自分《じぶん》の車《くるま》の前《まえ》を横切《よこぎ》り始《はじ》めました。どのようなことに注意《ちゅうい》して運転《うんてん》しますか？

（1）□□ (1) 対向車線《たいこうしゃせん》の車《くるま》が右折《うせつ》し始《はじ》めたので、右折車《うせつしゃ》が交差点《こうさてん》を通過《つうか》したらすぐに通過《つうか》する。

（2）□□ (2) 先頭《せんとう》の車《くるま》に続《つづ》いて2台目《だいめ》も右折《うせつ》してくることが考《かんが》えられるので、すぐに止《と》まれるよう速度《そくど》を落《お》として進行《しんこう》する。

（3）□□ (3) 直進車《ちょくしんしゃ》が優先《ゆうせん》なので、右折車《うせつしゃ》より先《さき》に通過《つうか》するために加速《かそく》して進行《しんこう》する。

【問《とい》92】 夜間《やかん》、30km/hで進行《しんこう》しています。トラックが駐車《ちゅうしゃ》しているとき、どのようなことに注意《ちゅうい》して運転《うんてん》しますか？

（1）□□ (1) 対向車《たいこうしゃ》もいないようなので、前照灯《ぜんしょうとう》を下向《したむ》きにして歩行者《ほこうしゃ》や自転車《じてんしゃ》がいるかどうかを確《たし》かめ、そのままの速度《そくど》で進行《しんこう》する。

（2）□□ (2) ほかの車《くるま》の前照灯《ぜんしょうとう》も見《み》えないし、危険《きけん》もないと考《かんが》え、道路《どうろ》の中央寄《ちゅうおうよ》りを速度《そくど》を上《あ》げて進行《しんこう》する。

（3）□□ (3) 見《み》えにくい駐車車両《ちゅうしゃしゃりょう》があることも考《かんが》えられるので、前照灯《ぜんしょうとう》を上向《うわむ》きにして、歩行者《ほこうしゃ》や自転車《じてんしゃ》にも注意《ちゅうい》し進行《しんこう》する。

問《とい》91

(1) ×

(2) ○

(3) ×

●交差点《こうさてん》で右折待《うせつま》ちしている車《くるま》が数台並《すうだいなら》んでいるときは、先頭車《せんとうしゃ》につられて2台目以降《だいめいこう》の車《くるま》が右折《うせつ》してくることがある。あらかじめそのことを予測《よそく》し、2～3台先《だいさき》の車《くるま》の動《うご》きをよく見《み》ながら交差点《こうさてん》に近《ちか》づく必要《ひつよう》がある。

後続車《こうぞくしゃ》が先頭車《せんとうしゃ》につられて右折《うせつ》してくることがあるので、それらの車《くるま》の動《うご》きに注意《ちゅうい》する。

問《とい》92

(1) ×

(2) ×

(3) ○

●夜間《やかん》、交通量《こうつうりょう》の少《すく》ない郊外《こうがい》の道路《どうろ》などでは、暗《くら》いところに車《くるま》が駐車《ちゅうしゃ》していることがある。対向車《たいこうしゃ》がない場合《ばあい》には、前照灯《ぜんしょうとう》を上向《うわむ》きに切《き》り替《か》えて、歩行者《ほこうしゃ》や無灯火《むとうか》の自転車《じてんしゃ》、駐車車両《ちゅうしゃしゃりょう》に注意《ちゅうい》して慎重《しんちょう》に運転《うんてん》する。

駐車車両《ちゅうしゃしゃりょう》のかげや前方《ぜんぽう》に、歩行者《ほこうしゃ》や無灯火《むとうか》の自転車《じてんしゃ》がいないか注意《ちゅうい》し、前照灯《ぜんしょうとう》を上向《うわむ》きに切《き》り替《か》える。

【問《とい》93】 高速道路《こうそくどうろ》の加速車線《かそくしゃせん》を50km/hで進行《しんこう》しています。どのようなことに注意《ちゅうい》して運転《うんてん》しますか？

（1）□□
（2）□□
（3）□□

(1) 本線車道《ほんせんしゃどう》の後方《こうほう》からくる車《くるま》との距離《きょり》が十分《じゅうぶん》にあると思《おも》われるので、できるだけ早《はや》く本線車道《ほんせんしゃどう》に入《はい》る。

(2) 車《くるま》のバックミラーの死角《しかく》にほかの車《くるま》がいるかもしれないので、自分《じぶん》の目《め》で安全《あんぜん》を確《たし》かめる。

(3) 本線車道《ほんせんしゃどう》の後方《こうほう》から車《くるま》がきているが、本線車道《ほんせんしゃどう》に進入《しんにゅう》するのに十分《じゅうぶん》な距離《きょり》があると思《おも》われるので、ゆるやかに進路《しんろ》を右《みぎ》にとる。

【問《とい》94】 30km/hで進行《しんこう》しています。前方《ぜんぽう》の信号《しんごう》が青《あお》から黄色《きいろ》に変《か》わったとき、どのようなことに注意《ちゅうい》して運転《うんてん》しますか？

（1）□□
（2）□□
（3）□□

(1) 黄色《きいろ》の信号《しんごう》に変《か》わったときは止《と》まるのが当然《とうぜん》なので、ブレーキをかけて停車位置《ていしゃいち》を越《こ》えてでも停止《ていし》する。

(2) 黄色《きいろ》の信号《しんごう》に変《か》わっても、後《うし》ろの車《くるま》が接近《せっきん》していて安全《あんぜん》に停止《ていし》できないと判断《はんだん》したときは、ほかの交通《こうつう》に注意《ちゅうい》しながら交差点《こうさてん》を通過《つうか》する。

(3) 黄色《きいろ》の信号《しんごう》に変《か》わっても、変《か》わった直後《ちょくご》ならば、そのまま速度《そくど》を上《あ》げて交差点《こうさてん》を通過《つうか》する。

問《とい》93

(1) ×

(2) ○

(3) ×

●本線車道《ほんせんしゃどう》に入《はい》ろうとする場合《ばあい》には、加速車線《かそくしゃせん》を通行《つうこう》して十分加速《じゅうぶんかそく》し、本線車道上《ほんせんしゃどうじょう》の車《くるま》との速度差《そくどさ》が小《ちい》さくなるようにしてから、合流《ごうりゅう》する。

●本線車道《ほんせんしゃどう》に入《はい》るとき、バックミラーだけで判断《はんだん》すると、死角部分《しかくぶぶん》にいるほかの車《くるま》と接触《せっしょく》するおそれがあるから、死角《しかく》となるところの安全《あんぜん》を確認《かくにん》してから合流《ごうりゅう》する。

バックミラーなどだけで判断《はんだん》せず、その死角《しかく》部分《ぶぶん》になるところの安全《あんぜん》も確認《かくにん》して合流《ごうりゅう》する。

問《とい》94

(1) ×

(2) ○

(3) ×

●信号《しんごう》が黄色《きいろ》になれば停止《ていし》するのが原則《げんそく》だが、安全《あんぜん》に停止《ていし》できない場合《ばあい》は、ほかの交通《こうつう》に注意《ちゅうい》して交差点《こうさてん》を通過《つうか》する。停止《ていし》する場合《ばあい》は、停止位置《ていしいち》を越《こ》えずに止《と》める。通過《つうか》するか停止《ていし》するかの判断《はんだん》は、どの位置《いち》で安全《あんぜん》に停止《ていし》できるか、後続車《こうぞくしゃ》が接近《せっきん》しているためそのまま通過《つうか》したほうが安全《あんぜん》か、自分《じぶん》の車《くるま》の速度《そくど》や後続車《こうぞくしゃ》との車間距離《しゃかんきょり》などによって判断《はんだん》する。

後続車《こうぞくしゃ》が接近《せっきん》しているので、安全《あんぜん》に停止《ていし》できないと判断《はんだん》したときは、ほかの交通《こうつう》に注意《ちゅうい》し交差点《こうさてん》を通過《つうか》する。

【問《とい》95】 渋滞《じゅうたい》している道路《どうろ》を5km/hで進行《しんこう》しています。どのようなことに注意《ちゅうい》して運転《うんてん》しますか？

（1）
□□
（2）
□□
（3）
□□

(1) 前方《ぜんぽう》の車《くるま》の動《うご》きに注意《ちゅうい》するだけでなく、その前方《ぜんぽう》や左右《さゆう》の状況《じょうきょう》にも注意《ちゅうい》して、いつでもブレーキペダルを踏《ふ》めるようにして進行《しんこう》する。

(2) 歩道《ほどう》を歩《ある》いている歩行者《ほこうしゃ》や、対向車《たいこうしゃ》のかげから歩行者《ほこうしゃ》が飛《と》び出《だ》してくるかもしれないので、歩行者《ほこうしゃ》の飛《と》び出《だ》しに注意《ちゅうい》して進行《しんこう》する。

(3) 二輪車《にりんしゃ》が車《くるま》の間《あいだ》をぬって進行《しんこう》してくることがあるので、ミラーで後方《こうほう》の状況《じょうきょう》や側方《そくほう》の状況《じょうきょう》を確認《かくにん》して進行《しんこう》する。

問《とい》95

（1）
○

（2）
○

（3）
○

●渋滞中《じゅうたいちゅう》の道路《どうろ》を運転《うんてん》するときには、手前《てまえ》の車《くるま》の動《うご》きだけでなく、その前方《ぜんぽう》の車《くるま》の動《うご》きや左右《さゆう》の状況《じょうきょう》にも注意《ちゅうい》し、いつでもブレーキペダルを踏《ふ》めるようにして運転《うんてん》する。道路《どうろ》を横断《おうだん》する歩行者《ほこうしゃ》や車《くるま》のかげから横切《よこぎ》ろうとする歩行者《ほこうしゃ》にも注意《ちゅうい》が必要《ひつよう》である。

手前《てまえ》の車《くるま》ばかりではなく前方《ぜんぽう》の車《くるま》の動《うご》きや左《さ》右《ゆう》の状況《じょうきょう》にも注意《ちゅうい》し、いつでもブレーキがかけられるようにして運転《うんてん》する。

第《だい》1回実力養成《かいじつりょくようせい》テスト　攻略《こうりゃく》ポイントはココ！

歩行者《ほこうしゃ》のそばを通《とお》るときは一時停止《いちじていし》や徐行《じょこう》をする

問《とい》8、35、41、57、58は、「歩行者《ほこうしゃ》の保護《ほご》」に関《かん》する問題《もんだい》。歩行者《ほこうしゃ》の保護《ほご》のルールは試験《しけん》に必《かなら》ず出題《しゅつだい》されるので、歩行者《ほこうしゃ》や自転車《じてんしゃ》のそばを通《とお》るときと、身《しん》体《たい》の不自由《ふじゆう》な人《ひと》の保護《ほご》やこどもの保護《ほご》の違《ちが》いをしっかりと覚《おぼ》えておこう。安全《あんぜん》な間隔《かんかく》をあけたり、徐行《じょこう》をすればよい場合《ばあい》と、徐行《じょこう》や一時停止《いちじていし》をして安全《あんぜん》に通行《つうこう》する場合《ばあい》とを混同《こんどう》しがちなので要注意《ようちゅうい》！

追越《おいこ》し禁止場所《きんしばしょ》や追越《おいこ》し違反《いはん》となる場合《ばあい》を覚《おぼ》えよう

問《とい》16、19、21、42、82は「追越《おいこ》し禁止場所《きんしばしょ》」や「二重追越《にじゅうおいこ》し」などに関《かん》する問題《もんだい》。追越《おいこ》し禁止場所《きんしばしょ》は試験《しけん》に必《かなら》ず出題《しゅつだい》されるので、禁止場所《きんしばしょ》についてはしっかり覚《おぼ》えておこう。追越《おいこ》し自体《じたい》が禁止《きんし》されている場合《ばあい》や追越《おいこ》しの方法《ほうほう》、追《お》い越《こ》されるときのルールなどについても覚《おぼ》えておく必要《ひつよう》がある。

第《だい》2回《かい》 実力養成《じつりょくようせい》テスト

■制限時間《せいげんじかん》／50分《ぷん》
■合格《ごうかく》ライン／90点《てん》
・問《とい》1～問《とい》90は、各《かく》1点《てん》
・問《とい》91～問《とい》95は、各《かく》2点《てん》

●次《つぎ》の問題《もんだい》で正《ただ》しいと思《おも》うものは「○」、誤《あやま》っていると思《おも》うものは「×」と答《こた》えなさい。

【問《とい》1】 □□
信号機《しんごうき》の信号《しんごう》が赤色《あかいろ》の点滅《てんめつ》を表示《ひょうじ》しているときは、一時停止《いちじていし》し安《あん》全確認《ぜんかくにん》した後《あと》に進行《しんこう》することができる。

【問《とい》2】 □□
不必要《ふひつよう》な急発進《きゅうはっしん》や急《きゅう》ブレーキ、空《から》ぶかしは危険《きけん》なばかりでなく、交通公害《こうつうこうがい》のもととなる。

【問《とい》3】 □□
ブレーキは一度《いちど》に強《つよ》くかけるのではなく、数回《すうかい》に分《わ》けて使《つか》うのがよい。

【問《とい》4】 □□
右折《うせつ》や左折《させつ》の合図《あいず》をする時期《じき》は、右左折《うさせつ》しようとする地点《ちてん》の30メートル手前《てまえ》に達《たっ》したときである（環状交差点《かんじょうこうさてん》の右左折《うさせつ》を除《のぞ》く）。

【問《とい》5】 □□
オートマチック車《しゃ》で長《なが》い下《くだ》り坂《ざか》を走《はし》るときは、エンジンブレーキをきかせるためチェンジレバーを2《セカンド》かL《ロー》（または1）に入《い》れるとよい。

【問《とい》6】 □□
パーキングチケット発給設備《はっきゅうせつび》がある時間制限駐車区間《じかんせいげんちゅうしゃくかん》で駐車《ちゅうしゃ》するときは、パーキングチケットの発給《はっきゅう》を受《う》け、これを車《くるま》の前面《ぜんめん》の見《み》やすい場所《ばしょ》に掲示《けいじ》する。

【問《とい》7】 □□
車《くるま》から離《はな》れるときは、危険防止《きけんぼうし》ばかりでなく、盗難防止《とうなんぼうし》の措置《そち》もとらなければならない。

【問《とい》8】 □□
上《のぼ》り坂《ざか》の頂上付近《ちょうじょうふきん》とこう配《ばい》の急《きゅう》な下《くだ》り坂《ざか》は、追越《おいこ》しが禁止《きんし》されている。

【問《とい》9】 □□
図《ず》1の標識《ひょうしき》のある交差点《こうさてん》では自動車《じどうしゃ》は右折《うせつ》や左折《させつ》をすることはできない。

図《ず》1

解答《かいとう》と解説《かいせつ》

自《じ》己《こ》採《さい》点《てん》	
1回目《かいめ》	2回目《かいめ》

問《とい》1 ○ 頻出《ひんしゅつ》

信号《しんごう》が赤色《あかいろ》の点滅《てんめつ》を表示《ひょうじ》しているときは、一時停止《いちじていし》しなければならない。

問《とい》2 ○

不必要《ふひつよう》な急発進《きゅうはっしん》や急《きゅう》ブレーキ、空《から》ぶかしを避《さ》け、交通公害《こうつうこうがい》を少《すく》なくする。

問《とい》3 ○ ひっかけ

ブレーキを数回《すうかい》に分《わ》けて使《つか》うと、ブレーキ灯《とう》が点滅《てんめつ》し、後車《こうしゃ》への合図《あいず》となる。

問《とい》4 ○ 重要《じゅうよう》

右左折《うさせつ》や転回《てんかい》をしようとする地点《ちてん》から30メートル手前《てまえ》の地点《ちてん》に達《たっ》したときに合図《あいず》を行《おこな》う。

問《とい》5 ○

オートマチック車《しゃ》で下《くだ》り坂《ざか》を走《はし》るときは、チェンジレバーを2《セカンド》かL《ロー》（または1）に入《い》れ、エンジンブレーキをきかせる。

問《とい》6 ○

パーキングチケットは、車《くるま》の前面《ぜんめん》の見《み》やすい場所《ばしょ》（フロントガラスのある車《くるま》では、その内側《うちがわ》）に前方《ぜんぽう》から見《み》やすいように掲示《けいじ》する。

問《とい》7 ○ 頻出《ひんしゅつ》

車《くるま》から離《はな》れるときは、危険防止《きけんぼうし》の措置《そち》と盗難防止《とうなんぼうし》の措置《そち》を行《おこな》う。

問《とい》8 ○ ひっかけ

上《のぼ》り坂《ざか》の頂上付近《ちょうじょうふきん》とこう配《ばい》の急《きゅう》な下《くだ》り坂《ざか》は、追越《おいこ》しが禁止《きんし》されているが、こう配《ばい》の急《きゅう》な上《のぼ》り坂《ざか》は追越《おいこ》しが禁止《きんし》されていない。

問《とい》9 ×

問題《もんだい》の標識《ひょうしき》は「指定方向外進行禁止《していほうこうがいしんこうきんし》」（直進禁止《ちょくしんきんし》）を表示《ひょうじ》しており、右左折《うさせつ》はできるが、直進《ちょくしん》はできない。

頻出《ひんしゅつ》……試験《しけん》によく出《で》る問題《もんだい》　ひっかけ……ひっかけ問題《もんだい》　重要《じゅうよう》……理解《りかい》しておきたい問題《もんだい》

【問《とい》10】 運転者《うんてんしゃ》は、車《くるま》に乗《の》る前《まえ》に、車《くるま》の前後《ぜんご》に人《ひと》がいないか、車《くるま》の下《した》にこどもがいないかを確《たし》かめなければならない。

【問《とい》11】 自動車《じどうしゃ》は、強制保険《きょうせいほけん》はもちろん、任意保険《にんいほけん》にも加入《かにゅう》していなければ運転《うんてん》してはならない。

【問《とい》12】 交差点以外《こうさてんいがい》で、横断歩道《おうだんほどう》も自転車横断帯《じてんしゃおうだんたい》も踏切《ふみきり》もないところに信号機《しんごうき》があるときの停止位置《ていしいち》とは、信号機《しんごうき》の直前《ちょくぜん》である。

【問《とい》13】 運転中《うんてんちゅう》に携帯電話《けいたいでんわ》を使用《しよう》すると危険《きけん》なので、運転中《うんてんちゅう》は携帯電話《けいたいでんわ》の呼出音《よびだしおん》が鳴《な》らないようにしておく。

【問《とい》14】 高速自動車国道《こうそくじどうしゃこくどう》の本線車道《ほんせんしゃどう》における660cc以下《いか》の普通自動車《ふつうじどうしゃ》の最高速度《さいこうそくど》は80キロメートル毎時《まいじ》である。

【問《とい》15】 高速道路《こうそくどうろ》を通行《つうこう》するときは、タイヤの空気圧《くうきあつ》をやや低《ひく》めにしておくとよい。

【問《とい》16】 道路《どうろ》に面《めん》したガソリンスタンドに出入《でい》りするため、歩道《ほどう》や路側帯《ろそくたい》を横切《よこぎ》るときは歩行者《ほこうしゃ》の有無《うむ》に関係《かんけい》なく必《かなら》ず徐行《じょこう》しなければならない。

【問《とい》17】 泥《どろ》をはねる危険《きけん》がある道路《どうろ》で、歩行者《ほこうしゃ》のそばを通《とお》るときには、徐行《じょこう》するなど注意《ちゅうい》して通行《つうこう》しなければならない。

【問《とい》18】 道路《どうろ》に平行《へいこう》して駐車《ちゅうしゃ》している車《くるま》の右側《みぎがわ》に並《なら》んで駐車《ちゅうしゃ》することはできないが、停車《ていしゃ》はできる。

図《ず》2

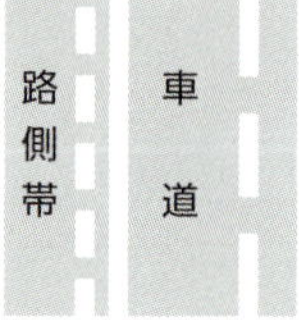

【問《とい》19】 図《ず》2の標示《ひょうじ》のある路側帯《ろそくたい》は、幅《はば》が広《ひろ》い路側帯《ろそくたい》であっても車《くるま》は路側帯《ろそくたい》の中《なか》に入《はい》って駐車《ちゅうしゃ》することはできない。

【問《とい》20】 曲《ま》がり角《かど》やカーブを通過《つうか》するとき、車《くるま》が遠心力《えんしんりょく》の働《はたら》きで外側《そとがわ》に飛《と》び出《だ》そうとする力《ちから》は速度《そくど》が速《はや》くなるほど大《おお》きくなる。

問《とい》10 ○ 頻出《ひんしゅつ》

車《くるま》に乗《の》る前《まえ》には、車《くるま》の前後《ぜんご》に人《ひと》がいないか、車《くるま》の下《した》にこどもがいないかを確《たし》かめなければならない。

問《とい》11 ×

強制保険《きょうせいほけん》のみでも運転《うんてん》できるが、万一《まんいち》の場合《ばあい》を考《かんが》え、任意保険《にんいほけん》に加入《かにゅう》したほうがよい。

問《とい》12 ○ ひっかけ

交差点以外《こうさてんいがい》で、横断歩道《おうだんほどう》も自転車横断帯《じてんしゃおうだんたい》も踏切《ふみきり》もないところに信号機《しんごうき》があるときは、信号機《しんごうき》の直前《ちょくぜん》（信号《しんごう》の見《み》える位置《いち》）で停止《ていし》する。

問《とい》13 ○

携帯電話《けいたいでんわ》は運転《うんてん》する前《まえ》に電源《でんげん》を切《き》ったり、ドライブモードに設定《せってい》したりするなど呼出音《よびだしおん》が鳴《な》らないようにする。

問《とい》14 × ひっかけ

高速自動車国道《こうそくじどうしゃこくどう》の本線車道《ほんせんしゃどう》における660cc以下《いか》の普通自動車《ふつうじどうしゃ》の最高《さいこう》速度《そくど》は100キロメートル毎時《まいじ》である。

問《とい》15 ×

高速道路《こうそくどうろ》を通行《つうこう》するときは、タイヤの空気圧《くうきあつ》をやや高《たか》めにしておく。

問《とい》16 × 重要《じゅうよう》

歩道《ほどう》や路側帯《ろそくたい》を横切《よこぎ》るときは徐行《じょこう》ではなく、一時停止《いちじていし》して歩行者《ほこうしゃ》の通行《つうこう》を妨《さまた》げてはならない。

問《とい》17 ○

ぬかるみや水《みず》たまりのあるところでは、泥《どろ》や水《みず》をはねて他人《たにん》に迷惑《めいわく》をかけないように徐行《じょこう》するなどして通行《つうこう》する。

問《とい》18 × 頻出《ひんしゅつ》

道路《どうろ》に平行《へいこう》して駐停車《ちゅうていしゃ》している車《くるま》と並《なら》んで駐停車《ちゅうていしゃ》してはならない。

問《とい》19 ○ ひっかけ

問題《もんだい》の標示《ひょうじ》は「駐停車禁止路側帯《ちゅうていしゃきんしろそくたい》」を表示《ひょうじ》しているので、この中《なか》に入《はい》って駐停車《ちゅうていしゃ》することはできない。

問《とい》20 ○

曲《ま》がり角《かど》やカーブを通過《つうか》するときには、自動車《じどうしゃ》の重心《じゅうしん》に遠心力《えんしんりょく》が働《はたら》く。遠心力《えんしんりょく》は速度《そくど》の２乗《じょう》に比例《ひれい》して大《おお》きくなる。

【問《とい》21】 車両通行帯《しゃりょうつうこうたい》のない道路《どうろ》では、追越《おいこ》しなどでやむを得《え》ない場合《ばあい》のほかは、道路《どうろ》の左側《ひだりがわ》に寄《よ》って通行《つうこう》しなければならない。

□□

【問《とい》22】 安全地帯《あんぜんちたい》に歩行者《ほこうしゃ》がいるときに、そばを通行《つうこう》するときは徐行《じょこう》して進《すす》むことができる。

□□

【問《とい》23】 消火栓《しょうかせん》や指定消防水利《していしょうぼうすいり》の標識《ひょうしき》のある位置《いち》から5メートル以内《いない》の場所《ばしょ》には駐車《ちゅうしゃ》してはならない。

□□

【問《とい》24】 停留所《ていりゅうじょ》で止《と》まっている路線《ろせん》バスに追《お》いついたときは、路線《ろせん》バスが発進《はっしん》するまで後方《こうほう》で一時停止《いちじていし》していなければならない。

□□

【問《とい》25】 速度《そくど》と燃料消費量《ねんりょうしょうひりょう》には密接《みっせつ》な関係《かんけい》があり、速度《そくど》が速《はや》すぎても遅《おそ》すぎても燃料《ねんりょう》の消費量《しょうひりょう》は多《おお》くなる。

□□

【問《とい》26】 少量《しょうりょう》の酒《さけ》を飲《の》んでいる者《もの》に仕事《しごと》を依頼《いらい》して運転《うんてん》をさせても違反《いはん》にはならない。

□□

【問《とい》27】 前車《ぜんしゃ》がその前《まえ》の原動機付自転車《げんどうきつきじてんしゃ》を追《お》い越《こ》そうとしているとき、その自動車《じどうしゃ》を追《お》い越《こ》し始《はじ》めれば二重追越《にじゅうおいこ》しとなる。

□□

【問《とい》28】 対向車《たいこうしゃ》と行《い》き違《ちが》うときは、安全《あんぜん》な間隔《かんかく》を保《たも》たなければならない。

□□

【問《とい》29】 図《ず》3の標識《ひょうしき》のある道路《どうろ》は普通貨物自動車《ふつうかもつじどうしゃ》は通行《つうこう》できない。

□□

図《ず》3

【問《とい》30】 信号《しんごう》が青色《あおいろ》でも、前方《ぜんぽう》の交通《こうつう》が混雑《こんざつ》しているため交差点《こうさてん》の中《なか》で動《うご》きがとれなくなりそうなときは、交差点《こうさてん》に入《はい》ってはならない。

□□

【問《とい》31】 坂《さか》の頂上付近《ちょうじょうふきん》は、駐車《ちゅうしゃ》も停車《ていしゃ》も禁止《きんし》されている。

□□

問《とい》21 ○

車両通行帯《しゃりょうつうこうたい》のない道路《どうろ》では、自動車《じどうしゃ》や原動機付自転車《げんどうきつきじてんしゃ》は道路《どうろ》の左側《ひだりがわ》に寄《よ》って通行《つうこう》しなければならない。

問《とい》22 重要《じゅうよう》 ○

安全地帯《あんぜんちたい》に歩行者《ほこうしゃ》がいるときは徐行《じょこう》し、歩行者《ほこうしゃ》がいないときはそのまま通行《つうこう》できる。

問《とい》23 ○

消火栓《しょうかせん》、指定消防水利《していしょうぼうすいり》の標識《ひょうしき》が設《もう》けられている位置《いち》や消防用防火水《しょうぼうようぼうかすい》そうの取《と》り入《い》れ口《ぐち》から5メートル以内《いない》の場所《ばしょ》は駐車禁止《ちゅうしゃきんし》である。

問《とい》24 重要《じゅうよう》 ×

路線《ろせん》バスが発進《はっしん》の合図《あいず》をしたとき以外《いがい》は安全《あんぜん》を確認《かくにん》して通過《つうか》することができる。

問《とい》25 頻出《ひんしゅつ》 ○

自動車《じどうしゃ》の速度《そくど》と燃料消費量《ねんりょうしょうひりょう》には密接《みっせつ》な関係《かんけい》があり、速度《そくど》が速《はや》すぎても遅《おそ》すぎても燃料消費量《ねんりょうしょうひりょう》は多《おお》くなる。

問《とい》26 頻出《ひんしゅつ》 ×

酒《さけ》を飲《の》んでいると知《し》っていて運転《うんてん》をさせると、飲酒運転《いんしゅうんてん》の運転者《うんてんしゃ》と同《おな》じ罰則《ばっそく》が適用《てきよう》される。

問《とい》27 重要《じゅうよう》 ×

前《まえ》の自動車《じどうしゃ》が自動車以外《じどうしゃいがい》の車《くるま》（原動機付自転車《げんどうきつきじてんしゃ》）を追《お》い越《こ》そうとしているときは二重追越《にじゅうおいこ》しにはならない。

問《とい》28 ○

対向車《たいこうしゃ》と行《い》き違《ちが》うときは、対向車《たいこうしゃ》との間《あいだ》に安全《あんぜん》な間隔《かんかく》を保《たも》たなければならない。

問《とい》29 頻出《ひんしゅつ》 ×

問題《もんだい》の標識《ひょうしき》は「重量制限《じゅうりょうせいげん》」を表示《ひょうじ》しているので、車両総重量《しゃりょうそうじゅうりょう》が5.5トンを超《こ》える自動車《じどうしゃ》は通行《つうこう》できない。普通自動車《ふつうじどうしゃ》の車両総重量《しゃりょうそうじゅうりょう》は5トン未満《みまん》であるから、設問《せつもん》の普通貨物自動車《ふつうかもつじどうしゃ》は通行《つうこう》できる。

問《とい》30 重要《じゅうよう》 ○

青信号《あおしんごう》であっても、交差点《こうさてん》の中《なか》で動《うご》きがとれなくなるおそれがあるときは、交差点《こうさてん》に入《はい》ってはならない。

問《とい》31 ○

坂《さか》の頂上付近《ちょうじょうふきん》やこう配《ばい》の急《きゅう》な坂《さか》では駐停車《ちゅうていしゃ》が禁止《きんし》されている。

【問《とい》32】 しゃ断機《だんき》が上《あ》がった直後《ちょくご》の踏切《ふみきり》では、車《くるま》が連続《れんぞく》して通行《つうこう》している場合《ばあい》に限《かぎ》って一時停止《いちじていし》をしなくてもよい。

□□

【問《とい》33】 下《くだ》り坂《ざか》では加速《かそく》がつくので高速《こうそく》ギアを用《もち》いてエンジンブレーキを活用《かつよう》する。

□□

【問《とい》34】 濃《こ》い霧《きり》で前方《ぜんぽう》50メートル先《さき》がよく見《み》えない場合《ばあい》は、昼間《ひるま》であっても前照灯《ぜんしょうとう》などを点灯《てんとう》する。

□□

【問《とい》35】 交通事故《こうつうじこ》を起《お》こしても、相手《あいて》が軽傷《けいしょう》の場合《ばあい》は、警察官《けいさつかん》に届《とど》け出《で》る必要《ひつよう》はない。

□□

【問《とい》36】 交通事故《こうつうじこ》を起《お》こしたときは、ただちに運転《うんてん》を中止《ちゅうし》し、事故《じこ》の続発《ぞくはつ》を防《ふせ》ぐとともに、負傷者《ふしょうしゃ》の救護《きゅうご》を行《おこな》う。

□□

【問《とい》37】 バスの停留所《ていりゅうじょ》の標示板《ひょうじばん》（柱《はしら》）から10メートル以内《いない》の場所《ばしょ》では、いつでも停車《ていしゃ》はできるが、駐車《ちゅうしゃ》はできない。

□□

【問《とい》38】 シートベルトは、運転者《うんてんしゃ》は装着《そうちゃく》しなければならないが、同乗者《どうじょうしゃ》は装着《そうちゃく》しなくてもよい。

□□

【問《とい》39】 図《ず》4の標識《ひょうしき》のある場所《ばしょ》ではハンドルをしっかりと握《にぎ》り注意《ちゅうい》して運転《うんてん》する。

□□

図《ず》4

【問《とい》40】 大地震《だいじしん》が発生《はっせい》し、自動車《じどうしゃ》で避難《ひなん》するときは、できるだけ急《いそ》いで被災地《ひさいち》から遠《とお》ざかるとよい。

□□

【問《とい》41】 ミニカーは総排気量《そうはいきりょう》50ccであっても、運転《うんてん》するためには普通自動《ふつうじどう》車《しゃ》を運転《うんてん》できる免許《めんきょ》が必要《ひつよう》である。

□□

【問《とい》42】 疲《つか》れや心配《しんぱい》ごとがあるときや病気《びょうき》などのときは、注意力《ちゅういりょく》が散漫《さんまん》となり判断力《はんだんりょく》が衰《おとろ》えたりするため、運転《うんてん》を控《ひか》えるようにする。

□□

【問《とい》43】 追越《おいこ》しをしようとするときは、前方《ぜんぽう》の安全《あんぜん》を確《たし》かめればよく、後《こう》方《ほう》の安全《あんぜん》を確《たし》かめる必要《ひつよう》はない。

□□

問《とい》32 × 重要《じゅうよう》

前《まえ》の車《くるま》に続《つづ》いて踏切《ふみきり》を通過《つうか》するときでも一時停止《いちじていし》をし、安全《あんぜん》を確《たし》かめなければならない。

問《とい》33 ×

下《くだ》り坂《ざか》では、低速《ていそく》のギアを用《もち》いエンジンブレーキを活用《かつよう》する。

問《とい》34 ○ 頻出《ひんしゅつ》

トンネルの中《なか》や濃《こ》い霧《きり》の中《なか》などで50メートル先《さき》が見《み》えないような場所《ばしょ》を通行《つうこう》するときは前照灯《ぜんしょうとう》、車幅灯《しゃはばとう》、尾灯《びとう》などをつけなければならない。

問《とい》35 ×

交通事故《こうつうじこ》を起《お》こした場合《ばあい》は、必《かなら》ず警察官《けいさつかん》に届《とど》け出《で》なければならない。

問《とい》36 ○ 頻出《ひんしゅつ》

交通事故《こうつうじこ》を起《お》こしたときは、事故《じこ》の続発《ぞくはつ》を防《ふせ》ぐとともに、可能《かのう》な応急《おうきゅう》処置《しょち》を行《おこな》う。

問《とい》37 ×

バスの停留所《ていりゅうじょ》の標示板《ひょうじばん》（柱《はしら》）から10メートル以内《いない》の場所《ばしょ》では、バスの運行時間中《うんこうじかんちゅう》は、停車《ていしゃ》も駐車《ちゅうしゃ》も禁止《きんし》されている。

問《とい》38 × 頻出《ひんしゅつ》

シートベルトは、運転者自身《うんてんしゃじしん》が装着《そうちゃく》するとともに、同乗者《どうじょうしゃ》にもこれを装着《そうちゃく》させなければならない。

問《とい》39 ○

問題《もんだい》の標識《ひょうしき》は「横風注意《よこかぜちゅうい》」を表示《ひょうじ》しているので、速度《そくど》を落《お》とすなど注《ちゅう》意《い》して運転《うんてん》しなければならない。

問《とい》40 ×

大地震《だいじしん》で避難《ひなん》するときは、自動車《じどうしゃ》や原動機付自転車《げんどうきつきじてんしゃ》を使用《しよう》して避難《ひなん》してはならない。

問《とい》41 ○

ミニカーは普通自動車《ふつうじどうしゃ》になるため、普通自動車《ふつうじどうしゃ》を運転《うんてん》できる免許《めんきょ》が必《ひつ》要《よう》である。

問《とい》42 ○

疲《つか》れているとき、病気《びょうき》のとき、心配《しんぱい》ごとのあるときなどは、思《おも》いがけない事故《じこ》を引《ひ》き起《お》こすことがあるので、運転《うんてん》しないようにする。

問《とい》43 × 重要《じゅうよう》

追越《おいこ》しをするときは前方《ぜんぽう》および後方《こうほう》に車《くるま》がいないかなど安全《あんぜん》を確認《かくにん》しなければならない。

【問《とい》44】 交差点《こうさてん》へ先《さき》に入《はい》っても、右折車《うせつしゃ》は、直進車《ちょくしんしゃ》や左折車《させつしゃ》、路面電車《ろめんでんしゃ》の進行《しんこう》を妨《さまた》げてはならない。

【問《とい》45】 警察官《けいさつかん》の手信号《てしんごう》で、両腕《りょううで》を水平《すいへい》に上《あ》げた状態《じょうたい》に対面《たいめん》した車《くるま》は、停《てい》止位置《しいち》を越《こ》えて進行《しんこう》することはできない。

【問《とい》46】 運転中《うんてんちゅう》は、前方《ぜんぽう》の一点《いってん》を注視《ちゅうし》するようにし、バックミラーは左折《させつ》か右折《うせつ》するときのほかは見《み》ないようにする。

【問《とい》47】 身体障害者《しんたいしょうがいしゃ》を乗《の》せた車《くるま》いすを、健康《けんこう》な人《ひと》が押《お》して通行《つうこう》している場《ば》合《あい》は、一時停止《いちじていし》や徐行《じょこう》する必要《ひつよう》はない。

【問《とい》48】 放置車両確認標章《ほうちしゃりょうかくにんひょうしょう》を取《と》り付《つ》けられた車《くるま》の使用者《しようしゃ》は、放置違反金《ほうちいはんきん》の納付《のうふ》を命《めい》ぜられることがある。

図《ず》5

【問《とい》49】 図《ず》5の標識《ひょうしき》のある道路《どうろ》では車《くるま》は通行《つうこう》できないが歩行者《ほこうしゃ》は通行《つうこう》することができる。

【問《とい》50】 安全《あんぜん》な速度《そくど》とは最高速度《さいこうそくど》の範囲内《はんいない》であれば、交通《こうつう》の状況《じょうきょう》や天候《てんこう》などによって変《か》わるものではない。

【問《とい》51】 左右《さゆう》の見通《みとお》しのきかない交通整理《こうつうせいり》の行《おこな》われていない交差点《こうさてん》を通過《つうか》する場合《ばあい》は、徐行《じょこう》しなければならない（優先道路通行中《ゆうせんどうろつうこうちゅう》を除《のぞ》く）。

【問《とい》52】 高速自動車国道《こうそくじどうしゃこくどう》の路肩《ろかた》や路側帯《ろそくたい》には、故障《こしょう》したときは駐停車《ちゅうていしゃ》できるが、休憩《きゅうけい》のために駐停車《ちゅうていしゃ》してはならない。

【問《とい》53】 原動機付自転車《げんどうきつきじてんしゃ》の法定最高速度《ほうていさいこうそくど》は、標識《ひょうしき》や標示《ひょうじ》による指定《してい》がなければ40キロメートル毎時《まいじ》である。

【問《とい》54】 安全《あんぜん》な車間距離《しゃかんきょり》は、制動距離《せいどうきょり》と同《おな》じ程度《ていど》の距離《きょり》である。

【問《とい》55】 交差点《こうさてん》を通行中《つうこうちゅう》に緊急自動車《きんきゅうじどうしゃ》が近《ちか》づいてきたときは、ただちに交《こう》差点《さてん》のすみに寄《よ》って一時停止《いちじていし》をしなければならない。

問《とい》44 ○ 重要《じゅうよう》

右折《うせつ》しようとする場合《ばあい》に、その交差点《こうさてん》で直進車《ちょくしんしゃ》や左折車《させつしゃ》、路面電車《ろめんでんしゃ》があるときはその進行《しんこう》を妨《さまた》げてはならない。

問《とい》45 ○

両腕《りょううで》を水平《すいへい》に上《あ》げた状態《じょうたい》の警察官《けいさつかん》に対面《たいめん》した場合《ばあい》、信号《しんごう》の赤色《あかいろ》と同《おな》じ意味《いみ》である。

問《とい》46 × 頻出《ひんしゅつ》

運転中《うんてんちゅう》は一点《いってん》だけを注視《ちゅうし》したり、ぼんやりと見《み》るのではなくバックミラーで後方《こうほう》の状況《じょうきょう》にも目《め》をくばる。

問《とい》47 ×

車《くるま》いすで通行《つうこう》している場合《ばあい》には、健康《けんこう》な人《ひと》が押《お》して通行《つうこう》していても一時停止《いちじていし》か徐行《じょこう》をして、安全《あんぜん》に通《とお》れるようにする。

問《とい》48 ○ 重要《じゅうよう》

違法《いほう》に駐車《ちゅうしゃ》している車《くるま》に対《たい》しては、放置違反金《ほうちいはんきん》の納付《のうふ》を命《めい》ぜられることもあり、違反者《いはんしゃ》が違反金《いはんきん》を払《はら》わなければその車《くるま》の所有者《しょゆうしゃ》に請求《せいきゅう》がくる。

問《とい》49 ○

問題《もんだい》の標識《ひょうしき》は「車両通行止《しゃりょうつうこうど》め」を表示《ひょうじ》しているので、この標識《ひょうしき》のある道路《どうろ》では歩行者《ほこうしゃ》は通行《つうこう》できるが、車《くるま》は通行《つうこう》することができない。

問《とい》50 × 重要《じゅうよう》

規定《きてい》の速度《そくど》の範囲内《はんいない》でも道路《どうろ》や交通《こうつう》の状況《じょうきょう》、天候《てんこう》や視界《しかい》などをよく考《かんが》えて、安全《あんぜん》な速度《そくど》で走行《そうこう》する。

問《とい》51 ○ 重要《じゅうよう》

信号機《しんごうき》などがない左右《さゆう》の見通《みとお》しのきかない交差点《こうさてん》を通過《つうか》するときは、徐行《じょこう》しなければならない。ただし、優先道路《ゆうせんどうろ》を通行《つうこう》している場合《ばあい》は除《のぞ》く。

問《とい》52 ○

故障《こしょう》などで高速道路《こうそくどうろ》でやむを得《え》ず駐停車《ちゅうていしゃ》するときには、十分《じゅうぶん》な幅《はば》のある路肩《ろかた》や路側帯《ろそくたい》に駐停車《ちゅうていしゃ》させる。

問《とい》53 × 頻出《ひんしゅつ》

原動機付自転車《げんどうきつきじてんしゃ》の法定最高速度《ほうていさいこうそくど》は30キロメートル毎時《まいじ》である。

問《とい》54 ×

安全《あんぜん》な車間距離《しゃかんきょり》は、空走距離《くうそうきょり》と制動距離《せいどうきょり》を合《あ》わせた停止距離《ていしきょり》と同《おな》じ程《てい》度《ど》の距離《きょり》である。

問《とい》55 × 頻出《ひんしゅつ》

交差点付近《こうさてんふきん》で緊急自動車《きんきゅうじどうしゃ》が近《ちか》づいてきたときは、交差点《こうさてん》を避《さ》け、道路《どうろ》の左側《ひだりがわ》に寄《よ》って一時停止《いちじていし》する。

【問《とい》56】 □□

ひとり歩《ある》きしているこどものそばを通行《つうこう》するときは、1メートルくらいの間隔《かんかく》をあけておけば、特《とく》に徐行《じょこう》などをしないで通行《つうこう》してよい。

【問《とい》57】 □□

危険《きけん》を避《さ》けるためやむを得《え》ないときは、警音器《けいおんき》を鳴《な》らしてもよい。

【問《とい》58】 □□

横断歩道《おうだんほどう》に近《ちか》づいたとき、横断《おうだん》している歩行者《ほこうしゃ》がいるときは、その手前《てまえ》で停止《ていし》しなければならないが、歩行者《ほこうしゃ》が横断《おうだん》しようとしているときは徐行《じょこう》して通過《つうか》することができる。

【問《とい》59】 □□

交通整理《こうつうせいり》が行《おこな》われていない図《ず》6の交差《こうさ》点《てん》では、普通自動車《ふつうじどうしゃ》は右方《うほう》の自動二輪《じどうにりん》車《しゃ》には優先《ゆうせん》するが、左方《さほう》の大型自動車《おおがたじどうしゃ》の進行《しんこう》を妨《さまた》げてはならない。

図《ず》6

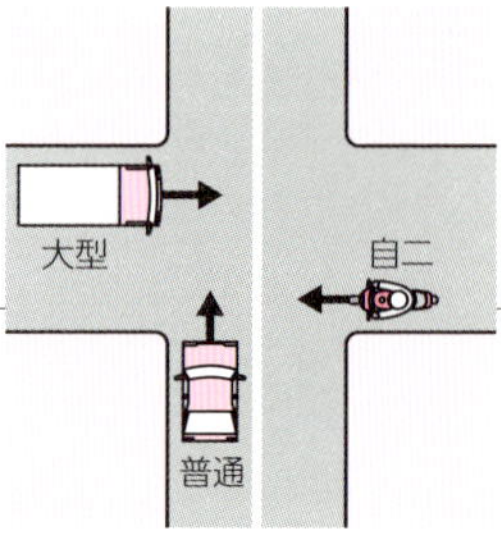

【問《とい》60】 □□

中型免許《ちゅうがためんきょ》を受《う》けるためには、年齢《ねんれい》が20歳以上《さいいじょう》で、普通免許《ふつうめんきょ》や大型特殊免許《おおがたとくしゅめんきょ》を受《う》けた期間《きかん》が2年以上必要《ねんいじょうひつよう》である。

【問《とい》61】 □□

交通整理《こうつうせいり》が行《おこな》われていない道幅《みちはば》が同《おな》じくらいの交差点《こうさてん》では、左方《さほう》からくる車《くるま》があるときは、その車《くるま》の進行《しんこう》を妨《さまた》げてはならない（優《ゆう》先道路通行中《せんどうろつうこうちゅう》のときや環状交差点《かんじょうこうさてん》を除《のぞ》く）。

【問《とい》62】 □□

歩行者用道路《ほこうしゃようどうろ》でも、沿道《えんどう》に車庫《しゃこ》をもつ車《くるま》など特《とく》に通行《つうこう》を認《みと》められた車《くるま》は通行《つうこう》できる。

【問《とい》63】 □□

車《くるま》は歩行者《ほこうしゃ》と安全《あんぜん》な間隔《かんかく》があけられない場合《ばあい》は、徐行《じょこう》して進行《しんこう》しなければならない。

【問《とい》64】 □□

同一方向《どういつほうこう》に進行《しんこう》しながら進路《しんろ》を右《みぎ》に変《か》える場合《ばあい》、後続車《こうぞくしゃ》がいなければ合図《あいず》をする必要《ひつよう》はない。

問《とい》56 ×

子《こ》どもがひとり歩《ある》きしている場合《ばあい》は、一時停止《いちじていし》か徐行《じょこう》をして安全《あんぜん》に通《とお》れるようにしなければならない。

問《とい》57 ○

警音器《けいおんき》は危険《きけん》を避《さ》けるためやむを得《え》ない場合《ばあい》や標識《ひょうしき》により指定《してい》された場所以外《ばしょいがい》では鳴《な》らすことはできない。

問《とい》58 × 重要《じゅうよう》

歩行者《ほこうしゃ》が横断中《おうだんちゅう》や横断《おうだん》しようとしているときは、横断歩道《おうだんほどう》の手前《てまえ》で一時停止《いちじていし》をしなければならない。

問《とい》59 × 頻出《ひんしゅつ》

普通自動車《ふつうじどうしゃ》は優先道路《ゆうせんどうろ》（交差点《こうさてん》の中《なか》まで中央線《ちゅうおうせん》がある道路《どうろ》）を通行《つうこう》しているので、大型自動車《おおがたじどうしゃ》や自動二輪車《じどうにりんしゃ》に優先《ゆうせん》する。

問《とい》60 ○ 重要《じゅうよう》

中型免許《ちゅうがためんきょ》は、年齢《ねんれい》が20歳以上《さいいじょう》、普通免許《ふつうめんきょ》や大型特殊免許《おおがたとくしゅめんきょ》を受《う》けた期間《きかん》が2年以上《ねんいじょう》でないと受《う》けることができない。

問《とい》61 ○

左方車優先《さほうしゃゆうせん》により左方《さほう》からくる車《くるま》の進行《しんこう》を妨《さまた》げてはならない。

問《とい》62 ○ 頻出《ひんしゅつ》

歩行者用道路《ほこうしゃようどうろ》では、沿道《えんどう》に車庫《しゃこ》をもつ車《くるま》などで特《とく》に通行《つうこう》を認《みと》められた車《くるま》だけが通行《つうこう》できる。

問《とい》63 ○ 頻出《ひんしゅつ》

歩行者《ほこうしゃ》のそばを通《とお》るときは、歩行者《ほこうしゃ》との間《あいだ》に安全《あんぜん》な間隔《かんかく》をあけるか、徐行《じょこう》しなければならない。

問《とい》64 ×

後続車《こうぞくしゃ》がいなくても合図《あいず》をしなければならない。

第《だい》2回《かい》 実力養成《じつりょくようせい》テスト

【問《とい》65】 □□
対向車《たいこうしゃ》と行《い》き違《ちが》うときは、前照灯《ぜんしょうとう》を減光《げんこう》するか、下向《したむ》きに切《き》り替《か》えなければならない。

【問《とい》66】 □□
同一方向《どういつほうこう》に進行《しんこう》しながら進路《しんろ》を変《か》えるときは、進路《しんろ》を変《か》えようとする地点《ちてん》から10秒手前《びょうてまえ》で合図《あいず》をしなければならない。

【問《とい》67】 □□
後輪《こうりん》が右《みぎ》に横《よこ》すべりを始《はじ》めたときは、ブレーキを踏《ふ》まずに後輪《こうりん》がすべる方向《ほうこう》にハンドルを軽《かる》く切《き》り、車《くるま》の向《む》きを立《た》て直《なお》す。

【問《とい》68】 □□
交差点《こうさてん》に近《ちか》づいたときに、信号《しんごう》が青色《あおいろ》から黄色《きいろ》に変《か》わったが、後《こう》続車《ぞくしゃ》があり急停車《きゅうていしゃ》すると追突《ついとつ》されるおそれがあったので、停止《ていし》せずに交差点《こうさてん》を通《とお》り過《す》ぎた。

【問《とい》69】 □□
図《ず》7の標識《ひょうしき》のある道路《どうろ》では、登坂車線《とうはんしゃせん》を通行《つうこう》できるのは荷物《にもつ》を積《つ》んだトラックだけである。

図《ず》7

【問《とい》70】 □□
高速自動車国道《こうそくじどうしゃこくどう》では、故障《こしょう》した自動車《じどうしゃ》をロープでけん引《いん》して通行《つうこう》することはできない。

【問《とい》71】 □□
普通貨物自動車《ふつうかもつじどうしゃ》（660cc以下《いか》を除《のぞ》く）の使用者《しようしゃ》は、1日《にち》1回《かい》、運《うん》行《こう》する前《まえ》に点検《てんけん》しなければならない。

【問《とい》72】 □□
高速道路《こうそくどうろ》で本線車道《ほんせんしゃどう》に入《はい》るときは、加速車線《かそくしゃせん》で十分加速《じゅうぶんかそく》して、本《ほん》線車道《せんしゃどう》を走行中《そうこうちゅう》のほかの自動車《じどうしゃ》の進行《しんこう》を妨《さまた》げないようにする。

【問《とい》73】 □□
道路《どうろ》の曲《ま》がり角付近《かどふきん》では追越《おいこ》しが禁止《きんし》されている。

【問《とい》74】 □□
一方通行《いっぽうつうこう》の道路《どうろ》では、道路《どうろ》の中央《ちゅうおう》から右側部分《みぎがわぶぶん》にはみ出《だ》して通行《つうこう》することができない。

【問《とい》75】 □□
追《お》い越《こ》されるときは、追越《おいこ》しが終《お》わるまで速度《そくど》を上《あ》げてはならない。

問《とい》65 ○ 重要《じゅうよう》

対向車《たいこうしゃ》と行《い》き違《ちが》うときやほかの車《くるま》の直後《ちょくご》を通行《つうこう》するときは、前照灯《ぜんしょうとう》を減光《げんこう》するか、下向《したむ》きに切《き》り替《か》える。

問《とい》66 × 頻出《ひんしゅつ》

合図《あいず》を行《おこな》う時期《じき》は、進路《しんろ》を変《か》えようとするときの約《やく》3秒前《びょうまえ》である。

問《とい》67 ○ 重要《じゅうよう》

後輪《こうりん》が横《よこ》すべりを始《はじ》めたときは、アクセルをゆるめ、同時《どうじ》に後輪《こうりん》がすべる方向《ほうこう》にハンドルを軽《かる》く切《き》って車《くるま》の向《む》きを立《た》て直《なお》す。

問《とい》68 ○ ひっかけ

交差点《こうさてん》に接近中《せっきんちゅう》、信号《しんごう》が青色《あおいろ》から黄色《きいろ》に変《か》わったときには、安全《あんぜん》に停《てい》止《し》できるような場合《ばあい》は停止《ていし》し、停止《ていし》すると危険《きけん》と感《かん》じられるときにはそのまま通過《つうか》する。

問《とい》69 ×

問題《もんだい》の標識《ひょうしき》は「登坂車線《とうはんしゃせん》」を表示《ひょうじ》しているが、この車線《しゃせん》に入《はい》ることができるのは速度《そくど》が遅《おそ》い車《くるま》である。

問《とい》70 ○

高速自動車国道《こうそくじどうしゃこくどう》では、故障《こしょう》した自動車《じどうしゃ》をロープでけん引《いん》している車《くるま》は通行《つうこう》できない。

問《とい》71 ○ 頻出《ひんしゅつ》

事業用《じぎょうよう》の自動車《じどうしゃ》や自家用《じかよう》の大型《おおがた》・中型《ちゅうがた》自動車《じどうしゃ》、普通貨物自動車《ふつうかもつじどうしゃ》（660cc以下《いか》を除《のぞ》く）、大型特殊自動車《おおがたとくしゅじどうしゃ》などは1日《にち》1回《かい》、運行《うんこう》する前《まえ》に点検《てんけん》しなければならない。

問《とい》72 ○ 頻出《ひんしゅつ》

本線車道《ほんせんしゃどう》に入《はい》るときは、加速車線《かそくしゃせん》で十分加速《じゅうぶんかそく》しなければならない。

問《とい》73 ○ 重要《じゅうよう》

道路《どうろ》の曲《ま》がり角付近《かどふきん》では前《まえ》の車《くるま》を追《お》い越《こ》すため、進路《しんろ》を変《か》えたり、横《よこ》を通《とお》り過《す》ぎたりしてはならない。

問《とい》74 ×

一方通行《いっぽうつうこう》の道路《どうろ》では道路《どうろ》の中央《ちゅうおう》から右側部分《みぎがわぶぶん》にはみ出《だ》して通行《つうこう》することができる。

問《とい》75 ○ 頻出《ひんしゅつ》

車《くるま》は、ほかの車《くるま》に追《お》い越《こ》されるときは、追越《おいこ》しが終《お》わるまで速度《そくど》を上《あ》げてはならない。

【問《とい》76】 みだりに車両通行帯《しゃりょうつうこうたい》を変《か》えながら通行《つうこう》することは、後続車《こうぞくしゃ》の迷惑《めいわく》となったり事故《じこ》の原因《げんいん》にもなる。

【問《とい》77】 進路《しんろ》を変更《へんこう》すると、後《うし》ろからくる車《くるま》が急《きゅう》ブレーキや急《きゅう》ハンドルでさけなければならないような場合《ばあい》には、進路《しんろ》を変《か》えてはならない。

【問《とい》78】 助手席用《じょしゅせきよう》のエアバッグを備《そな》えている自動車《じどうしゃ》にチャイルドシートを使用《しよう》するときは、助手席《じょしゅせき》で使用《しよう》するほうが安全《あんぜん》である。

【問《とい》79】 図《ず》８の標識《ひょうしき》のある通行帯《つうこうたい》はほかの通行帯《つうこうたい》が混《こ》んでいる場合《ばあい》には通行《つうこう》できる。

図《ず》８

【問《とい》80】 長距離運転《ちょうきょりうんてん》のときはもちろん短距離区間《たんきょりくかん》を運転《うんてん》するときも、自分《じぶん》の運転技能《うんてんぎのう》と車《くるま》の性能《せいのう》に合《あ》った運転計画《うんてんけいかく》を立《た》てるようにする。

【問《とい》81】 日常点検《にちじょうてんけん》では、エンジンのかかり具合《ぐあい》がよいか、異音《いおん》はしないかなども点検《てんけん》しなければならない。

【問《とい》82】 高速自動車国道《こうそくじどうしゃこくどう》の本線車道《ほんせんしゃどう》ではＵターンは禁止《きんし》されているが、バックは禁止《きんし》されていない。

【問《とい》83】 踏切《ふみきり》を通過《つうか》しようとしたとき、しゃ断機《だんき》が降《お》り始《はじ》めていたが、電《でん》車《しゃ》はまだ見《み》えなかったので、急《いそ》いで通過《つうか》した。

【問《とい》84】 日中《にっちゅう》、道路上《どうろじょう》に駐車《ちゅうしゃ》する場合《ばあい》は、同《おな》じ場所《ばしょ》に引《ひ》き続《つづ》き８時間以上《じかんいじょう》駐車《ちゅうしゃ》してはならない。

【問《とい》85】 雨《あめ》の降《ふ》り始《はじ》めの舗装道路《ほそうどうろ》は、すべりやすいので注意《ちゅうい》したほうがよい。

【問《とい》86】 高速道路《こうそくどうろ》の本線車道《ほんせんしゃどう》から出《で》るときは、本線車道《ほんせんしゃどう》で十分速度《じゅうぶんそくど》を落《お》としてから減速車線《げんそくしゃせん》に入《はい》るようにする。

問《とい》76 ○

車両通行帯《しゃりょうつうこうたい》をみだりに変《か》えて通行《つうこう》すると、後続車《こうぞくしゃ》の迷惑《めいわく》となったり事《じ》故《こ》の原因《げんいん》ともなる。

問《とい》77 ○ 頻出《ひんしゅつ》

後続車《こうぞくしゃ》が急《きゅう》ブレーキや急《きゅう》ハンドルでさけなければならないようなときの進路《しんろ》の変更《へんこう》は禁止《きんし》されている。

問《とい》78 × 重要《じゅうよう》

助手席用《じょしゅせきよう》のエアバッグを備《そな》えている自動車《じどうしゃ》では、なるべく後部座席《こうぶざせき》でチャイルドシートを使用《しよう》する。

問《とい》79 × 重要《じゅうよう》

問題《もんだい》の標識《ひょうしき》は「路線《ろせん》バス等優先通行帯《とうゆうせんつうこうたい》」を表示《ひょうじ》しているので、交通《こうつう》が混雑《こんざつ》していて、路線《ろせん》バスなどが近《ちか》づいてきてもそこから出《で》られなくなるおそれがあるときは、はじめからその通行帯《つうこうたい》を通行《つうこう》することはできない。

問《とい》80 ○

あらかじめ、運転《うんてん》コース、所要時間《しょようじかん》、休息場所《きゅうそくばしょ》、駐車場所《ちゅうしゃばしょ》などについて計画《けいかく》を立《た》てておく。

問《とい》81 ○

エンジンが速《すみ》やかに始動《しどう》し、スムーズに回転《かいてん》するか、エンジン始動時《しどうじ》およびアイドリング状態《じょうたい》で異音《いおん》がないかなども点検《てんけん》する。

問《とい》82 × 重要《じゅうよう》

本線車道《ほんせんしゃどう》ではUターンやバックすることは禁止《きんし》されている。

問《とい》83 × 重要《じゅうよう》

警報機《けいほうき》が鳴《な》っているときやしゃ断機《だんき》が降《お》りていたり、降《お》り始《はじ》めているときは踏切《ふみきり》に入《はい》ってはならない。

問《とい》84 ×

道路上《どうろじょう》に駐車《ちゅうしゃ》する場合《ばあい》、同《おな》じ場所《ばしょ》に引《ひ》き続《つづ》き12時間《じかん》（夜間《やかん》は8時間《じかん》）以上《いじょう》駐車《ちゅうしゃ》してはならない。

問《とい》85 ○

雨《あめ》の降《ふ》り始《はじ》めの舗装道路《ほそうどうろ》はスリップしやすいので注意《ちゅうい》が必要《ひつよう》である。

問《とい》86 × 頻出《ひんしゅつ》

本線車道《ほんせんしゃどう》から出《で》るときは、減速車線《げんそくしゃせん》に入《はい》ってから十分速度《じゅうぶんそくど》を落《お》とすようにする。

【問《とい》87】 □□
第《だい》1種《しゅ》の普通免許《ふつうめんきょ》を持《も》っている者《もの》がタクシーを回送《かいそう》して整備工場《せいびこうじょう》に運《はこ》んだ。

【問《とい》88】 □□
運転者《うんてんしゃ》が離《はな》れていてすぐに運転《うんてん》できない状態《じょうたい》でも、5分以内《ふんいない》であれば駐車《ちゅうしゃ》にはならない。

【問《とい》89】 □□
図《ず》9の標示《ひょうじ》のある交差点《こうさてん》で直進《ちょくしん》する場合《ばあい》は、右側《みぎがわ》か真《ま》ん中《なか》の通行帯《つうこうたい》を通行《つうこう》する。

図《ず》9

【問《とい》90】 □□
ブレーキの点検《てんけん》で、ブレーキペダルをいっぱいに踏《ふ》んだときペダルが床《ゆか》につかないのは故障《こしょう》である。

問《とい》87

○

タクシーを業務以外《ぎょうむいがい》に運転《うんてん》する場合《ばあい》には第１種普通免許《だいしゅふつうめんきょ》であっても運転《うんてん》することができる。

問《とい》88

×

運転者《うんてんしゃ》が車《くるま》から離《はな》れていてすぐに運転《うんてん》できない状態《じょうたい》の場合《ばあい》には、５分《ふん》以内《いない》であっても駐車《ちゅうしゃ》となる。

問《とい》89

○

問題《もんだい》の標示《ひょうじ》は「進行方向《しんこうほうこう》」を表示《ひょうじ》している。

問《とい》90 重要《じゅうよう》

×

ペダルをいっぱいに踏《ふ》み込《こ》んだとき、床板《ゆかいた》との間《あいだ》にすき間《ま》がないとブレーキがきかないことがある。

【問《とい》91】 35km/hで進行《しんこう》しています。交差点《こうさてん》を直進《ちょくしん》するときはどのようなことに注意《ちゅうい》して運転《うんてん》しますか？

(1) 二輪車《にりんしゃ》が左折中《させつちゅう》の乗用車《じょうようしゃ》を避《さ》けて自分《じぶん》の車《くるま》の前《まえ》に進路変更《しんろへんこう》してくると危険《きけん》なので、二輪車《にりんしゃ》の動《うご》きに注意《ちゅうい》しながら乗用車《じょうようしゃ》の右側《みぎがわ》を速度《そくど》を上《あ》げて進行《しんこう》する。

(2) 前《まえ》の乗用車《じょうようしゃ》は横断《おうだん》している歩行者《ほこうしゃ》がいるため、横断歩道《おうだんほどう》の手前《てまえ》で止《と》まると思《おも》われるので、速度《そくど》を落《お》として進行《しんこう》する。

(3) 交差点《こうさてん》の前方《ぜんぽう》の状況《じょうきょう》が見《み》えないので、見《み》やすいように前《まえ》の乗用《じょうよう》車《しゃ》との車間距離《しゃかんきょり》をつめて進行《しんこう》する。

（1）□□
（2）□□
（3）□□

【問《とい》92】 トラックの後《うし》ろを30km/hで進行《しんこう》しています。どのようなことに注《ちゅう》意《い》して運転《うんてん》しますか？

(1) 信号《しんごう》が見《み》えないので、トラックは赤信号《あかしんごう》のため急《きゅう》ブレーキをかけるかもしれない。トラックとの車間距離《しゃかんきょり》は十分《じゅうぶん》にとる。

(2) 信号《しんごう》が見《み》えるようにトラックとの車間距離《しゃかんきょり》を広《ひろ》くとると、自分《じぶん》の車《くるま》が交差点《こうさてん》に入《はい》るときに信号《しんごう》が変《か》わるおそれがあるので、トラックに接近《せっきん》して進行《しんこう》する。

(3) 信号《しんごう》が見《み》えないので道路《どうろ》の右寄《みぎよ》りを通《とお》り、信号《しんごう》の表示《ひょうじ》を確認《かくにん》しながら進行《しんこう》する。

（1）□□
（2）□□
（3）□□

問《とい》91

（1）
×

（2）
○

（3）
×

●二輪車《にりんしゃ》は、左折車《させつしゃ》の後方《こうほう》で急停止《きゅうていし》したり、あるいは大《おお》きく進路変更《しんろへんこう》して左折車《させつしゃ》の右側《みぎがわ》に出《で》るかもしれない。二輪車《にりんしゃ》の動《うご》きに注意《ちゅうい》して、安全《あんぜん》な車間距離《しゃかんきょり》をとるようにする。

●左折中《させつちゅう》の乗用車《じょうようしゃ》は、歩行者《ほこうしゃ》が横断歩道《おうだんほどう》を通行《つうこう》しているので、その直前《ちょくぜん》で停止《ていし》することが考《かんが》えられる。そのため速度《そくど》を落《お》として進行《しんこう》する。

●左折車《させつしゃ》のために対向車線《たいこうしゃせん》の状況《じょうきょう》がよくわからない。無理《むり》に左折車《させつしゃ》の右側《みぎがわ》に出《で》て追《お》い越《こ》さずに、一時停止《いちじていし》するなどして、前方《ぜんぽう》の状況《じょうきょう》を確認《かくにん》してから交差点《こうさてん》に進入《しんにゅう》する。

前《まえ》の左折車《させつしゃ》は横断《おうだん》歩道《ほどう》の手前《てまえ》で停止《ていし》するかもしれないので、速度《そくど》を落《お》として進行《しんこう》する。

問《とい》92

（1）
○

（2）
×

（3）
×

●トラックなど大型車《おおがたしゃ》によって前方《ぜんぽう》が見《み》えない場合《ばあい》には、前《まえ》の車《くるま》が急《きゅう》ブレーキをかけても安全《あんぜん》なように車間距離《しゃかんきょり》をとる。接近《せっきん》していると、トラックが急停止《きゅうていし》したり、トラックが黄色信号《きいろしんごう》で通過後《つうかご》に自分《じぶん》の車《くるま》が交差点《こうさてん》に入《はい》ったとき赤信号《あかしんごう》に変《か》わっている可能性《かのうせい》がある。また、信号《しんごう》が見《み》えないからといって、安全《あんぜん》を確認《かくにん》しないで道路《どうろ》の右側《みぎがわ》に寄《よ》るのは危険《きけん》（交差点付近《こうさてんふきん》では特《とく》に危険《きけん》）。

トラックの前方《ぜんぽう》が見《み》えないので、トラックが急《きゅう》ブレーキをかけても安全《あんぜん》なように車間距離《しゃかんきょり》をとる。

【問《とい》93】 夜間《やかん》、交差点《こうさてん》を左折《させつ》するため10km/hに減速《げんそく》しました。どのようなことに注意《ちゅうい》して運転《うんてん》しますか？

（１）□□
(1) 横断歩道《おうだんほどう》を歩行者《ほこうしゃ》が横断《おうだん》しようとしているので、横断歩道《おうだんほどう》の手《て》前《まえ》で停止《ていし》して、歩行者《ほこうしゃ》の横断《おうだん》が終《お》わるまでその手前《てまえ》で待《ま》つ。

（２）□□
(2) 夜間《やかん》は視界《しかい》が悪《わる》くなるため、ライトをつけずに走《はし》ってくる自転《じてん》車《しゃ》などの発見《はっけん》が遅《おく》れがちになるので、十分《じゅうぶん》に注意《ちゅうい》して左折《させつ》する。

（３）□□
(3) 前照灯《ぜんしょうとう》の照《て》らす範囲外《はんいがい》は見《み》えにくいので、左側部分《ひだりがわぶぶん》や横断歩道《おうだんほどう》全体《ぜんたい》を確認《かくにん》しながら進行《しんこう》し横断歩道《おうだんほどう》の手前《てまえ》で止《と》まる。

【問《とい》94】 30km/hで進行《しんこう》しています。前方《ぜんぽう》の安全地帯《あんぜんちたい》のある停留所《ていりゅうじょ》に路面電《ろめんでん》車《しゃ》が停止《ていし》しているときには、どのようなことに注意《ちゅうい》して運転《うんてん》しますか？

（１）□□
(1) 安全地帯《あんぜんちたい》があるので、乗降客《じょうこうきゃく》に注意《ちゅうい》しながらそのままの速度《そくど》で進行《しんこう》する。

（２）□□
(2) 路面電車《ろめんでんしゃ》に乗《の》り降《お》りする人《ひと》が見《み》えるので、速度《そくど》を落《お》として進行《しんこう》する。

（３）□□
(3) 路面電車《ろめんでんしゃ》に乗《の》り降《お》りする人《ひと》が見《み》えるので、道路《どうろ》を横断《おうだん》しようとする人《ひと》がいないか注意《ちゅうい》しながら徐行《じょこう》して進行《しんこう》する。

問《とい》93

(1) ○

(2) ○

(3) ○

● 横断歩道《おうだんほどう》を渡《わた》ろうとしている歩行者《ほこうしゃ》がいるので、一時停止《いちじていし》をしてその通行《つうこう》を妨《さまた》げないようにする。

● 夜間《やかん》、街路灯《がいろとう》などの照明《しょうめい》がない交差点《こうさてん》では、前照灯《ぜんしょうとう》の照《て》らす範囲外《はんいがい》は見《み》えにくく、左折《させつ》するときに左後方《ひだりこうほう》から横断歩道《おうだんほどう》を渡《わた》ろうとする歩行者《ほこうしゃ》や自転車《じてんしゃ》の発見《はっけん》が遅《おく》れたり、見落《みお》としたりすることがある。左折《させつ》するときは、車《くるま》の左側部分《ひだりがわぶぶん》にも十分《じゅうぶん》に注意《ちゅうい》しながら横断歩道全体《おうだんほどうぜんたい》の安全《あんぜん》を確《たし》かめる。

横断《おうだん》している歩行者《ほこう》者《しゃ》がいるので、その手前《てまえ》で一時停止《いちじていし》する。

問《とい》94

(1) ×

(2) ×

(3) ○

● 安全地帯《あんぜんちたい》のある路面電車《ろめんでんしゃ》の停留所《ていりゅうじょ》に路面電車《ろめんでんしゃ》が停止《ていし》しているときは、乗降客《じょうこうきゃく》に注意《ちゅうい》して徐行《じょこう》して通過《つうか》する。この場合《ばあい》、路面電車《ろめんでんしゃ》に乗《の》るため道路《どうろ》を横断《おうだん》したり、降《お》りた客《きゃく》が道路《どうろ》を横断《おうだん》することがあるので注意《ちゅうい》する。

降《お》りた客《きゃく》が道路《どうろ》を横断《おうだん》するかも知《し》れないので、徐行《じょこう》して注意《ちゅうい》しながら進行《しんこう》する。

【問《とい》95】 80km/hで高速道路《こうそくどうろ》の走行車線《そうこうしゃせん》を走行《そうこう》しています。どのようなことに注意《ちゅうい》して運転《うんてん》しますか？

（1）□□
（2）□□
（3）□□

(1) 前方《ぜんぽう》を走行《そうこう》している車《くるま》がブレーキをかけたので、危険《きけん》を避《さ》けるため急《いそ》いで追越《おいこ》し車線《しゃせん》に進入《しんにゅう》する。

(2) 前方《ぜんぽう》を走行《そうこう》している車《くるま》がブレーキをかけたので、その後《うし》ろの車《くるま》もブレーキをかけると考《かんが》え、自分《じぶん》の車《くるま》と前方《ぜんぽう》の車《くるま》との車間距離《しゃかんきょり》や速度《そくど》の調節《ちょうせつ》を早《はや》めに行《おこな》う。

(3) 前方《ぜんぽう》を走行《そうこう》している車《くるま》がブレーキをかけたということは、見《み》えない前方《ぜんぽう》に何《なに》か原因《げんいん》があると考《かんが》えたほうがよい。

問《とい》95

（1）
×

（2）
○

（3）
○

●前方《ぜんぽう》の車《くるま》がブレーキをかけたということは、自分《じぶん》から見《み》えない前方《ぜんぽう》に何《なに》かの原因《げんいん》があると考《かんが》え、前《まえ》の車《くるま》との車間距離《しゃかんきょり》が短《みじか》くならないように速度《そくど》の調節《ちょうせつ》を早《はや》めに行《おこな》う。

前《まえ》を走《はし》る車《くるま》がブレーキをかけたのはこちらからは見《み》えない前方《ぜんぽう》に何《なに》かの原因《げんいん》があると思《おも》われるので、前《まえ》の車《くるま》との車間距離《しゃかんきょり》を十分《じゅうぶん》にとる。

第《だい》2回《かい》実力養成《じつりょくようせい》テスト 攻略《こうりゃく》ポイントはココ！

高速道路《こうそくどうろ》を走行《そうこう》するときのルールを覚《おぼ》えておこう

問《とい》14、15、52、70、72、82、86は、「高速道路《こうそくどうろ》での走行《そうこう》」に関《かん》する問題《もんだい》。高速自動車国道《こうそくじどうしゃこくどう》での最高速度《さいこうそくど》、高速道路《こうそくどうろ》上《じょう》での駐停車《ちゅうていしゃ》、本線車道《ほんせんしゃどう》への出入《ではい》りの方法《ほうほう》などをしっかり覚《おぼ》えておこう。特《とく》に本線車道《ほんせんしゃどう》に入《はい》るときや出《で》るときの速度調整《そくどちょうせい》、高速道路《こうそくどうろ》へ入《はい》る前《まえ》の点検箇所《てんけんかしょ》・点検方法《てんけんほうほう》を整理《せいり》しておきたい。

駐車禁止場所《ちゅうしゃきんしばしょ》と駐停車禁止場所《ちゅうていしゃきんしばしょ》を混同《こんどう》しないように

問《とい》6、7、18、19、23、31、37、84、88は、「駐停車《ちゅうていしゃ》」に関《かん》する問題《もんだい》。駐停車《ちゅうていしゃ》のルールは試験《しけん》に必《かなら》ず出題《しゅつだい》されるので、「駐車《ちゅうしゃ》と停車《ていしゃ》の違《ちが》い」、「駐車《ちゅうしゃ》の方法《ほうほう》」、「駐停車《ちゅうていしゃ》の禁止場所《きんしばしょ》」についてはしっかり覚《おぼ》えておこう。特《とく》に「駐車《ちゅうしゃ》が禁止《きんし》されている場所《ばしょ》」と「駐停車《ちゅうていしゃ》が禁止《きんし》されている場所《ばしょ》」は混同《こんどう》しがちなので要注意《ようちゅうい》！　本番前《ほんばんまえ》に整理《せいり》しておきたい。

第《だい》3回《かい》 実力養成《じつりょくようせい》テスト

■制限時間《せいげんじかん》／50分《ぶん》
■合格《ごうかく》ライン／90点《てん》
・問《とい》1～問《とい》90は、各《かく》1点《てん》
・問《とい》91～問《とい》95は、各《かく》2点《てん》

●次《つぎ》の問題《もんだい》で正《ただ》しいと思《おも》うものは「○」、誤《あやま》っていると思《おも》うものは「×」と答《こた》えなさい。

【問《とい》1】 駐車禁止《ちゅうしゃきんし》の場所《ばしょ》に駐車《ちゅうしゃ》していたため、警察官《けいさつかん》から車《くるま》の移動《いどう》を命《めい》じられたときには、ただちに車《くるま》を移動《いどう》しなければならない。

【問《とい》2】 追《お》い越《こ》した車《くるま》の前《まえ》に入《はい》るときは、追《お》い越《こ》した車《くるま》がルームミラーで見《み》えるくらいの距離《きょり》までそのまま進《すす》み、進路《しんろ》をゆるやかに左《ひだり》へとる。

【問《とい》3】 交差点《こうさてん》で前方《ぜんぽう》の信号《しんごう》が赤色《あかいろ》や黄色《きいろ》の灯火《とうか》である場合《ばあい》、同時《どうじ》に青色《あおいろ》の矢印《やじるし》が出《で》ていれば自動車《じどうしゃ》は矢印《やじるし》の方向《ほうこう》に進《すす》むことができる。

【問《とい》4】 進路《しんろ》の前方《ぜんぽう》で道路工事《どうろこうじ》をしていて、道路《どうろ》の左側部分《ひだりがわぶぶん》だけでは通行《つうこう》するのに十分《じゅうぶん》な余地《よち》のないときには、道路《どうろ》の中央《ちゅうおう》から右側部分《みぎがわぶぶん》に、はみ出《だ》して通行《つうこう》してよい。

【問《とい》5】 3台《だい》の車《くるま》を走行《そうこう》させながら、ジグザグ運転《うんてん》や巻《ま》き込《こ》み運転《うんてん》をしてもよい。

【問《とい》6】 大型免許《おおがためんきょ》を受《う》けていれば大型自動車《おおがたじどうしゃ》のほか、中型自動車《ちゅうがたじどうしゃ》、準中型《じゅんちゅうがた》自動車《じどうしゃ》、普通自動車《ふつうじどうしゃ》、大型自動二輪車《おおがたじどうにりんしゃ》、普通自動二輪車《ふつうじどうにりんしゃ》、小型特《こがたとく》殊自動車《しゅじどうしゃ》、原動機付自転車《げんどうきつきじてんしゃ》も運転《うんてん》できる。

【問《とい》7】 乗用車《じょうようしゃ》に幼児《ようじ》を乗《の》せるときにチャイルドシートがなければ、なるべく助手席《じょしゅせき》に乗《の》せるほうが安全《あんぜん》である。

【問《とい》8】 中央分離帯《ちゅうおうぶんりたい》のない高速道路《こうそくどうろ》の本線車道《ほんせんしゃどう》を走《はし》る普通自動車《ふつうじどうしゃ》の最高速《さいこうそく》度《ど》は、60キロメートル毎時《まいじ》である。

図《ず》1

【問《とい》9】 図《ず》1の標識《ひょうしき》は、本標識《ほんひょうしき》が表示《ひょうじ》する交通規制《こうつうきせい》の終《お》わりを意味《いみ》している。

解答《かいとう》と解説《かいせつ》

自己採点《じこさいてん》	
1回目《かいめ》	2回目《かいめ》

問《とい》1 ○

違法《いほう》に駐車《ちゅうしゃ》しているため、その車《くるま》を移動《いどう》するように命《めい》じられたときは、ただちにその車《くるま》を移動《いどう》しなければならない。

問《とい》2 頻出《ひんしゅつ》 ○

追《お》い越《こ》した車《くるま》をルームミラーで確認《かくにん》しながら安全《あんぜん》な距離《きょり》までそのまま進《すす》み、進路《しんろ》をゆるやかに左《ひだり》へとる。

問《とい》3 頻出《ひんしゅつ》 ○

赤色《あかいろ》や黄色《きいろ》に信号《しんごう》が灯火《とうか》していても、同時《どうじ》に青色《あおいろ》の矢印《やじるし》が出《で》ていれば自動車《じどうしゃ》は矢印《やじるし》の方向《ほうこう》に進《すす》んでもよい。

問《とい》4 重要《じゅうよう》 ○

道路工事《どうろこうじ》などで道路《どうろ》の左側部分《ひだりがわぶぶん》だけでは通行《つうこう》するのに十分《じゅうぶん》な余地《よち》のないときには、右側部分《みぎがわぶぶん》にはみ出《だ》して通行《つうこう》できる。

問《とい》5 ×

2台以上《だいいじょう》で走行《そうこう》する場合《ばあい》は集団《しゅうだん》として扱《あつか》われるので、ジグザグ運転《うんてん》など、ほかの車《くるま》に危険《きけん》や迷惑《めいわく》をおよぼす行為《こうい》をしてはならない。

問《とい》6 ひっかけ ×

大型免許《おおがためんきょ》では、自動二輪車《じどうにりんしゃ》は運転《うんてん》できないので、大型自動二輪車《おおがたじどうにりんしゃ》、普通自動二輪車《ふつうじどうにりんしゃ》は運転《うんてん》できない。

問《とい》7 頻出《ひんしゅつ》 ×

6歳未満《さいみまん》の幼児《ようじ》を乗《の》せるときはチャイルドシートを使用《しよう》しなければならない。また、できるだけ後部座席《こうぶざせき》で使用《しよう》する。

問《とい》8 ○

本線車道《ほんせんしゃどう》が道路《どうろ》の構造上往復《こうぞうじょうおうふく》の方向別《ほうこうべつ》に分離《ぶんり》されていない区間《くかん》の最高《さいこう》速度《そくど》は、一般道路《いっぱんどうろ》と同《おな》じである。

問《とい》9 重要《じゅうよう》 ○

問題《もんだい》の標識《ひょうしき》は補助標識《ほじょひょうしき》で「終《お》わり」を表示《ひょうじ》している。

頻出《ひんしゅつ》……試験《しけん》によく出《で》る問題《もんだい》　ひっかけ……ひっかけ問題《もんだい》　重要《じゅうよう》……理解《りかい》しておきたい問題《もんだい》

【問《とい》10】 □□
2つ以上《いじょう》の車両通行帯《しゃりょうつうこうたい》のあるとき、道路《どうろ》が混雑《こんざつ》していれば、普通《ふつう》自動車《じどうしゃ》は2つの車両通行帯《しゃりょうつうこうたい》にまたがって通行《つうこう》してもよい。

【問《とい》11】 □□
高速道路《こうそくどうろ》を通行《つうこう》するときには、燃料《ねんりょう》や冷却水《れいきゃくすい》、エンジンオイルの不足《ふそく》などで停止《ていし》することがないように点検《てんけん》しておかなければならない。

【問《とい》12】 □□
エンジンオイルの量《りょう》を点検《てんけん》するときは、オイルレベルゲージにより行《おこな》うとよい。

【問《とい》13】 □□
進路《しんろ》の変更《へんこう》が終《お》わったら、すみやかに合図《あいず》をやめなければならない。

【問《とい》14】 □□
信号機《しんごうき》の信号《しんごう》が赤色《あかいろ》を表示《ひょうじ》しているときに、警察官《けいさつかん》が進《すす》めの手信号《てしんごう》をしている場合《ばあい》には、必《かなら》ず徐行《じょこう》して進《すす》まなければならない。

【問《とい》15】 □□
普通自動車《ふつうじどうしゃ》に12歳未満《さいみまん》の子《こ》どもを乗《の》せるときは、こども3人《にん》を大人《おとな》2人《ふたり》として計算《けいさん》する。

【問《とい》16】 □□
車《くるま》を運転《うんてん》するときには、タイヤの状態《じょうたい》や乗車人員《じょうしゃじんいん》、積《つ》み荷《に》の重量《じゅうりょう》、天候《てんこう》などを考《かんが》えて、車間距離《しゃかんきょり》をとらなければならない。

【問《とい》17】 □□
ワイパーが故障《こしょう》していて動《うご》かなくても、天気《てんき》がよければそのまま運転《うんてん》してもよい。

【問《とい》18】 □□
横断歩道《おうだんほどう》や自転車横断帯《じてんしゃおうだんたい》とその端《はし》から10メートル以内《いない》の場所《ばしょ》は、駐車《ちゅうしゃ》も停車《ていしゃ》も禁止《きんし》されている。

図《ず》2

【問《とい》19】 □□
図《ず》2の標示《ひょうじ》のある路側帯《ろそくたい》は歩行者《ほこうしゃ》は通行《つうこう》できるが、自転車《じてんしゃ》は通行《つうこう》できない。

【問《とい》20】 □□
立入《たちい》り禁止部分《きんしぶぶん》の場所《ばしょ》でも、危険防止《きけんぼうし》のためなら車《くるま》は入《はい》ることができる。

問《とい》10 頻《ひん》出《しゅつ》
×
追越《おいこ》しなどでやむを得《え》ない場合《ばあい》のほかは、車両通行帯《しゃりょうつうこうたい》はまたがったりして通行《つうこう》することはできない。

問《とい》11
○
高速道路《こうそくどうろ》を通行《つうこう》する場合《ばあい》は、燃料《ねんりょう》や冷却水《れいきゃくすい》、エンジンオイルの不足《ふそく》などにより、停止《ていし》することがないようにしなければならない。

問《とい》12
○
エンジンオイルの量《りょう》はオイルレベルゲージ（油量計《ゆりょうけい》）でＦとＬの間《あいだ》にあるかを点検《てんけん》する。

問《とい》13 頻《ひん》出《しゅつ》
○
進路変更《しんろへんこう》などの行為《こうい》が終《お》わったときは、速《すみ》やかに合図《あいず》をやめなければならない。

問《とい》14
×
赤信号《あかしんごう》であっても警察官《けいさつかん》の指示《しじ》に従《したが》い通行《つうこう》する。必《かなら》ずしも徐行《じょこう》する必要《ひつよう》はない。

問《とい》15 ひっかけ
○
12歳未満《さいみまん》の子《こ》どもは、3人《にん》を大人《おとな》2人《ふたり》として計算《けいさん》する。

問《とい》16 重《じゅう》要《よう》
○
天候《てんこう》、路面《ろめん》やタイヤの状態《じょうたい》、荷物《にもつ》の重《おも》さなどを考《かんが》えに入《い》れ、安全《あんぜん》な車間距離《しゃかんきょり》をとらなければならない。

問《とい》17
×
急《きゅう》に天気《てんき》が変《か》わることがあるので、修理《しゅうり》してから運転《うんてん》しなければならない。

問《とい》18
×
横断歩道《おうだんほどう》や自転車横断帯《じてんしゃおうだんたい》とその端《はし》から前後《ぜんご》5メートル以内《いない》の場所《ばしょ》が駐停車禁止《ちゅうていしゃきんし》である。

問《とい》19 頻《ひん》出《しゅつ》
○
問題《もんだい》の標示《ひょうじ》は「歩行者用路側帯《ほこうしゃようろそくたい》」を表示《ひょうじ》しているので、歩行者以外《ほこうしゃいがい》は通行《つうこう》できない。

問《とい》20 頻《ひん》出《しゅつ》
×
立入《たちい》り禁止部分《きんしぶぶん》には、車《くるま》は入《はい》ることはできない。

【問《とい》21】 □□

オートマチック車《しゃ》のエンジンを始動《しどう》するときは、ハンドブレーキがかかっているか、チェンジレバーがN《ニュートラル》の位置《いち》にあるか確認《かくにん》する。

【問《とい》22】 □□

エアバッグを備《そな》えてある車《くるま》を運転《うんてん》しているときの運転者《うんてんしゃ》や同乗者《どうじょうしゃ》は、シートベルトを着用《ちゃくよう》しなくてもよい。

【問《とい》23】 □□

雪道《ゆきみち》や凍《こお》りついた道《みち》を走《はし》るときは、タイヤチェーンのようなすべり止《ど》め装置《そうち》をつけるか、スタッドレスタイヤなどの雪用《ゆきよう》タイヤをつけて、できるだけ車《くるま》の通《とお》った跡《あと》を走《はし》るようにする。

【問《とい》24】 □□

タイヤを点検《てんけん》するときは、空気圧《くうきあつ》、タイヤの亀裂《きれつ》・損傷《そんしょう》・溝《みぞ》の深《ふか》さなどを見《み》る。

【問《とい》25】 □□

車両通行帯《しゃりょうつうこうたい》のあるトンネルなら、前方《ぜんぽう》を走《はし》る車《くるま》を追《お》い越《こ》してもよい。

【問《とい》26】 □□

道路《どうろ》の曲《ま》がり角《かど》やカーブでは、特《とく》に標示《ひょうじ》がなくても道路《どうろ》の中央《ちゅうおう》から右側部分《みぎがわぶぶん》にはみ出《だ》して通行《つうこう》してよい。

【問《とい》27】 □□

下《くだ》り坂《ざか》ではギアを高速《こうそく》にし、できるだけフットブレーキを使《つか》いながら下《くだ》らなければならない。

【問《とい》28】 □□

上《のぼ》り坂《ざか》で前《まえ》の車《くるま》に続《つづ》いて停止《ていし》するときには、前《まえ》の車《くるま》が後退《こうたい》してくる可能性《かのうせい》があるので、車間距離《しゃかんきょり》を十分《じゅうぶん》とるようにしなければならない。

【問《とい》29】 □□

図《ず》3の標識《ひょうしき》のある道路《どうろ》で交差点《こうさてん》を左折《させつ》する場合《ばあい》には、左側《ひだりがわ》の通行帯《つうこうたい》を通行《つうこう》しなければならない。

図《ず》3

【問《とい》30】 □□

信号《しんごう》が青《あお》になっても、交差点《こうさてん》の向《む》こう側《がわ》が混雑《こんざつ》していて交差点内《こうさてんない》で停止《ていし》するおそれのあるときには、その交差点《こうさてん》に入《はい》らないようにしなければならない。

問《とい》21 ×

ハンドブレーキをかけ、チェンジレバーが「P《パーキング》」の位置《いち》にあることを確認《かくにん》する。

問《とい》22 ×　重要《じゅうよう》

エアバッグが備《そな》えてある車《くるま》であっても、運転者《うんてんしゃ》や同乗者《どうじょうしゃ》はシートベルトを必《かなら》ず着用《ちゃくよう》する。

問《とい》23 ○　ひっかけ

雪道《ゆきみち》では脱輪《だつりん》しないように、できるだけ車《くるま》の通《とお》った跡《あと》（わだち）を選《えら》んで走《はし》るようにする。

問《とい》24 ○

タイヤの点検《てんけん》では、空気圧《くうきあつ》、タイヤの亀裂《きれつ》・損傷《そんしょう》・溝《みぞ》の深《ふか》さ・異常《いじょう》な摩耗《まもう》などを見《み》る。

問《とい》25 ○　ひっかけ

トンネル内《ない》に車両通行帯《しゃりょうつうこうたい》があれば、追越《おいこ》しは禁止《きんし》されていない。

問《とい》26 ×　ひっかけ

曲《ま》がり角《かど》やカーブでは、右側通行《みぎがわつうこう》の標示《ひょうじ》がないかぎり右側部分《みぎがわぶぶん》にはみ出《だ》してはいけない。

問《とい》27 ×

下《くだ》り坂《ざか》を走行《そうこう》するときは高速《こうそく》ギアではなく、それまで使《つか》っていたギアより１～２段《だん》低《ひく》いギアにして、エンジンブレーキを使《つか》う。

問《とい》28 ○　頻出《ひんしゅつ》

上《のぼ》り坂《ざか》で停止《ていし》するときには、前《まえ》の車《くるま》が下《さ》がってくることがあるので車間距離《しゃかんきょり》を十分《じゅうぶん》にとる。

問《とい》29 ○

問題《もんだい》の標識《ひょうしき》は「進行方向別通行区分《しんこうほうこうべつつうこうくぶん》」を表示《ひょうじ》しているので、左折《させつ》する場合《ばあい》には左側《ひだりがわ》の通行帯《つうこうたい》を通行《つうこう》する。

問《とい》30 ○　頻出《ひんしゅつ》

信号《しんごう》が青《あお》でも交差点内《こうさてんない》で停止《ていし》するおそれがあるときは、交差点《こうさてん》に入《はい》らないようにする。

【問《とい》31】 疲労《ひろう》の影響《えいきょう》は、目《め》にもっとも強《つよ》く表《あらわ》れる。

□□

【問《とい》32】 通学《つうがく》バスが乗降《じょうこう》のため停車《ていしゃ》していても、子《こ》どもの姿《すがた》が見《み》えないときには、特《とく》に徐行《じょこう》せず通過《つうか》してもよい。

□□

【問《とい》33】 標示《ひょうじ》とはペイントや道路《どうろ》びょうなどによって路面《ろめん》に示《しめ》された線《せん》、記号《きごう》や文字《もじ》のことをいう。

□□

【問《とい》34】 踏切《ふみきり》では警報機《けいほうき》が鳴《な》り始《はじ》めた直後《ちょくご》なら、安全《あんぜん》を確《たし》かめて通過《つうか》することができる。

□□

【問《とい》35】 交差点《こうさてん》で左折《させつ》するときには、左折《させつ》する直前《ちょくぜん》に道路《どうろ》の左端《ひだりはし》に寄《よ》らなければならない。

□□

【問《とい》36】 一方通行《いっぽうつうこう》の道路《どうろ》で前方《ぜんぽう》の車《くるま》を追《お》い越《こ》すときには、車《くるま》が右側寄《みぎがわよ》りに通行《つうこう》していることが多《おお》いので、必《かなら》ずその左側《ひだりがわ》を通行《つうこう》しなければならない。

□□

【問《とい》37】 原動機付自転車《げんどうきつきじてんしゃ》ではマフラーを外《はず》しても排気音《はいきおん》がそれほど大《おお》きくなければ、マフラーを外《はず》して走行《そうこう》できる。

□□

【問《とい》38】 道路《どうろ》の左側部分《ひだりがわぶぶん》の幅《はば》が6メートル以上《いじょう》ある見通《みとお》しのよい道路《どうろ》で前《まえ》の車《くるま》を追《お》い越《こ》そうとするときには、道路《どうろ》の中央《ちゅうおう》から右側部分《みぎがわぶぶん》にはみ出《だ》して通行《つうこう》することができる。

□□

【問《とい》39】 道路《どうろ》に面《めん》した場所《ばしょ》に出入《でい》りするため、歩道《ほどう》や路側帯《ろそくたい》を横切《よこぎ》るときは、その直前《ちょくぜん》で一時停止《いちじていし》するとともに歩行者《ほこうしゃ》の通行《つうこう》を妨《さまた》げてはならない。

□□

図《ず》4

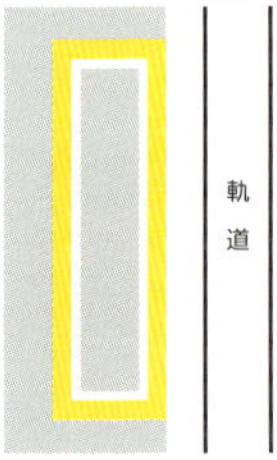

【問《とい》40】 図《ず》4の標示《ひょうじ》のある部分《ぶぶん》は歩行者《ほこうしゃ》がいなければ、通行《つうこう》することができる。

□□

問《とい》31 ○

疲労《ひろう》の度《ど》が高《たか》まるにつれて、見落《みお》としや見間違《みまちが》いが多《おお》くなる。

問《とい》32 × 重要《じゅうよう》

通学《つうがく》バスが乗降《じょうこう》のため停車《ていしゃ》しているときには、徐行《じょこう》して安全《あんぜん》を確《たし》かめなければならない。

問《とい》33 ○

標示《ひょうじ》はペイントや道路《どうろ》びょうなどによって路面《ろめん》に示《しめ》された線《せん》、記号《きごう》や文字《もじ》のことをいう。

問《とい》34 × ひっかけ

警報機《けいほうき》が鳴《な》り始《はじ》めているときやしゃ断機《だんき》が降《お》り始《はじ》めているときは、踏切《ふみきり》に入《はい》ってはならない。

問《とい》35 ×

左折《させつ》するときは、あらかじめ道路《どうろ》の左端《ひだりはし》に寄《よ》らなければならない。

問《とい》36 × 頻出《ひんしゅつ》

一方通行《いっぽうつうこう》でも、追《お》い越《こ》すときには原則《げんそく》として前《まえ》の車《くるま》の右側《みぎがわ》を通行《つうこう》する。

問《とい》37 ×

排気音《はいきおん》が大《おお》きくなくてもマフラーを外《はず》して走行《そうこう》してはならない。

問《とい》38 × 頻出《ひんしゅつ》

道路《どうろ》の左側部分《ひだりがわぶぶん》の幅《はば》が6メートル以上《いじょう》ある道路《どうろ》では、右側部分《みぎがわぶぶん》にはみ出《だ》してはいけない。

問《とい》39 ○ ひっかけ

歩道《ほどう》や路側帯《ろそくたい》を横切《よこぎ》る場合《ばあい》には、その直前《ちょくぜん》で一時停止《いちじていし》するとともに歩行者《ほこうしゃ》の通行《つうこう》を妨《さまた》げてはならない。

問《とい》40 ×

問題《もんだい》の標示《ひょうじ》は「安全地帯《あんぜんちたい》」を表示《ひょうじ》しているので、車《くるま》の通行《つうこう》が禁止《きんし》されており、入《はい》ることはできない。

【問《とい》41】 □□
バス停留所《ていりゅうじょ》の標示板《ひょうじばん》から10メートル以内《いない》の場所《ばしょ》は、運行時間内《うんこうじかんない》に限《かぎ》り、駐停車禁止《ちゅうていしゃきんし》である。

【問《とい》42】 □□
車《くるま》を運転中《うんてんちゅう》に大地震《だいじしん》が発生《はっせい》したとき、ラジオで地震情報《じしんじょうほう》や交通情報《こうつうじょうほう》を聞《き》いて、その情報《じょうほう》に応《おう》じて車《くるま》で大至急避難《だいしきゅうひなん》しなければならない。

【問《とい》43】 □□
同一方向《どういつほうこう》に2つの車両通行帯《しゃりょうつうこうたい》がある道路《どうろ》では、右側《みぎがわ》の通行帯《つうこうたい》を乗用車《じょうようしゃ》が通行《つうこう》し、左《ひだり》の通行帯《つうこうたい》を貨物車《かもつしゃ》と自動二輪車《じどうにりんしゃ》、原動機付自転車《げんどうきつきじてんしゃ》などが通行《つうこう》する。

【問《とい》44】 □□
タクシーやハイヤーなどの事業用自動車《じぎょうようじどうしゃ》などは、3カ月《かげつ》に1度《ど》の定期点検《ていきてんけん》を受《う》けなければならない。

【問《とい》45】 □□
坂道《さかみち》で行《い》き違《ちが》うとき、近《ちか》くに待避所《たいひじょ》があるときには、上《のぼ》りの車《くるま》でも待避所《たいひじょ》に入《はい》り道《みち》をゆずるようにする。

【問《とい》46】 □□
自動車《じどうしゃ》の所有者《しょゆうしゃ》は車《くるま》のカギの保管《ほかん》に十分注意《じゅうぶんちゅうい》し、勝手《かって》に車《くるま》が使《つか》われないようにする。

【問《とい》47】 □□
路面電車《ろめんでんしゃ》の運行時間外《うんこうじかんがい》の深夜《しんや》であれば、軌道敷内《きどうしきない》に停車《ていしゃ》することができるが、駐車《ちゅうしゃ》はできない。

【問《とい》48】 □□
大地震《だいじしん》のとき、やむを得《え》ず車《くるま》を路上《ろじょう》に置《お》いて避難《たいひ》するときには、エンジンキーをはずし、窓《まど》を閉《し》め、ドアをロックしておかなければならない。

【問《とい》49】 □□
高速自動車国道《こうそくじどうしゃこくどう》の本線車道《ほんせんしゃどう》での普通自動車《ふつうじどうしゃ》の法定最低速度《ほうていさいていそくど》は60キロメートル毎時《まいじ》である。

【問《とい》50】 □□
図《ず》5の標識《ひょうしき》のある場所《ばしょ》では自動車《じどうしゃ》の荷台《にだい》から3.3メートルの高《たか》さの荷物《にもつ》を積《つ》んでいる車《くるま》は通行《つうこう》できる。

図《ず》5

問《とい》41 ○ 頻出《ひんしゅつ》

バス停留所《ていりゅうじょ》の標示板《ひょうじばん》から10メートル以内《いない》の場所《ばしょ》は運行時間内《うんこうじかんない》に限《かぎ》り駐停車禁止《ちゅうていしゃきんし》である。

問《とい》42 ×

地震《じしん》のときには車《くるま》で避難《ひなん》してはならない。

問《とい》43 × 頻出《ひんしゅつ》

同一方向《どういつほうこう》に2つの車両通行帯《しゃりょうつうこうたい》がある道路《どうろ》では、右側《みぎがわ》の通行帯《つうこうたい》は追越《おいこ》しや右折車《うせつしゃ》のためにあけておく。

問《とい》44 ○ ひっかけ

事業用《じぎょうよう》の自動車《じどうしゃ》、自家用《じかよう》の大型自動車《おおがたじどうしゃ》および中型自動車《ちゅうがたじどうしゃ》や、大型自動車《おおがたじどうしゃ》、普通貨物自動車《ふつうかもつじどうしゃ》（660cc以下《いか》を除《のぞ》く）などのレンタカーについては3カ月《かげつ》ごとに定期点検《ていきてんけん》を受《う》けなければならない。

問《とい》45 ○ 重要《じゅうよう》

坂道《さかみち》では下《くだ》りの車《くるま》が上《のぼ》りの車《くるま》に道《みち》をゆずるのが原則《げんそく》であるが、近《ちか》くに待避所《たいひじょ》がある場合《ばあい》は上《のぼ》りの車《くるま》でも退避所《たいひじょ》に入《はい》って道《みち》をゆずる。

問《とい》46 ○

自動車《じどうしゃ》を所有《しょゆう》する人《ひと》や使用《しよう》、管理《かんり》する人《ひと》は、車《くるま》を勝手《かって》に持《も》ち出《だ》されないように、車《くるま》のカギの保管《はかん》に十分注意《じゅうぶんちゅうい》する。

問《とい》47 × ひっかけ

軌道敷内《きどうしきない》は運行時間外《うんこうじかんがい》であっても駐停車禁止《ちゅうていしゃきんし》である。

問《とい》48 × 頻出《ひんしゅつ》

車《くるま》を路上《ろじょう》に置《お》いて避難《ひなん》するときは、エンジンキーをつけたまま、窓《まど》は閉《し》め、ドアはロックしない。

問《とい》49 ×

高速自動車国道《こうそくじどうしゃこくどう》の本線車道《ほんせんしゃどう》での自動車《じどうしゃ》の法定最低速度《ほうていさいていそくど》は50キロメートル毎時《まいじ》である。

問《とい》50 ×

問題《もんだい》の標識《ひょうしき》は「高《たか》さ制限《せいげん》」を表示《ひょうじ》しているので、地上《ちじょう》からの高《たか》さが3.3メートルを超《こ》える車《くるま》は通行《つうこう》できない。

【問《とい》51】 □□
走行中《そうこうちゅう》にエンジンの回転数《かいてんすう》が上《あ》がったまま下《さ》がらなくなったときには、四輪車《よんりんしゃ》ではギアをニュートラルにするとよい。

【問《とい》52】 □□
125ccを超《こ》える普通自動二輪車《ふつうじどうにりんしゃ》なら、高速道路《こうそくどうろ》を通行《つうこう》してもよい。

【問《とい》53】 □□
ぬかるみなどで車輪《しゃりん》が空回《からまわ》りするときには、砂利《じゃり》などのすべり止《ど》めを使《つか》って脱出《だっしゅつ》するのが効果的《こうかてき》である。

【問《とい》54】 □□
自動車《じどうしゃ》は歩道《ほどう》や自転車道《じてんしゃどう》を通行《つうこう》してはいけないが、路側帯《ろそくたい》なら徐《じょ》行《こう》すれば通行《つうこう》することができる。

【問《とい》55】 □□
オートマチック車《しゃ》では、エンジン回転中《かいてんちゅう》はブレーキペダルをしっかり踏《ふ》み込《こ》んでおかないと、動《うご》き出《だ》すことがあるので注意《ちゅうい》する。

【問《とい》56】 □□
道幅《みちはば》が同《おな》じような交通整理《こうつうせいり》が行《おこな》われていない交差点《こうさてん》（優先道路通《ゆうせんどうろつう》行中《こうちゅう》のときや環状交差点《かんじょうこうさてん》を除《のぞ》く）では、路面電車《ろめんでんしゃ》や右方《うほう》からくる車《くるま》があるときには、その車《くるま》の進行《しんこう》を妨《さまた》げてはならない。

【問《とい》57】 □□
前方《ぜんぽう》の停留所《ていりゅうじょ》に止《と》まっている路線《ろせん》バスが発進《はっしん》の合図《あいず》をしているときには、その進行《しんこう》を妨《さまた》げてはならない。

【問《とい》58】 □□
初心運転者標識《しょしんうんてんしゃひょうしき》（マーク）は、車《くるま》の前面《ぜんめん》か後面《こうめん》のどちらかにつければよい。

【問《とい》59】 □□
制限速度《せいげんそくど》の指定《してい》のない一般道路《いっぱんどうろ》での普通自動車《ふつうじどうしゃ》の最高速度《さいこうそくど》は40キロメートル毎時《まいじ》である。

【問《とい》60】 □□
図《ず》6の標識《ひょうしき》のある道路《どうろ》では原動機付自転車《げんどうきつきじてんしゃ》であれば標識《ひょうしき》の方向《ほうこう》から進入《しんにゅう》することができる。

図《ず》6

【問《とい》61】 □□
坂《さか》の頂上付近《ちょうじょうふきん》やこう配《ばい》の急《きゅう》な坂《さか》では、駐車《ちゅうしゃ》も停車《ていしゃ》も禁止《きんし》されている。

問《とい》51 ○ 重要《じゅうよう》

ギアをニュートラルにして車輪《しゃりん》にエンジンの力《ちから》をかけないようにしながら安全《あんぜん》な場所《ばしょ》に止《と》め、停止後《ていしご》にエンジンスイッチを切《き》る。

問《とい》52 ○ 頻出《ひんしゅつ》

排気量《はいきりょう》が125cc以下《いか》の普通自動二輪車《ふつうじどうにりんしゃ》は通行《つうこう》できないが、排気量《はいきりょう》が125ccを超《こ》える普通自動二輪車《ふつうじどうにりんしゃ》は通行《つうこう》できる。

問《とい》53 ○

ぬかるみなどで車輪《しゃりん》が空回《からまわ》りするときには、古毛布《ふるもうふ》、砂利《じゃり》などをすべり止《ど》めに使《つか》う。

問《とい》54 × ひっかけ

自動車《じどうしゃ》は路側帯《ろそくたい》を通行《つうこう》できない。ただし、道路《どうろ》に面《めん》した場所《ばしょ》に出入《でい》りするために横切《よこぎ》る場合《ばあい》は通行《つうこう》できる。

問《とい》55 ○ 重要《じゅうよう》

停止中《ていしちゅう》はブレーキペダルをしっかり踏《ふ》んでおかないと、クリープ現象《げんしょう》により自動車《じどうしゃ》がゆっくり動《うご》き出《だ》すことがある。

問《とい》56 × 頻出《ひんしゅつ》

道幅《みちはば》が同《おな》じような交通整理《こうつうせいり》が行《おこな》われていない交差点《こうさてん》（優先道路通行中《ゆうせんどうろつうこうちゅう》のときや環状交差点《かんじょうこうさてん》を除《のぞ》く）では、路面電車《ろめんでんしゃ》や左方《さほう》からくる車《くるま》の進行《しんこう》を妨《さまた》げてはならない。

問《とい》57 ○

停車《ていしゃ》している路線《ろせん》バスが発進《はっしん》の合図《あいず》をしているときは、その発進《はっしん》を妨《さまた》げてはならない。

問《とい》58 × 頻出《ひんしゅつ》

初心運転者標識《しょしんうんてんしゃひょうしき》（マーク）は車《くるま》の前後《ぜんご》の指定《してい》された場所《ばしょ》につけなければならない。

問《とい》59 ×

最高速度《さいこうそくど》が指定《してい》されていない一般道路《いっぱんどうろ》での普通自動車《ふつうじどうしゃ》の最高速度《さいこうそくど》は60キロメートル毎時《まいじ》である。

問《とい》60 × 頻出《ひんしゅつ》

問題《もんだい》の標識《ひょうしき》は「車両進入禁止《しゃりょうしんにゅうきんし》」を表示《ひょうじ》しているので、この標識《ひょうしき》のある道路《どうろ》では、車《くるま》も原動機付自転車《げんどうきつきじてんしゃ》も標識《ひょうしき》の方向《ほうこう》から進入《しんにゅう》することができない。

問《とい》61 ○ 頻出《ひんしゅつ》

坂《さか》の頂上付近《ちょうじょうふきん》やこう配《ばい》の急《きゅう》な坂《さか》は、駐停車禁止《ちゅうていしゃきんし》である。

【問《とい》62】 原動機付自転車《げんどうきつきじてんしゃ》で乾燥《かんそう》した路面《ろめん》でブレーキをかけるときは、後輪《こうりん》ブレーキをやや強《つよ》くかける。

【問《とい》63】 夜間《やかん》、信号《しんごう》のない交差点《こうさてん》で警察官《けいさつかん》が灯火信号《とうかしんごう》を行《おこな》っているとき、灯火《とうか》が振《ふ》られている方向《ほうこう》と平行《へいこう》して進行《しんこう》する交通《こうつう》は黄色《きいろ》の信号《しんごう》と同《おな》じ意味《いみ》である。

【問《とい》64】 雨《あめ》の日《ひ》に高速《こうそく》で走行《そうこう》すると、タイヤが浮《う》いてハンドルやブレーキがきかなくなることがあるので、十分注意《じゅうぶんちゅうい》して運転《うんてん》しなければならない。

【問《とい》65】 車《くるま》から降《お》りるためにドアを開《あ》けるときには、まず少《すこ》し開《あ》けて一度《いちど》止《と》め、安全《あんぜん》を確《たし》かめてから開《あ》ける。

【問《とい》66】 左側《ひだりがわ》の車両通行帯《しゃりょうつうこうたい》が路線《ろせん》バス専用通行帯《せんようつうこうたい》になっていても、左折《させつ》する場合《ばあい》には路線《ろせん》バス以外《いがい》の自動車《じどうしゃ》もその通行帯《つうこうたい》を通行《つうこう》できる。

【問《とい》67】 高速道路《こうそくどうろ》で加速車線《かそくしゃせん》から本線車道《ほんせんしゃどう》へ入《はい》るとき、本線車道《ほんせんしゃどう》を通行《つうこう》する車《くるま》の通行《つうこう》を妨《さまた》げないために低速《ていそく》で入《はい》らなければならない。

【問《とい》68】 雨《あめ》がやんで、乾燥《かんそう》し始《はじ》めた道路《どうろ》が一番《いちばん》スリップしやすいので、運《うん》転《てん》には十分注意《じゅうぶんちゅうい》する。

図《ず》7

【問《とい》69】 図《ず》7の標示《ひょうじ》は、転回禁止《てんかいきんし》の区間《くかん》の終《お》わりを表《あらわ》している。

【問《とい》70】 ブレーキの調子《ちょうし》やききが悪《わる》いときには、特《とく》に注意《ちゅうい》して運転《うんてん》しなければならない。

【問《とい》71】 右折《うせつ》するときには、右腕《みぎうで》を車《くるま》の右側《みぎがわ》の外《そと》に出《だ》しひじを垂直《すいちょく》に上《うえ》に曲《ま》げるか、左腕《ひだりうで》を車《くるま》の左側《ひだりがわ》の外《そと》に出《だ》して水平《すいへい》に伸《の》ばして合図《あいず》をすればよい。

問《とい》62 × ひっかけ

二輪車《にりんしゃ》で乾燥《かんそう》した路面《ろめん》でブレーキをかけるときは前輪《ぜんりん》ブレーキをやや強《つよ》くかけ、路面《ろめん》がすべりやすいときは後輪《こうりん》ブレーキをやや強《つよ》くかける。

問《とい》63 × 頻出《ひんしゅつ》

灯火《とうか》が振《ふ》られている方向《ほうこう》と平行《へいこう》して進行《しんこう》する交通《こうつう》は青信号《あおしんごう》と同《おな》じ意味《いみ》である。

問《とい》64 ○

雨《あめ》の中《なか》を高速《こうそく》で走行《そうこう》すると、スリップを起《お》こしたり、タイヤが浮《う》いて、ハンドルやブレーキがきかなくなる（ハイドロプレーニング現象《げんしょう》）ことがある。

問《とい》65 ○ ひっかけ

車《くるま》から降《お》りるときの最初《さいしょ》にドアを少《すこ》し開《あ》ける動作《どうさ》は、ほかの交通《こうつう》への合図《あいず》となり、安全《あんぜん》を確《たし》かめられる。

問《とい》66 ○ 頻出《ひんしゅつ》

右左折《うさせつ》をするため道路《どうろ》の右端《みぎはし》、中央《ちゅうおう》や左端《ひだりはし》に寄《よ》る場合《ばあい》や工事《こうじ》などでやむを得《え》ない場合《ばあい》は、路線《ろせん》バス専用通行帯《せんようつうこうたい》を通行《つうこう》できる。

問《とい》67 ×

本線車道《ほんせんしゃどう》へ入《はい》るときは加速車線《かそくしゃせん》で十分加速《じゅうぶんかそく》し、本線車道《ほんせんしゃどう》を走《はし》る車《くるま》の通行《つうこう》を妨《さまた》げない。

問《とい》68 × 頻出《ひんしゅつ》

舗装《ほそう》されている道路《どうろ》では雨《あめ》の降《ふ》り始《はじ》めが一番《いちばん》スリップしやすいので運転《うんてん》には十分注意《じゅうぶんちゅうい》する。

問《とい》69 ×

問題《もんだい》の標示《ひょうじ》は「転回禁止《てんかいきんし》」を表示《ひょうじ》しているので、Uターンはできない。

問《とい》70 ×

ブレーキの調子《ちょうし》やききが悪《わる》いときは、危険《きけん》なので運転《うんてん》してはならない。

問《とい》71 × 頻出《ひんしゅつ》

手《て》による右折《うせつ》の合図《あいず》は、右腕《みぎうで》を車《くるま》の右側《みぎがわ》の外《そと》に出《だ》して水平《すいへい》に伸《の》ばす。左《ひだり》ハンドル車《しゃ》の場合《ばあい》は、左腕《ひだりうで》を車《くるま》の左側《ひだりがわ》の外《そと》に出《だ》してひじを垂直《すいちょく》に上《うえ》に曲《ま》げる。

【問《とい》72】 □□
火災報知機《かさいほうちき》から3メートル離《はな》れていれば車《くるま》を駐車《ちゅうしゃ》させてもよい。

【問《とい》73】 □□
対向車《たいこうしゃ》に進路《しんろ》をゆずってもらったときには、感謝《かんしゃ》の意味《いみ》を込《こ》めて軽《かる》く警音器《けいおんき》を鳴《な》らしあいさつする。

【問《とい》74】 □□
運転《うんてん》するときは免許証《めんきょしょう》を携帯《けいたい》していれば、特《とく》に自動車検査証《じどうしゃけんさしょう》や保《ほ》険証明書《けんしょうめいしょ》は携帯《けいたい》しなくてもよい。

【問《とい》75】 □□
左右《さゆう》の見通《みとお》しのきかない交差点《こうさてん》を通過《つうか》するときには、どんな場合《ばあい》でも必《かなら》ず徐行《じょこう》しなければならない。

【問《とい》76】 □□
車《くるま》を運転《うんてん》するときに下駄《げた》やハイヒールなど、運転《うんてん》の妨《さまた》げになるはきものをはいて運転《うんてん》してはならない。

【問《とい》77】 □□
交通量《こうつうりょう》の少《すく》ない道路《どうろ》の曲《ま》がり角付近《かどふきん》では、20キロメートル毎時以《まいじい》下《か》に減速《げんそく》すれば徐行《じょこう》しなくてもよい。

【問《とい》78】 □□
無免許《むめんきょ》の人《ひと》に自動車《じどうしゃ》を貸《か》したときに事故《じこ》を起《お》こされたが、貸《か》した人《ひと》には責任《せきにん》はない。

【問《とい》79】 □□
図《ず》8の標識《ひょうしき》は、横断歩道《おうだんほどう》と自転車横断帯《じてんしゃおうだんたい》があることを表《あらわ》している。

図《ず》8

【問《とい》80】 □□
横断歩道《おうだんほどう》や自転車横断帯《じてんしゃおうだんたい》の手前《てまえ》では、歩行者《ほこうしゃ》や自転車《じてんしゃ》がいるいないに関係《かんけい》なく徐行《じょこう》しなければならない。

【問《とい》81】 □□
自転車《じてんしゃ》および歩行者専用道路《ほこうしゃせんようどうろ》では、一般《いっぱん》の車《くるま》は通行《つうこう》できないが、原動機付自転車《げんどうきつきじてんしゃ》や小型特殊自動車《こがたとくしゅじどうしゃ》なら通行《つうこう》できる。

【問《とい》82】 □□
原動機付自転車《げんどうきつきじてんしゃ》で走行中《そうこうちゅう》に、荷物《にもつ》の積卸《つみおろ》しをしている貨物車《かもつしゃ》がいるときは、安全《あんぜん》を確認《かくにん》できたら貨物車《かもつしゃ》の前《まえ》を横切《よこぎ》って前《まえ》に出《で》てもよい。

問《とい》72 ○		火災報知機《かさいほうちき》から1メートル以内《いない》の場所《ばしょ》は駐車禁止《ちゅうしゃきんし》である。
問《とい》73 ×	頻《ひん》出《しゅつ》	警音器《けいおんき》は、危険防止《きけんぼうし》のときや標識《ひょうしき》で指定《してい》された場所以外《ばしょいがい》で鳴《な》らしてはならない。
問《とい》74 ×		自動車検査証《じどうしゃけんさしょう》や保険証明書《ほけんしょうめいしょ》などはつねに自動車《じどうしゃ》に備《そな》えておく。
問《とい》75 ×	重《じゅう》要《よう》	交通整理《こうつうせいり》が行《おこな》われている場合《ばあい》や優先道路《ゆうせんどうろ》を通行《つうこう》しているときは、徐行《じょこう》の規定《きてい》はない。右左折《うさせつ》などは徐行《じょこう》する。
問《とい》76 ○		下駄《げた》やハイヒールなどをはいて運転《うんてん》してはならない。
問《とい》77 ×	ひっかけ	道路《どうろ》の曲《ま》がり角付近《かどふきん》では徐行《じょこう》しなければならない。
問《とい》78 ×	頻《ひん》出《しゅつ》	無免許《むめんきょ》とわかっていて車《くるま》を貸《か》せば、事故《じこ》を起《お》こされたとき貸《か》した人《ひと》にも責任《せきにん》が生《しょう》じる。
問《とい》79 ○		問題《もんだい》の標識《ひょうしき》は「横断歩道《おうだんほどう》・自転車横断帯《じてんしゃおうだんたい》」を表示《ひょうじ》している。
問《とい》80 ×		横断歩道《おうだんほどう》や自転車横断帯《じてんしゃおうだんたい》の手前《てまえ》であきらかに歩行者《ほこうしゃ》や自転車《じてんしゃ》がいない場合《ばあい》には、そのまま通行《つうこう》してよい。
問《とい》81 ×	頻《ひん》出《しゅつ》	原則《げんそく》として自動車《じどうしゃ》や原動機付自転車《げんどうきつきじてんしゃ》は、自転車《じてんしゃ》および歩行者専用道路《ほこうしゃせんようどうろ》を通行《つうこう》できない。
問《とい》82 ○	重《じゅう》要《よう》	信号《しんごう》などや危険防止《きけんぼうし》のため停止《ていし》している車《くるま》の前《まえ》を横切《よこぎ》ることは禁止《きんし》されているが、駐車《ちゅうしゃ》や停車《ていしゃ》をしている車《くるま》については安全《あんぜん》を確認《かくにん》して行《おこな》うことができる。

【問《とい》83】 □□
車《くるま》を運転《うんてん》するときには、ハンドルに両手《りょうて》をかけたとき、ひじがまっすぐ伸《の》びた状態《じょうたい》にするのがよい。

【問《とい》84】 □□
霧《きり》で視界《しかい》のきわめて悪《わる》いときには、中央線《ちゅうおうせん》やガードレール、前《まえ》の車《くるま》の尾灯《びとう》などを目安《めやす》にし、速度《そくど》を落《お》として運転《うんてん》しなければならない。

【問《とい》85】 □□
故障車《こしょうしゃ》をロープでけん引《いん》するときは、ロープに30センチメートル平方以上《へいほういじょう》の白《しろ》い布《ぬの》をつける。

【問《とい》86】 □□
一方通行《いっぽうつうこう》の道路《どうろ》で後方《こうほう》から緊急自動車《きんきゅうじどうしゃ》が近《ちか》づいてきたときは、どんな場合《ばあい》でも道路《どうろ》の左側《ひだりがわ》に寄《よ》って進路《しんろ》をゆずる。

【問《とい》87】 □□
図《ず》9の標識《ひょうしき》のある交差点《こうさてん》では自動車《じどうしゃ》は矢印以《やじるしい》外《がい》の方向《ほうこう》への進入《しんにゅう》が禁止《きんし》されている。

図《ず》9

【問《とい》88】 □□
渋滞中《じゅうたいちゅう》でゆっくり走《はし》っている場合《ばあい》には、携帯《けいたい》電話《でんわ》で通話《つうわ》しても違反《いはん》ではない。

【問《とい》89】 □□
原動機付自転車《げんどうきつきじてんしゃ》でぬかるみや砂利道《じゃりみち》を通行《つうこう》するときは、低速《ていそく》ギアなどを使《つか》い、速度《そくど》を落《お》として通行《つうこう》する。

【問《とい》90】 □□
高速道路《こうそくどうろ》では、昼間《ひるま》であっても200メートル先《さき》が見《み》えないようなときは灯火《とうか》をつけなければならない。

問《とい》83 ×
車《くるま》を運転《うんてん》するときには、ハンドルに両手《りょうて》をかけたとき、ひじがわずかに曲《ま》がるようにする。

問《とい》84 ○ 頻出《ひんしゅつ》
霧《きり》のときには、中央線《ちゅうおうせん》やガードレール、前《まえ》の車《くるま》の尾灯《びとう》などを目安《めやす》にし、速度《そくど》を落《お》として運転《うんてん》しなければならない。

問《とい》85 ○
ロープでけん引《いん》するときは、ロープの中央《ちゅうおう》に白《しろ》い布《ぬの》（30センチメートル平方《へいほう》以上《いじょう》）をつけなければならない。

問《とい》86 × ひっかけ
一方通行《いっぽうつうこう》の道路《どうろ》で左側《ひだりがわ》に寄《よ》ると、かえって緊急自動車《きんきゅうじどうしゃ》の妨《さまた》げとなるようなときは、右側《みぎがわ》に寄《よ》らなければならない。

問《とい》87 ○
問題《もんだい》の標識《ひょうしき》は「指定方向外進行禁止《していほうこうがいしんこうきんし》」（左斜《ひだりなな》めの道路《どうろ》へ左折禁止《させつきんし》）を表示《ひょうじ》している。

問《とい》88 × 頻出《ひんしゅつ》
ゆっくりであっても走行中《そうこうちゅう》に携帯電話《けいたいでんわ》を使用《しよう》することは禁止《きんし》されている。

問《とい》89 ○
二輪車《にりんしゃ》※でぬかるみや砂利道《じゃりみち》を通行《つうこう》するときは、低速《ていそく》ギアなどを使《つか》って速度《そくど》を落《お》として通行《つうこう》する。

問《とい》90 ○ 頻出《ひんしゅつ》
高速道路《こうそくどうろ》では、昼間《ひるま》でもトンネルの中《なか》や濃《こ》い霧《きり》の中《なか》などで200メートル先《さき》が見《み》えないような場所《ばしょ》を通行《つうこう》するときは灯火《とうか》をつける。

※ 二輪車《にりんしゃ》とは大型自動二輪車《おおがたじどうにりんしゃ》、普通自動二輪車《ふつうじどうにりんしゃ》および原動機付自転車《げんどうきつきじてんしゃ》のことをいう

【問《とい》91】 40km/hで進行《しんこう》しています。交差点《こうさてん》を直進《ちょくしん》するときはどのようなことに注意《ちゅうい》して運転《うんてん》しますか？

（1）□□
（2）□□
（3）□□

(1) 対向車《たいこうしゃ》が先《さき》に右折《うせつ》を始《はじ》めるかもしれないので、車《くるま》の動《うご》きに気《き》をつけながら進行《しんこう》する。

(2) 左側《ひだりがわ》の車《くるま》は対向車《たいこうしゃ》の右折《うせつ》の合図《あいず》を見《み》てそのまま交差点《こうさてん》を通過《つうか》しようとするかもしれないので、後続車《こうぞくしゃ》にも注意《ちゅうい》しながら速度《そくど》を落《お》として進行《しんこう》する。

(3) 優先道路《ゆうせんどうろ》を走《はし》っている自分《じぶん》の車《くるま》に優先権《ゆうせんけん》があるから、左側《ひだりがわ》の車《くるま》や対向《たいこう》の右折車《うせつしゃ》は停止《ていし》すると思《おも》われるので、やや加速《かそく》して進行《しんこう》する。

【問《とい》92】 40km/hで進行《しんこう》しています。対向車線《たいこうしゃせん》に止《と》まっている車《くるま》の後《うし》ろからバスが近《ちか》づいてきたときは、どのようなことに注意《ちゅうい》して運転《うんてん》しますか？

（1）□□
（2）□□
（3）□□

(1) バスが中央線《ちゅうおうせん》をはみ出《だ》してくるかもしれないので、はみ出《だ》してこないように中央線寄《ちゅうおうせんよ》りを進行《しんこう》する。

(2) バスよりも自分《じぶん》の車《くるま》に優先権《ゆうせんけん》があるため、バスは駐車車両《ちゅうしゃしゃりょう》の手前《てまえ》で停止《ていし》すると思《おも》われるので、待《ま》たせないよう加速《かそく》して通過《つうか》する。

(3) 止《と》まっている車《くるま》のかげから歩行者《ほこうしゃ》が出《で》てくるかもしれないので、十分《じゅうぶん》に注意《ちゅうい》し、速度《そくど》を落《お》として進行《しんこう》する。

問《とい》91

(1) ○

(2) ○

(3) ×

●対向《たいこう》する右折車《うせつしゃ》は、自分《じぶん》の車《くるま》が交差点《こうさてん》の近《ちか》くまできていても、右折《うせつ》を始《はじ》めるかもしれない。また、自分《じぶん》の車《くるま》が進行《しんこう》している道路《どうろ》は、中央線《ちゅうおうせん》が設《もう》けられている優先道路《ゆうせんどうろ》なので、左側《ひだりがわ》の車《くるま》が停止《ていし》するはずと考《かんが》えて速度《そくど》を落《お》とさずに交差点《こうさてん》に進入《しんにゅう》すると、左側《ひだりがわ》の車《くるま》が止《と》まらずに交差点《こうさてん》に入《はい》ってくるかもしれない。そのため速度《そくど》を落《お》として交差点《こうさてん》に近《ちか》づく。

●見通《みとお》しがよい交差点《こうさてん》でも、出合《であ》い頭《がしら》の事故《じこ》は発生《はっせい》する。原因《げんいん》は、距離《きょり》や速度《そくど》の読《よ》み違《ちが》い、お互《たが》いに相手《あいて》が止《と》まってくれるだろうと思《おも》う気持《きも》ちにある。

自車《じしゃ》に優先権《ゆうせんけん》があっても左側《ひだりがわ》の車《くるま》や対向《たいこう》の右折車《うせつしゃ》は停止《ていし》しないかも知《し》れないので、速度《そくど》を落《お》として進行《しんこう》する。

問《とい》92

(1) ×

(2) ×

(3) ○

●対向《たいこう》のバスの運転者《うんてんしゃ》は、相手《あいて》の車《くるま》が止《と》まるだろうと考《かんが》えて道路《どうろ》の右側《みぎがわ》にはみ出《だ》してくるかもしれない。優先権《ゆうせんけん》があるからと、そのまま進行《しんこう》すると正面衝突《しょうめんしょうとつ》をするおそれがあるため、あらかじめ速度《そくど》を落《お》とし、対向《たいこう》のバスの動《うご》きに注意《ちゅうい》する。

●止《と》まっている車《くるま》のかげから歩行者《ほこうしゃ》などが飛《と》び出《だ》してくるかもしれない。車《くるま》のかげの様子《ようす》やバスの動《うご》きに気《き》をつけながら減速《げんそく》して通過《つうか》する。

停止中《ていしちゅう》の車《くるま》のかげの様子《ようす》やバスの動《うご》きに注意《ちゅうい》し、減速《げんそく》して運転《うんてん》する。

【問《とい》93】 夜間《やかん》、道路照明《どうろしょうめい》のない住宅街《じゅうたくがい》を20km/hで進行《しんこう》しています。どのようなことに注意《ちゅうい》して運転《うんてん》しますか？

(1) □□ (1) 路地《ろじ》から人《ひと》や車《くるま》が飛《と》び出《だ》してくるかもしれないので、速度《そくど》を落《お》として十分注意《じゅうぶんちゅうい》しながら進行《しんこう》する。

(2) □□ (2) 見通《みとお》しの悪《わる》い交差点《こうさてん》があるので、前照灯《ぜんしょうとう》を上向《うわむ》きにして速度《そくど》を上《あ》げて進行《しんこう》する。

(3) □□ (3) 夜間《やかん》は視界《しかい》が悪《わる》く、道路《どうろ》を通行《つうこう》している歩行者《ほこうしゃ》や無灯火《むとうか》で走《はし》る自転車《じてんしゃ》などの発見《はっけん》が遅《おく》れがちになるので、十分注意《じゅうぶんちゅうい》する。

【問《とい》94】 住宅街《じゅうたくがい》を20km/hで進行《しんこう》しています。歩行者《ほこうしゃ》や自転車《じてんしゃ》がいる狭《せま》い道《どう》路《ろ》を通《とお》るとき、どのようなことに注意《ちゅうい》して運転《うんてん》しますか？

(1) □□ (1) 道路《どうろ》の幅《はば》が狭《せま》く、歩行者《ほこうしゃ》や自転車《じてんしゃ》との間《あいだ》に安全《あんぜん》な間隔《かんかく》をあけることができないと思《おも》われるので、徐行《じょこう》して進行《しんこう》した。

(2) □□ (2) あまりゆっくりと動《うご》いていると歩行者《ほこうしゃ》などの迷惑《めいわく》になると思《おも》われるので、歩行者《ほこうしゃ》などの横《よこ》を急《いそ》いで進行《しんこう》する。

(3) □□ (3) 自転車《じてんしゃ》はよけてくれると思《おも》われるので、そのままの速度《そくど》で自転《じてん》車《しゃ》のそばを進行《しんこう》する。

問《とい》93

(1) ○

(2) ×

(3) ○

● 夜間《やかん》、道路照明《どうろしょうめい》のない道路《どうろ》では、車《くるま》の前照灯《ぜんしょうとう》で照《て》らすところ以外《いがい》はよく見《み》えない。黒《くろ》っぽい服装《ふくそう》の歩行者《ほこうしゃ》や無灯《むとう》の自転車《じてんしゃ》などが通行《つうこう》することも考《かんが》えられるので、速度《そくど》を落《お》として進行《しんこう》する。

● 交差点《こうさてん》の手前《てまえ》では前照灯《ぜんしょうとう》を上向《うわむ》きに切《き》り替《か》えるか、点滅《てんめつ》してほかの車《くるま》や歩行者《ほこうしゃ》、自転車《じてんしゃ》に自分《じぶん》の車《くるま》が接近《せっきん》していることを知《し》らせる。その場合《ばあい》も速度《そくど》を落《お》とす。

交差点《こうさてん》の手前《てまえ》では前照灯《ぜんしょうとう》を上向《うわむ》きにするか、点滅《てんめつ》し、速度《そくど》を落《お》として進行《しんこう》する。

問《とい》94

(1) ○

(2) ×

(3) ×

● 歩道《ほどう》と車道《しゃどう》の区別《くべつ》のない狭《せま》い道路《どうろ》を通行《つうこう》するときには、歩行者《ほこうしゃ》や自転車《じてんしゃ》などに注意《ちゅうい》しなければならない。少《すこ》しでも危険《きけん》を感《かん》じたら徐行《じょこう》するなどして、自転車《じてんしゃ》などを安全《あんぜん》に通行《つうこう》させることが大切《たいせつ》。この場合《ばあい》、当然《とうぜん》、歩行者《ほこうしゃ》や自転車《じてんしゃ》のそばを通行《つうこう》するから、歩行者《ほこうしゃ》や自転車《じてんしゃ》との間《あいだ》に安全《あんぜん》な間隔《かんかく》をあけられないようであれば、徐行《じょこう》しなければならない。

道路《どうろ》の幅《はば》が狭《せま》く、歩行者《ほこうしゃ》や自転車《じてんしゃ》との間《あいだ》に安全《あんぜん》な間隔《かんかく》があけられないので、徐行《じょこう》して進行《しんこう》する。

【問《とい》95】 80km/hで高速道路《こうそくどうろ》を走行中《そうこうちゅう》、前車《ぜんしゃ》が非常点滅表示灯《ひじょうてんめつひょうじとう》をつけました。どのようなことに注意《ちゅうい》して運転《うんてん》しますか？

（1） □□
(1) 前車《ぜんしゃ》が急《きゅう》ブレーキをかけると追突《ついとつ》するかもしれないので、事前《じぜん》に急《きゅう》ブレーキを踏《ふ》んで車間距離《しゃかんきょり》をとるようにする。

（2） □□
(2) 前車《ぜんしゃ》は故障《こしょう》などの理由《りゆう》により左《ひだり》に寄《よ》って停止《ていし》すると思《おも》われるので、素早《すばや》く追越《おいこ》し車線《しゃせん》に進路《しんろ》を変更《へんこう》する。

（3） □□
(3) 急《きゅう》ブレーキを踏《ふ》むと後続車《こうぞくしゃ》に追突《ついとつ》されるかもしれないので、非常点滅表示灯《ひじょうてんめつひょうじとう》をつけるとともにブレーキを数回《すうかい》に分《わ》けて踏《ふ》み、後続車《こうぞくしゃ》に注意《ちゅうい》を促《うなが》す。

問《とい》95

（1）
×

（2）
×

（3）
○

●車同士《くるまどうし》のコミュニケーション手段《しゅだん》として、いろいろな合図《あいず》が使《つか》われているが、これらの合図《あいず》は一般的《いっぱんてき》ではなく、誰《だれ》にでも正《ただ》しく伝《つた》わるとは限《かぎ》らないので注意《ちゅうい》が必要《ひつよう》である。

●この場合《ばあい》は、前方《ぜんぽう》が渋滞《じゅうたい》しているため減速《げんそく》するという意味《いみ》で非常点《ひじょうてん》滅表示灯《めつひょうじとう》が使《つか》われているので、自車《じしゃ》も非常点滅表示灯《ひじょうてんめつひょうじとう》をつけるとともにブレーキを数回《すうかい》に分《わ》けて踏《ふ》み、後続車《こうぞくしゃ》に注意《ちゅうい》を促《うなが》す。

前方《ぜんぽう》の交通渋滞《こうつうじゅうたい》のため非常点滅表示灯《ひじょうてんめつひょうじとう》をつけ、ブレーキを数回《すうかい》に分《わ》けて踏《ふ》み、後続車《こうぞくしゃ》に注意《ちゅうい》を促《うなが》す。

■第《だい》3回実力養成《かいじつりょくようせい》テスト■ 攻略《こうりゃく》ポイントはココ！

悪天候《あくてんこう》のときには速度《そくど》を落《お》とし慎重《しんちょう》に運転《うんてん》しよう

問《とい》23、53、64、68、84、89は、「天候《てんこう》の悪《わる》い日《ひ》の運転方法《うんてんほうほう》」に関《かん》する問《もん》題《だい》。悪天候時《あくてんこうじ》の運転《うんてん》は試験《しけん》に多《おお》く出題《しゅつだい》されるので、雨《あめ》の日《ひ》の運転《うんてん》、雪道《ゆきみち》での運転《うんてん》、霧《きり》のときの運転《うんてん》についてしっかり覚《おぼ》えておこう。特《とく》に「雨《あめ》の日《ひ》の運転《うんてん》」では晴《は》れの日《ひ》との制動距離《せいどうきょり》の違《ちが》い、視界《しかい》の悪《わる》さなどを考《かんが》えて解答《かいとう》するようにする。

道路《どうろ》の左側部分通行《ひだりがわぶぶんつうこう》の原則《げんそく》を知《し》っておこう

問《とい》4、10、43は、「左側通行《ひだりがわつうこう》」に関《かん》する問題《もんだい》。車《くるま》は標識や標示で指定《してい》されていないかぎり原則《げんそく》として中央線《ちゅうおうせん》から左《ひだり》の部分《ぶぶん》を通行《つうこう》することになっている。ただし、原則《げんそく》には必《かなら》ず例外《れいがい》がある。車《くるま》が駐停車《ちゅうていしゃ》していたり道路工事《どうろこうじ》のため左側部分《ひだりがわぶぶん》だけでは通行《つうこう》できないときがあるので、「原則《げんそく》」とある場合《ばあい》は柔軟《じゅうなん》に対応《たいおう》する。

第《だい》4回《かい》 実力養成《じつりょくようせい》テスト

■制限時間《せいげんじかん》／50分《ぶん》
■合格《ごうかく》ライン／90点《てん》
・問《とい》1～問《とい》90は、各《かく》1点《てん》
・問《とい》91～問《とい》95は、各《かく》2点《てん》

●次《つぎ》の問題《もんだい》で正《ただ》しいと思《おも》うものは「○」、誤《あやま》っていると思《おも》うものは「×」と答《こた》えなさい。

【問《とい》1】 同《おな》じ速度《そくど》でカーブを通過《つうか》する場合《ばあい》、カーブの半径《はんけい》が小《ち》さくなればなるほど、遠心力《えんしんりょく》は強《つよ》く作用《さよう》する。

【問《とい》2】 普通貨物自動車《ふつうかもつじどうしゃ》に荷物《にもつ》を積《つ》む場合《ばあい》、積《つ》み荷《に》は車体《しゃたい》の幅《はば》を超《こ》えてはいけない。

【問《とい》3】 沿道《えんどう》に車庫《しゃこ》がある車《くるま》でも警察署長《けいさつしょちょう》の許可《きょか》を受《う》けた車以外《くるまいがい》は歩行者用道路《ほこうしゃようどうろ》を通行《つうこう》することができない。

【問《とい》4】 坂道《さかみち》にやむを得《え》ず駐車《ちゅうしゃ》する場合《ばあい》、縁石《えんせき》や溝《みぞ》があるときは、上《のぼ》り坂《ざか》ではハンドルを左《ひだり》に、下《くだ》り坂《ざか》では右《みぎ》に切《き》っておく。

【問《とい》5】 大地震《だいじしん》が発生《はっせい》したときは、車《くるま》で避難《ひなん》すると大混乱《だいこんらん》を引《ひ》き起《お》こし、道路《どうろ》をふさぐだけでなく、車火災《くるまかさい》を起《お》こす危険《きけん》もあるので、絶対《ぜったい》に車《くるま》で避難《ひなん》してはならない。

【問《とい》6】 後輪《こうりん》が、左《ひだり》のほうへ横《よこ》すべりを始《はじ》めたときは、ハンドルを左《ひだり》に切《き》って、車《くるま》の向《む》きを立《た》て直《なお》すとよい。

【問《とい》7】 自動車《じどうしゃ》（二輪《にりん》のものは除《のぞ》く）は、歩道《ほどう》も路側帯《ろそくたい》もない道路《どうろ》を通行《つうこう》するときは、その車輪《しゃりん》が路肩《ろかた》（路端《ろたん》から0.5メートル以内《いない》の部分《ぶぶん》）にはみ出《だ》して通行《つうこう》してはならない。

【問《とい》8】 運転免許証《うんてんめんきょしょう》を忘《わす》れて自動車《じどうしゃ》を運転《うんてん》した場合《ばあい》には、無免許運転《むめんきょうんてん》ではなく、免許証《めんきょしょう》の不携帯違反《ふけいたいいはん》になる。

図《ず》1

【問《とい》9】 図《ず》1の標識《ひょうしき》のある道路《どうろ》は舗装《ほそう》されていないため危険《きけん》であることを表《あらわ》している。

解答《かいとう》と解説《かいせつ》

自己採点《じこさいてん》	
1回目《かいめ》	2回目《かいめ》

問《とい》1 ○ 頻《ひん》出《しゅつ》

遠心力《えんしんりょく》はカーブの半径《はんけい》が小《ちい》さいほど大《おお》きくなり、速度《そくど》の2乗《じょう》に比例《ひれい》して大《おお》きくなる。

問《とい》2 × 重《じゅう》要《よう》

普通《ふつう》貨物《かもつ》自動車《じどうしゃ》に荷物《にもつ》を積《つ》む場合《ばあい》、自動車《じどうしゃ》の幅《はば》×1.2 メートル以下《いか》なら荷物《にもつ》を積《つ》むことができる（ただし、車体《しゃたい》の左右《さゆう》0.1 倍《ばい》まで）。

問《とい》3 ○

沿道《えんどう》に車庫《しゃこ》を持《も》つ車《くるま》は警察署長《けいさつしょちょう》の許可《きょか》を受《う》ければ歩行者用道路《ほこうしゃようどうろ》を通行《つうこう》することができる。

問《とい》4 × 頻《ひん》出《しゅつ》

坂道《さかみち》での駐車《ちゅうしゃ》は上《のぼ》り坂《ざか》ではハンドルを右《みぎ》に、下《くだ》り坂《ざか》ではハンドルを左《ひだり》に切《き》っておき、万《まん》が一車《いちくるま》が動《うご》き出《だ》しても縁石《えんせき》や溝《みぞ》で車輪《しゃりん》が止《と》まるようにして駐車《ちゅうしゃ》させておく。

問《とい》5 ○

避難《ひなん》のために車《くるま》を使用《しよう》してはならない。ただし、津波《つなみ》から避難《ひなん》する場《ば》合《あい》を除《のぞ》く。

問《とい》6 ○ ひっかけ

後輪《こうりん》が左《ひだり》にすべったときは、車《くるま》は右《みぎ》に向《む》くので、ハンドルを左《ひだり》に切《き》って車《くるま》の向《お》きを立《た》て直《なお》す。

問《とい》7 ○ 重《じゅう》要《よう》

歩道《ほどう》や路側帯《ろそくたい》のない道路《どうろ》を通行《つうこう》するときは、路肩《ろかた》にはみ出《だ》して通行《つうこう》することはできない。

問《とい》8 ○ 頻《ひん》出《しゅつ》

運転免許証《うんてんめんきょしょう》を所持《しょじ》せずに運転《うんてん》した場合《ばあい》には、免許証《めんきょしょう》の不携帯違反《ふけいたいいはん》になる。

問《とい》9 ×

問題《もんだい》の標識《ひょうしき》は「すべりやすい」を表示《ひょうじ》しているので、注意《ちゅうい》して運転《うんてん》をする。

頻《ひん》出《しゅつ》……試験《しけん》によく出《で》る問題《もんだい》　ひっかけ……ひっかけ問題《もんだい》　重《じゅう》要《よう》……理解《りかい》しておきたい問題《もんだい》

【問《とい》10】 □□
乗車定員《じょうしゃていいん》30人《にん》の自動車《じどうしゃ》は、大型乗用自動車《おおがたじょうようじどうしゃ》であるが、乗車定員《じょうしゃていいん》15人《にん》のマイクロバスは、普通乗用自動車《ふつうじょうようじどうしゃ》である。

【問《とい》11】 □□
優先道路《ゆうせんどうろ》に入《はい》ろうとする場合《ばあい》は、交差点《こうさてん》の直前《ちょくぜん》で一時停止《いちじていし》して、優先道路《ゆうせんどうろ》を通行《つうこう》している車《くるま》の進行《しんこう》を妨《さまた》げてはならない。

【問《とい》12】 □□
オートマチック車《しゃ》で上《のぼ》り坂《ざか》の途中《とちゅう》で駐車《ちゅうしゃ》するときは、チェンジレバーをR（リバース）に入《い》れておくとよい。

【問《とい》13】 □□
マニュアル車《しゃ》が高速道路《こうそくどうろ》の本線車道《ほんせんしゃどう》でブレーキをかけるときは、クラッチペダルを踏《ふ》んでからブレーキペダルを踏《ふ》む。

【問《とい》14】 □□
道路《どうろ》に引《ひ》いてある中央線《ちゅうおうせん》は、必《かなら》ずしも道路《どうろ》の中央《ちゅうおう》に引《ひ》かれているとは限《かぎ》らない。

【問《とい》15】 □□
原動機付自転車《げんどうきつきじてんしゃ》でカーブを曲《ま》がるときは、ハンドルを切《き》るというよりも、車体《しゃたい》を傾《かたむ》けて自然《しぜん》に曲《ま》がるようにする。

【問《とい》16】 □□
ぬかるみや水《みず》たまりを通行《つうこう》するときは、泥土《でいど》や汚水《おすい》を飛散《ひさん》させて歩行者《ほこうしゃ》などに迷惑《めいわく》をかけるような運転《うんてん》をしてはならない。

【問《とい》17】 □□
ＡＴ車限定《しゃげんてい》の普通免許《ふつうめんきょ》では、普通自動車《ふつうじどうしゃ》のうちのオートマチック車《しゃ》だけ運転《うんてん》することができ、小型特殊自動車《こがたとくしゅじどうしゃ》や原動機付自転車《げんどうきつきじてんしゃ》を運転《うんてん》することはできない。

【問《とい》18】 □□
図《ず》２の標示《ひょうじ》のある道路《どうろ》では合流《ごうりゅう》する前方《ぜんぽう》の本線車道《ほんせんしゃどう》が優先道路《ゆうせんどうろ》であることを表《あらわ》している。

図《ず》2

【問《とい》19】 □□
時間制限駐車区間《じかんせいげんちゅうしゃくかん》の標識《ひょうしき》のある場所《ばしょ》で、パーキングチケットの発給《はっきゅう》を受《う》けて駐車《ちゅうしゃ》するときであっても、標識《ひょうしき》に表示《ひょうじ》された時間《じかん》を超《こ》えて駐車《ちゅうしゃ》することはできない。

問《とい》10 ×
ひっかけ
乗車定員《じょうしゃていいん》10人以下《にんいか》は普通乗用自動車《ふつうじょうようじどうしゃ》、11人以上《にんいじょう》29人以下《にんいか》は中型乗《ちゅうがたじょう》用自動車《ようじどうしゃ》、30人以上《にんいじょう》は大型乗用自動車《おおがたじょうようじどうしゃ》である。

問《とい》11 ×
頻出《ひんしゅつ》
優先道路《ゆうせんどうろ》に入《はい》るときは徐行《じょこう》して、優先道路《ゆうせんどうろ》を通行《つうこう》している車《くるま》の進行《しんこう》を妨《さまた》げてはならない。一時停止《いちじていし》の規定《きてい》はない。

問《とい》12 ×
オートマチック車《しゃ》で駐車《ちゅうしゃ》するときには、どのようなときでもチェンジレバーをP（パーキング）に入《い》れておく。

問《とい》13 ×
重要《じゅうよう》
マニュアル車《しゃ》でブレーキをかけるときには、クラッチペダルを踏《ふ》まずにアクセルを戻《もど》し、エンジンブレーキをきかせながらブレーキペダルを踏《ふ》む。停止《ていし》する直前《ちょくぜん》にクラッチペダルを踏《ふ》み、エンストを防《ふせ》ぐ。

問《とい》14 ○
頻出《ひんしゅつ》
中央線《ちゅうおうせん》は交通状況《こうつうじょうきょう》により、必《かなら》ずしも道路《どうろ》の中央《ちゅうおう》に引《ひ》かれているとは限《かぎ》らない。

問《とい》15 ○
頻出《ひんしゅつ》
カーブを曲《ま》がるときは、ハンドルを切《き》るのではなく、車体《しゃたい》を傾《かたむ》けることによって自然《しぜん》に曲《ま》がる要領《ようりょう》で行《おこな》う。

問《とい》16 ○
ぬかるみや水《みず》たまりのあるところでは、泥《どろ》や水《みず》をはねて他人《たにん》に迷惑《めいわく》をかけないように徐行《じょこう》するなど注意《ちゅうい》して通《とお》らなければならない。

問《とい》17 ×
頻出《ひんしゅつ》
ＡＴ車限定普通免許《しゃげんていふつうめんきょ》を受《う》けると、普通自動車《ふつうじどうしゃ》のオートマチック車《しゃ》のほか、小型特殊自動車《こがたとくしゅじどうしゃ》と原動機付自転車《げんどうきつきじてんしゃ》が運転《うんてん》できる。

問《とい》10 ○
問題《もんだい》の標示《ひょうじ》は「優先本線車道《ゆうせんほんせんしゃどう》」を表示《ひょうじ》しているので、合流《ごうりゅう》する前方《ぜんぽう》の本線車道《ほんせんしゃどう》が優先道路《ゆうせんどうろ》であることを表《あらわ》している。

問《とい》19 ○
重要《じゅうよう》
時間制限駐車区間《じかんせいげんちゅうしゃくかん》の標識《ひょうしき》のある場所《ばしょ》では、標識《ひょうしき》に表示《ひょうじ》された時間《じかん》を超《こ》えて駐車《ちゅうしゃ》することはできない。

【問《とい》20】 □□
車《くるま》は、路面電車《ろめんでんしゃ》の運行時間終了後《うんこうじかんしゅうりょうご》ならば、軌道敷内《きどうしきない》に駐車《ちゅうしゃ》も停車《ていしゃ》もすることができる。

【問《とい》21】 □□
進路《しんろ》の前方《ぜんぽう》を、こどもがひとり歩《ある》きをしているときは、警音器《けいおんき》を鳴《な》らして注意《ちゅうい》を与《あた》え、早《はや》くその横《よこ》を通過《つうか》したほうがよい。

【問《とい》22】 □□
踏切《ふみきり》のしゃ断機《だんき》が降《お》り始《はじ》めても、すぐには列車《れっしゃ》はこないので、左《さ》右《ゆう》の安全《あんぜん》を確認《かくにん》して急《いそ》いで通過《つうか》すればよい。

【問《とい》23】 □□
交通量《こうつうりょう》の多《おお》い市街地《しがいち》の一般道路《いっぱんどうろ》を通行《つうこう》するときは、運転者《うんてんしゃ》も同乗《どうじょう》者《しゃ》も、シートベルトは締《し》めなくてもよい。

【問《とい》24】 □□
軌道敷内《きどうしきない》の通行《つうこう》が認《みと》められている車《くるま》でも、後方《こうほう》から路面電車《ろめんでんしゃ》が接《せっ》近《きん》してきたときは、軌道敷内《きどうしきない》から出《で》るか、路面電車《ろめんでんしゃ》から離《はな》れて十《じゅう》分《ぶん》な距離《きょり》を保《たも》たなければならない。

【問《とい》25】 □□
ブレーキペダルを踏《ふ》み込《こ》んだときに、スポンジを踏《ふ》んだような柔《やわ》らかい感《かん》じがするときはブレーキは良好《りょうこう》である。

【問《とい》26】 □□
車《くるま》は、優先道路《ゆうせんどうろ》でない道路《どうろ》の交差点《こうさてん》であっても、安全《あんぜん》が確認《かくにん》できれば、他《ほか》の自動車《じどうしゃ》や原動機付自転車《げんどうきつきじてんしゃ》を追《お》い越《こ》してもよい。

【問《とい》27】 □□
環状交差点《かんじょうこうさてん》に入《はい》るときは、交差点内《こうさてんない》を通行《つうこう》する車《くるま》や、歩行者《ほこうしゃ》に注《ちゅう》意《い》する。

【問《とい》28】 □□
交差点《こうさてん》で進行方向《しんこうほうこう》が指定《してい》されているところでは、交通《こうつう》が混雑《こんざつ》していてもそれに従《したが》わなければならない。

【問《とい》29】 □□
交差点《こうさてん》の手前《てまえ》に、一時停止《いちじていし》の標識《ひょうしき》が設《もう》けられていても、左右《さゆう》の見《み》通《とお》しがきいて安全《あんぜん》が確認《かくにん》できるときは、徐行《じょこう》して進行《しんこう》することができる。

問《とい》20 ×　ひっかけ

軌道敷内《きどうしきない》は、路面電車《ろめんでんしゃ》の運転中《うんてんちゅう》、運転時間外《うんてんじかんがい》に関係《かんけい》なく、駐停車《ちゅうていしゃ》が禁《きん》止《し》されている。

問《とい》21 ×　頻《ひん》出《しゅつ》

こどもがひとり歩《ある》きしているときは、警音器《けいおんき》は鳴《な》らさずに一時停止《いちじていし》か徐行《じょこう》して、こどもが安全《あんぜん》に通行《つうこう》できるようにする。

問《とい》22 ×

踏切《ふみきり》のしゃ断機《だんき》が作動《さどう》しているときは、踏切《ふみきり》に入《はい》ってはならない。

問《とい》23 ×　頻《ひん》出《しゅつ》

シートベルトは、運転者《うんてんしゃ》も同乗者《どうじょうしゃ》も必《かなら》ず締《し》めなければならない。

問《とい》24 ○　頻《ひん》出《しゅつ》

軌道敷内《きどうしきない》を通行《つうこう》している車《くるま》は、後方《こうほう》から路面電車《ろめんでんしゃ》が近《ちか》づいてきたときは、路面電車《ろめんでんしゃ》の進行《しんこう》を妨《さまた》げないようにすみやかに軌道敷外《きどうしきがい》に出《で》るか、十分《じゅうぶん》な距離《きょり》を保《たも》たなければならない。

問《とい》25 ×

ブレーキペダルの踏《ふ》みごたえが柔《やわ》らかく感《かん》じるときは、ブレーキの液《えき》漏《も》れ、空気《くうき》の混入《こんにゅう》によるブレーキのききが不良《ふりょう》になるおそれがある。

問《とい》26 ×　重《じゅう》要《よう》

優先道路《ゆうせんどうろ》でない道路《どうろ》の交差点《こうさてん》とその手前《てまえ》から30メートル以内《いない》では、追越《おいこ》しをしてはならない。

問《とい》27 ×　ひっかけ

環状交差点内《かんじょうこうさてんない》を通行《つうこう》する車《くるま》が優先《ゆうせん》。また、歩行者《ほこうしゃ》にも注意《ちゅうい》し、それらの進行《しんこう》を妨《さまた》げるおそれがあるときは徐行《じょこう》や停止《ていし》をして進路《しんろ》を譲《ゆず》らなければならない。

問《とい》20 ○　頻《ひん》出《しゅつ》

交差点《こうさてん》で進行《しんこう》する方向《ほうこう》ごとに通行区分《つうこうくぶん》が指定《してい》されているときは、緊急《きんきゅう》自動車《じどうしゃ》が近《ちか》づいてきた場合《ばあい》や道路工事《どうろこうじ》などでやむを得《え》ない場合《ばあい》のほかは、指定《してい》された区分《くぶん》に従《したが》って通行《つうこう》しなければならない。

問《とい》29 ×　重《じゅう》要《よう》

手前《てまえ》に一時停止《いちじていし》の標識《ひょうしき》が設《もう》けられている交差点《こうさてん》に入《はい》るときは直前《ちょくぜん》で必《かなら》ず一時停止《いちじていし》して、安全《あんぜん》を確認《かくにん》した後《あと》でなければ進行《しんこう》してはならない。

【問《とい》30】 □□
原動機付自転車《げんどうきつきじてんしゃ》のエンジンを止《と》めて押《お》して歩《ある》いているときは、歩《ほ》行者《こうしゃ》として扱《あつか》われるので歩道《ほどう》などを通行《つうこう》することができる。

【問《とい》31】 □□
違法《いほう》に駐車《ちゅうしゃ》したために放置車両確認標章《ほうちしゃりょうかくにんひょうしょう》を取《と》り付《つ》けられたときは、運転者《うんてんしゃ》はその標章《ひょうしょう》を取《と》り除《のぞ》くことはできない。

【問《とい》32】 □□
交差点《こうさてん》の手前《てまえ》を通行中《つうこうちゅう》、後方《こうほう》から走行《そうこう》してくるパトロールカーが赤色《あかいろ》の警光灯《けいこうとう》をつけず、サイレンも鳴《な》らしていなかったので、そのまま交差点《こうさてん》を通行《つうこう》した。

【問《とい》33】 □□
道路工事《どうろこうじ》の区域《くいき》の端《はし》から４メートルの場所《ばしょ》に車《くるま》を止《と》め、運転者《うんてんしゃ》が車《くるま》から離《はな》れずに、５分以内《ふんいない》の荷物《にもつ》の積卸《つみおろ》しを行《おこな》った。

【問《とい》34】 □□
深《ふか》い水《みず》たまりを走行《そうこう》して、ブレーキライニングやブレーキドラムが水《みず》にぬれても、ブレーキのききには何《なに》も影響《えいきょう》はない。

【問《とい》35】 □□
運転中《うんてんちゅう》に後《うし》ろの車《くるま》が追《お》い越《こ》そうとしているときに、十分《じゅうぶん》な余地《よち》がないときは左側《ひだりがわ》に寄《よ》って進路《しんろ》をゆずらなければならない。

【問《とい》36】 □□
図《ず》３の標識《ひょうしき》のある道路《どうろ》は普通自動車《ふつうじどうしゃ》は通行《つうこう》できないが、原動機付自転車《げんどうきつきじてんしゃ》は通行《つうこう》できる。

図《ず》３

【問《とい》37】 □□
オートマチック車《しゃ》のエンジンを始動《しどう》するときは、チェンジレバーを必《かなら》ず「N（ニュートラル）」の位置《いち》に入《い》れスターターモーターを回《まわ》すようにする。

【問《とい》38】 □□
一時停止《いちじていし》の標識《ひょうしき》のある交差点《こうさてん》や信号機《しんごうき》のない踏切《ふみきり》の直前《ちょくぜん》で、安全《あんぜん》確認《かくにん》のため停止《ていし》している車《くるま》の横《よこ》を通過《つうか》して、その前方《ぜんぽう》に入《はい》ってはならない。

問《とい》30 頻《ひん》出《しゅつ》
○
二輪車《にりんしゃ》のエンジンを止《と》めて押《お》して歩《ある》いているときは、歩行者《ほこうしゃ》として扱《あつか》われる。

問《とい》31
×
放置車両確認標章《ほうちしゃりょうかくにんひょうしょう》は、その車《くるま》の使用者《しようしゃ》、運転者《うんてんしゃ》などはこの標章《ひょうしょう》を取《と》り除《のぞ》くことができる。

問《とい》32 頻《ひん》出《しゅつ》
○
緊急自動車《きんきゅうじどうしゃ》であっても原則《げんそく》としてサイレンを鳴《な》らさず、赤色《あかいろ》の警光灯《けいこうとう》をつけていなければ一般車《いっぱんしゃ》と同《おな》じ扱《あつか》いとなる。

問《とい》33 重《じゅう》要《よう》
○
道路工事《どうろこうじ》の区域《くいき》の端《はし》から5メートル以内《いない》の場所《ばしょ》は停車《ていしゃ》は禁止《きんし》されていないので、運転者《うんてんしゃ》が車《くるま》から離《はな》れずに、5分以内《ふんいない》の荷物《にもつ》の積卸《つみおろ》しをすることができる。

問《とい》34
×
ブレーキライニングやブレーキドラムが水《みず》にぬれると、摩擦《まさつ》がなくなってブレーキのききが悪《わる》くなる。

問《とい》35 頻《ひん》出《しゅつ》
○
追越《おいこ》しに十分《じゅうぶん》な余地《よち》のない場合《ばあい》は、できるだけ左《ひだり》に寄《よ》って進路《しんろ》をゆずらなければならない。

問《とい》36 重《じゅう》要《よう》
○
問題《もんだい》の標識《ひょうしき》は「二輪《にりん》の自動車以外《じどうしゃいがい》の自動車通行止《じどうしゃつうこうど》め」を表示《ひょうじ》しているので、自動二輪車《じどうにりんしゃ》や原動機付自転車《げんどうきつきじてんしゃ》は通行《つうこう》できるが、そのほかの自動《じどう》車《しゃ》は通行《つうこう》できない。

問《とい》37
×
N（ニュートラル）でもエンジンはかかるが、万《まん》が一《いち》の暴走《ぼうそう》を防《ふせ》ぐため、必《かなら》ずP（パーキング）に入《い》れてかける。

問《とい》38 ひっかけ
○
前《まえ》の車《くるま》が交差点《こうさてん》や踏切《ふみきり》などで停止《ていし》や徐行《じょこう》しているときは、その前《まえ》に割《わ》り込《こ》んだり、その前《まえ》を横切《よこぎ》ってはならない。

【問《とい》39】 □□
右側《みぎがわ》の道路上《どうろじょう》に、2.5メートルしか余地《よち》が残《のこ》せない場所《ばしょ》に車《くるま》を止《と》め、運転者《うんてんしゃ》が買《か》い物《もの》をするため、ただちに運転《うんてん》できない状態《じょうたい》で4分間《ぶんかん》、車《くるま》から離《はな》れた。

【問《とい》40】 □□
小型特殊自動車《こがたとくしゅじどうしゃ》や原動機付自転車《げんどうきつきじてんしゃ》、軽車両《けいしゃりょう》は、路線《ろせん》バスなどの専用通行帯《せんようつうこうたい》を通行《つうこう》することができる。

【問《とい》41】 □□
車《くるま》に荷物《にもつ》を積《つ》むとき、外部《がいぶ》から番号標《ばんごうひょう》（ナンバープレート）や尾灯《びとう》などが少《すこ》しぐらい見《み》えにくくなってもやむを得《え》ない。

【問《とい》42】 □□
左右《さゆう》の見通《みとお》しがきく交差点《こうさてん》で、赤色《あかいろ》の灯火《とうか》の点滅信号《てんめつしんごう》に対面《たいめん》した車《くるま》は、他《ほか》の交通《こうつう》に注意《ちゅうい》して進行《しんこう》することができる。

【問《とい》43】 □□
交差点《こうさてん》で信号待《しんごうま》ちをしている場合《ばあい》、交差方向《こうさほうこう》の信号《しんごう》が青色《あおいろ》から黄色《きいろ》に変《か》わったときは、前方《ぜんぽう》の信号《しんごう》が赤色《あかいろ》でも、徐々《じょじょ》に発進《はっしん》したほうがよい。

【問《とい》44】 □□
アンチロックブレーキシステムを備《そな》えた自動車《じどうしゃ》で急《きゅう》ブレーキをかけるときには、ブレーキを強《つよ》く数回踏《すうかいふ》むのがよい。

【問《とい》45】 □□
図《ず》4の標示《ひょうじ》のある道路《どうろ》では、前方《ぜんぽう》に横断歩道《おうだんほどう》や自転車横断帯《じてんしゃおうだんたい》があることを表《あらわ》している。

図《ず》4

【問《とい》46】 □□
路面電車《ろめんでんしゃ》が安全地帯《あんぜんちたい》のある停留所《ていりゅうじょ》で乗客《じょうきゃく》の乗《の》り降《お》りのため停車《ていしゃ》していても、その左側《ひだりがわ》を徐行《じょこう》して通過《つうか》することができる。

【問《とい》47】 □□
身体障害者《しんたいしょうがいしゃ》が、車《くるま》いすに乗《の》って通行《つうこう》しているときは、一時停止《いちじていし》か徐行《じょこう》して、その人《ひと》が安全《あんぜん》に通《とお》れるようにする。

【問《とい》48】 □□
車《くるま》は、後方《こうほう》から進行《しんこう》してくる車《くるま》が、急《きゅう》ブレーキや急《きゅう》ハンドルで避《さ》けなければならないときは進路《しんろ》を変《か》えてはならない。

【問《とい》49】 □□
積雪《せきせつ》した道路《どうろ》を通行《つうこう》するときは、前《まえ》の車《くるま》の通《とお》ったタイヤの跡《あと》（わだち）を選《えら》んで走行《そうこう》したほうが安全《あんぜん》に通行《つうこう》できる。

問《とい》39　×　重要《じゅうよう》

車《くるま》の右側《みぎがわ》の道路上《どうろじょう》に3.5メートル以上《いじょう》の余地《よち》を残《のこ》せない場所《ばしょ》では、駐車《ちゅうしゃ》してはならない。

問《とい》40　○　ひっかけ

路線《ろせん》バスなどの専用通行帯《せんようつうこうたい》であっても、小型特殊自動車《こがたとくしゅじどうしゃ》や原動機付自転車《げんどうきつきじてんしゃ》、軽車両《けいしゃりょう》は通行《つうこう》できる。

問《とい》41　×　頻出《ひんしゅつ》

外部《がいぶ》から方向指示器《ほうこうしじき》、番号標《ばんごうひょう》、尾灯《びとう》、制動灯《せいどうとう》などが見《み》えなくなったり、見《み》えにくくなったりするような積《つ》み方《かた》をして運転《うんてん》してはならない。

問《とい》42　×　ひっかけ

赤色《あかいろ》の灯火《とうか》の点滅信号《てんめつしんごう》に対面《たいめん》した車《くるま》は、交差点《こうさてん》に入《はい》る直前《ちょくぜん》で一時停止《いちじていし》し、安全《あんぜん》を確認《かくにん》した後《あと》でなければ進行《しんこう》することはできない。

問《とい》43　×

対面《たいめん》する信号《しんごう》が青色《あおいろ》になったのを確認《かくにん》してから発進《はっしん》しないと、信号無視《しんごうむし》になる。

問《とい》44　×

アンチロックブレーキシステムを備《そな》えた自動車《じどうしゃ》で急《きゅう》ブレーキをかけるときには、一気《いっき》に踏《ふ》み込《こ》み、そのまま踏《ふ》み込《こ》み続《つづ》けなければならない。

問《とい》45　○

問題《もんだい》の標示《ひょうじ》は「横断歩道《おうだんほどう》または自転車横断帯《じてんしゃおうだんたい》あり」を表示《ひょうじ》している。

問《とい》46　○　頻出《ひんしゅつ》

安全地帯《あんぜんちたい》のある停留所《ていりゅうじょ》に路面電車《ろめんでんしゃ》が停車《ていしゃ》しているときは、徐行《じょこう》して通行《つうこう》することができる。

問《とい》47　○

身体《しんたい》の不自由《ふじゆう》な人《ひと》がいる場合《ばあい》には、一時停止《いちじていし》か徐行《じょこう》して、それらの人《ひと》が安全《あんぜん》に通《とお》れるようにしなければならない。

問《とい》48　○　重要《じゅうよう》

進路《しんろ》を変更《へんこう》すると、後《うし》ろからくる車《くるま》が急《きゅう》ブレーキや急《きゅう》ハンドルで避《さ》けなければならない場合《ばあい》には、進路《しんろ》を変《か》えてはならない。

問《とい》49　○

雪道《ゆきみち》では、できるだけタイヤの跡《あと》（わだち）を走行《そうこう》するのが安全《あんぜん》である。

【問《とい》50】 こう配《ばい》の急《きゅう》な坂《さか》とは、傾斜《けいしゃ》がおおむね10パーセント以上《いじょう》の坂《さか》をいう。

【問《とい》51】 高速道路《こうそくどうろ》を長時間《ちょうじかん》、高速《こうそく》で走行《そうこう》すると、速度感覚《そくどかんかく》がまひして、速度《そくど》を超過《ちょうか》しがちなので注意《ちゅうい》する。

【問《とい》52】 夜間《やかん》は、視界《しかい》が狭《せま》くなるだけでなく、すべてが黒《くろ》ずんで見《み》えにくくなるなど危険度《きけんど》が高《たか》くなるので、昼間《ひるま》よりも減速《げんそく》して運転《うんてん》したほうが安全《あんぜん》である。

【問《とい》53】 運転者《うんてんしゃ》が乗車《じょうしゃ》した状態《じょうたい》で、人《ひと》を待《ま》つために駐車《ちゅうしゃ》するときは、右側《みぎがわ》の道路上《どうろじょう》に3.5メートル以上《いじょう》の余地《よち》を残《のこ》さないで駐車《ちゅうしゃ》することができる。

図《ず》5

【問《とい》54】 図《ず》5の標識《ひょうしき》のある道路《どうろ》では標識《ひょうしき》の左側《ひだりがわ》を通行《つうこう》しなければならない。

【問《とい》55】 助手席用《じょしゅせきよう》のエアバッグを備《そな》えている自動車《じどうしゃ》の場合《ばあい》には、チャイルドシートはできるだけ助手席《じょしゅせき》に置《お》く。

【問《とい》56】 自動車《じどうしゃ》は、自転車《じてんしゃ》が自転車横断帯《じてんしゃおうだんたい》で道路《どうろ》を横断《おうだん》しようとしているときは、その自転車横断帯《じてんしゃおうだんたい》の直前《ちょくぜん》で一時停止《いちじていし》して、自転車《じてんしゃ》に道《みち》をゆずらなければならない。

【問《とい》57】 交差点内《こうさてんない》を通行中《つうこうちゅう》、緊急自動車《きんきゅうじどうしゃ》が接近《せっきん》してきたときは、ただちに左側《ひだりがわ》に寄《よ》って、一時停止《いちじていし》して進路《しんろ》をゆずらなければならない。

【問《とい》58】 普通免許《ふつうめんきょ》を受《う》けた者《もの》は、二輪免許《にりんめんきょ》を受《う》けていなくても、エンジンの総排気量《そうはいきりょう》が125cc以下《いか》の普通自動二輪車《ふつうじどうにりんしゃ》と原動機付自転車《げんどうきつきじてんしゃ》を運転《うんてん》することができる。

【問《とい》59】 運転者《うんてんしゃ》は、疲《つか》れているとき、病気《びょうき》や心配《しんぱい》ごとがあるときなど心身《しんしん》の状態《じょうたい》がよくないときは、車《くるま》の運転《うんてん》は控《ひか》えたほうがよい。

問《とい》50 ○ 頻《ひん》出《しゅつ》

こう配《ばい》の急《きゅう》な坂《さか》とは、傾斜《けいしゃ》がおおむね10パーセント（約《やく》6度《ど》）以上《いじょう》の坂《さか》をいう。

問《とい》51 ○

長時間連続《ちょうじかんれんぞく》して高速運転《こうそくうんてん》をすることは危険《きけん》なので、適当《てきとう》な休息時間《きゅうそくじかん》を織《お》り込《こ》んだ運転計画《うんてんけいかく》を立《た》てる。

問《とい》52 ○ 頻《ひん》出《しゅつ》

夜間《やかん》は昼間《ひるま》より少《すこ》し速度《そくど》を落《お》とし、車間距離《しゃかんきょり》を長《なが》めにとって運転《うんてん》する。

問《とい》53 × 重《じゅう》要《よう》

人待《ひとま》ちで止《と》めるのは駐車《ちゅうしゃ》なので、車《くるま》の右側《みぎがわ》の道路上《どうろじょう》に定《さだ》められた余地《よち》を残《のこ》さなければならない。

問《とい》54 ○ ひっかけ

問題《もんだい》の標識《ひょうしき》は「指定方向外進行禁止《していほうこうがいしんこうきんし》」（標識《ひょうしき》の右側《みぎがわ》の通行禁止《つうこうきんし》）を表示《ひょうじ》している。

問《とい》55 × 重《じゅう》要《よう》

助手席用《じょしゅせきよう》のエアバッグを備《そな》えている自動車《じどうしゃ》では、なるべく後部座席《こうぶざせき》にチャイルドシートを置《お》く。

問《とい》56 ○ 頻《ひん》出《しゅつ》

自転車横断帯《じてんしゃおうだんたい》を自転車《じてんしゃ》が横断《おうだん》しようとしているときや横断中《おうだんちゅう》は、その手前《てまえ》で一時停止《いちじていし》をして道《みち》をゆずる。

問《とい》57 × 重《じゅう》要《よう》

緊急自動車《きんきゅうじどうしゃ》がどの方向《ほうこう》へでも進行《しんこう》していけるように、交差点《こうさてん》から出《で》て左側《ひだりがわ》に寄《よ》り、一時停止《いちじていし》して進路《しんろ》をゆずらなければならない。

問《とい》58 ×

普通自動二輪車《ふつうじどうにりんしゃ》は普通二輪免許《ふつうにりんめんきょ》か大型二輪免許《おおがたにりんめんきょ》を取《と》らなければ運転《うんてん》することができない。

問《とい》59 ○ 重《じゅう》要《よう》

疲《つか》れているとき、病気《びょうき》のとき、心配《しんぱい》ごとがあるときなどは、注意力《ちゅういりょく》が散漫《さんまん》になったり、判断力《はんだんりょく》が衰《おとろ》えたりするため、運転《うんてん》を控《ひか》えるか、体《からだ》の調子《ちょうし》を整《ととの》えてから運転《うんてん》する。

【問《とい》60】 高速道路《こうそくどうろ》の本線車道《ほんせんしゃどう》を走行中《そうこうちゅう》、誤《あやま》って出口《でぐち》のインターチェンジを通《とお》り過《す》ぎたときは、前後《ぜんご》の交通《こうつう》に注意《ちゅうい》して転回《てんかい》することができる。

【問《とい》61】 車《くるま》の所有者《しょゆうしゃ》や雇用者《こようしゃ》は、酒《さけ》を飲《の》んでいる人《ひと》や免許《めんきょ》を持《も》っていない人《ひと》には、絶対《ぜったい》に車《くるま》を運転《うんてん》させてはならない。

【問《とい》62】 安全地帯《あんぜんちたい》の左側《ひだりがわ》を通行《つうこう》するときは、その安全地帯《あんぜんちたい》に歩行者《ほこうしゃ》がいてもいなくても、つねに徐行《じょこう》しなければならない。

【問《とい》63】 道路《どうろ》の中央《ちゅうおう》に図《ず》6の標示《ひょうじ》がある道路《どうろ》では、右側部分《みぎがわぶぶん》にはみ出《だ》さなければ追越《おいこ》しすることができる。

図《ず》6

【問《とい》64】 走行中《そうこうちゅう》にカーナビゲーション装置《そうち》の画像《がぞう》を注《ちゅう》視《し》すると、注意力《ちゅういりょく》の低下《ていか》を招《まね》くおそれがある。

【問《とい》65】 荷物《にもつ》を高《たか》く積《つ》むと、重心《じゅうしん》が高《たか》くなるので、注意《ちゅうい》して運転《うんてん》しないとカーブなどで横転《おうてん》しやすくなる。

【問《とい》66】 歩道《ほどう》と車道《しゃどう》を区別《くべつ》する縁石《えんせき》の表面《ひょうめん》に、一定《いってい》の間隔《かんかく》で黄色《きいろ》のペイントが塗《ぬ》ってある場所《ばしょ》は、駐車禁止《ちゅうしゃきんし》の場所《ばしょ》を表《あらわ》している。

【問《とい》67】 前方《ぜんぽう》の車《くるま》を追《お》い越《こ》す場合《ばあい》、前車《ぜんしゃ》が右折《うせつ》するため道路《どうろ》の中央《ちゅうおう》（一方《いっぽう》通行《つうこう》の道路《どうろ》では右端《みぎはし》）に寄《よ》って通行《つうこう》しているときは、前車《ぜんしゃ》の左側《ひだりがわ》を通行《つうこう》して追《お》い越《こ》さなければならない。

【問《とい》68】 上《のぼ》り坂《ざか》の途中《とちゅう》は、徐行《じょこう》すべき場所《ばしょ》ではないが、上《のぼ》り坂《ざか》の頂上付近《ちょうじょうふきん》は必《かなら》ず徐行《じょこう》しなければならない場所《ばしょ》である。

【問《とい》69】 定期点検《ていきてんけん》の整備《せいび》を受《う》けたばかりの車《くるま》の運転者《うんてんしゃ》は、当分《とうぶん》の間《あいだ》、その車《くるま》の日常点検《にちじょうてんけん》は省略《しょうりゃく》することができる。

【問《とい》70】 雪道《ゆきみち》でのハンドルやブレーキの操作《そうさ》は、横《よこ》すべりを起《お》こす危険《きけん》が大《おお》きいので、特《とく》に慎重《しんちょう》に行《おこな》うようにする。

問《とい》60　×　頻出《ひんしゅつ》

本線車道《ほんせんしゃどう》では、転回《てんかい》したり、後退《こうたい》したり、中央分離帯《ちゅうおうぶんりたい》を横切《よこぎ》ったりしてはならない。

問《とい》61　○

無免許《むめんきょ》の人《ひと》や酒《さけ》を飲《の》んだ人《ひと》に車《くるま》を貸《か》したり、運転《うんてん》をさせることは罰則《ばっそく》の対象《たいしょう》となる。

問《とい》62　×　頻出《ひんしゅつ》

安全地帯《あんぜんちたい》に歩行者《ほこうしゃ》がいるときや路面電車《ろめんでんしゃ》が停車《ていしゃ》しているときは、徐行《じょこう》して通行《つうこう》しなければならない。

問《とい》63　○　ひっかけ

問題《もんだい》の標示《ひょうじ》は「追越《おいこ》しのための右側部分《みぎがわぶぶん》はみ出《だ》し通行禁止《つうこうきんし》」を表示《ひょうじ》しているので、右側部分《みぎがわぶぶん》にはみ出《だ》さなければ追越《おいこ》しすることができる。

問《とい》64　○

カーナビゲーション装置《そうち》などに表示《ひょうじ》された画像《がぞう》を注視《ちゅうし》することにより、周囲《しゅうい》の交通《こうつう》の状況《じょうきょう》などに対《たい》する注意《ちゅうい》が不十分《ふじゅうぶん》となる。

問《とい》65　○

荷物《にもつ》の積《つ》み方《かた》が悪《わる》く重心《じゅうしん》の位置《いち》が高《たか》くなっていると、カーブなどでは遠心力《えんしんりょく》が大《おお》きくなり横転《おうてん》しやすくなる。

問《とい》66　○　頻出《ひんしゅつ》

縁石《えんせき》に等間隔《とうかんかく》で黄色《きいろ》のペイントが塗《ぬ》られている場所《ばしょ》は駐車禁止《ちゅうしゃきんし》を表《あらわ》している。

問《とい》67　○　重要《じゅうよう》

前車《ぜんしゃ》が右折《うせつ》するため、道路《どうろ》の中央《ちゅうおう》（一方通行《いっぽうつうこう》の道路《どうろ》では右端《みぎはし》）に寄《よ》って通行《つうこう》しているときは、その左側《ひだりがわ》を追《お》い越《こ》す。

問《とい》68　○　ひっかけ

上《のぼ》り坂《ざか》の頂上付近《ちょうじょうふきん》やこう配《ばい》の急《きゅう》な下《くだ》り坂《さか》を通行《つうこう》するときは、徐行《じょこう》しなければならない。

問《とい》69　×　重要《じゅうよう》

定期点検《ていきてんけん》を受《う》けたばかりの車《くるま》であっても、定《さだ》められた時期《じき》に、必《かなら》ず日常点検《にちじょうてんけん》をしなければならない。

問《とい》70　○

雪道《ゆきみち》や凍結《とうけつ》した道路《どうろ》では、横《よこ》すべりなどによる危険《きけん》が多《おお》いので、特《とく》に慎重《しんちょう》に運転《うんてん》しなければならない。

【問《とい》71】 荷物《にもつ》を積《つ》むために駐車《ちゅうしゃ》している貨物自動車《かもつじどうしゃ》の横《よこ》を通過《つうか》して、その前方《ぜんぽう》に入《はい》って停止《ていし》したとしても、割《わ》り込《こ》み違反《いはん》にはならない。

【問《とい》72】 図《ず》7の標識《ひょうしき》のある交差点《こうさてん》を原動機付自転車《げんどうきつきじてんしゃ》で右折《うせつ》するときは、道路《どうろ》の左端《ひだりはし》を通行《つうこう》して直進《ちょくしん》する。

図《ず》7

【問《とい》73】 夜間運転中《やかんうんてんちゅう》、ほかの車《くるま》と行《い》き違《ちが》い、そのライトがまぶしいときは、視点《してん》をやや左前方《ひだりぜんぽう》に移《うつ》すとよい。

【問《とい》74】 運転者《うんてんしゃ》は、運転中《うんてんちゅう》に自動車検査証《じどうしゃけんさしょう》や強制保険証明書《きょうせいほけんしょうめいしょ》（自動車損害《じどうしゃそんがい》賠償責任保険証明書《ばいしょうせきにんほけんしょうめいしょ》か責任共済証明書《せきにんきょうさいしょうめいしょ》）を紛失《ふんしつ》しないように、家《いえ》に保管《ほかん》しておいたほうがよい。

【問《とい》75】 夜間《やかん》、街路灯《がいろとう》のない一般道路上《いっぱんどうろじょう》で駐停車《ちゅうていしゃ》するときは、非常点滅表《ひじょうてんめつひょう》示灯《じとう》、駐車灯《ちゅうしゃとう》、または尾灯《びとう》をつけなければならない。

【問《とい》76】 高速自動車国道《こうそくじどうしゃこくどう》でも、普通二輪免許《ふつうにりんめんきょ》を受《う》けて3年以上《ねんいじょう》たっていて、20歳以上《さいいじょう》であれば、2人乗《ふたりの》りが認《みと》められる。

【問《とい》77】 普通自動車《ふつうじどうしゃ》が、高速自動車国道《こうそくじどうしゃこくどう》を走行《そうこう》する場合《ばあい》の法定最高速度《ほうていさいこうそくど》は、乗用貨物《じょうようかもつ》、排気量《はいきりょう》などの区別《くべつ》なく、すべて100キロメートル毎時《まいじ》である。

【問《とい》78】 前《まえ》の車《くるま》が右折《うせつ》のため進路変更《しんろへんこう》の合図《あいず》を出《だ》し道路《どうろ》の中央《ちゅうおう》に寄《よ》ろうとしているときは、その車《くるま》の進路変更《しんろへんこう》を妨《さまた》げてはならない。

【問《とい》79】 急病人《きゅうびょうにん》が出《で》たのでやむを得《え》ず、近《ちか》くの病院《びょういん》へ連《つ》れていくため、無《む》免許《めんきょ》の者《もの》が自動車《じどうしゃ》を運転《うんてん》して運《はこ》んだ。

【問《とい》80】 子《こ》どもがけがをしたのでやむを得《え》ず、原動機付自転車《げんどうきつきじてんしゃ》の荷台《にだい》に乗《の》せて、病院《びょういん》まで運《はこ》んだ。

【問《とい》81】 図《ず》8の標識《ひょうしき》のある場所《ばしょ》では2.2メートルの幅《はば》を超《こ》える車《くるま》は通行《つうこう》できない。

図《ず》8

問《とい》71 ○ 重要《じゅうよう》

駐車《ちゅうしゃ》や停車《ていしゃ》をしている車《くるま》の前方《ぜんぽう》に入《はい》ることは禁止《きんし》されていない。ただし安全確認《あんぜんかくにん》は必要《ひつよう》である。

問《とい》72 ○

問題《もんだい》の標識《ひょうしき》は「原動機付自転車《げんどうきつきじてんしゃ》の右折方法《うせつほうほう》（二段階《にだんかい》）」を表示《ひょうじ》しているので、原動機付自転車《げんどうきつきじてんしゃ》で右折《うせつ》するときは道路《どうろ》の左端《ひだりはし》に寄《よ》って通行《つうこう》し、二段階右折《にだんかいうせつ》をする。

問《とい》73 ○ 頻出《ひんしゅつ》

対向車《たいこうしゃ》のライトがまぶしいときは、視点《してん》をやや左前方《ひだりぜんぽう》に移《うつ》して、目《め》がくらまないようにする。

問《とい》74 × 頻出《ひんしゅつ》

自動車検査証《じどうしゃけんさしょう》や強制保険証明書《きょうせいほけんしょうめいしょ》などは、必《かなら》ず車《くるま》に備《そな》えつけて運転《うんてん》しなければならない。

問《とい》75 ○

停止表示器材《ていしひょうじきざい》を置《お》くか、非常点滅表示灯《ひじょうてんめつひょうじとう》、駐車灯《ちゅうしゃとう》、または尾灯《びとう》をつけなければならない。

問《とい》76 ○ ひっかけ

普通二輪免許《ふつうにりんめんきょ》を受《う》けた者《もの》でも、20歳未満《さいみまん》の者《もの》や普通二輪免許《ふつうにりんめんきょ》を受《う》けていた期間《きかん》が3年未満《ねんみまん》の者《もの》は高速自動車国道《こうそくじどうしゃこくどう》での2人乗《ふたりの》りは認《みと》められない。

問《とい》77 × 頻出《ひんしゅつ》

三輪《さんりん》の普通自動車《ふつうじどうしゃ》の高速自動車国道《こうそくじどうしゃこくどう》での法定最高速度《ほうていさいこうそくど》は80キロメートル毎時《まいじ》と規定《きてい》されている。

問《とい》78 ○

前《まえ》の車《くるま》が右左折《うさせつ》するために進路《しんろ》を変《か》えようとして合図《あいず》をしたときは、その車《くるま》の進路《しんろ》の変更《へんこう》を妨《さまた》げてはならない。

問《とい》79 × ひっかけ

無免許《むめんきょ》の者《もの》に車《くるま》を運転《うんてん》させることは法律違反《ほうりついはん》であり、事故《じこ》を起《お》こすおそれもあるので、絶対《ぜったい》に運転《うんてん》させてはならない。

問《とい》80 × ひっかけ

原動機付自転車《げんどうきつきじてんしゃ》の乗車定員《じょうしゃていいん》は、運転者１人《うんてんしゃひとり》だけなので、たとえけがや病気《びょうき》の子《こ》どもであっても、乗《の》せることはできない。

問《とい》81 ○

問題《もんだい》の標識《ひょうしき》は「最大幅《さいだいはば》」を表示《ひょうじ》しているので、2.2メートルの幅《はば》を超《こ》える車《くるま》は通行《つうこう》できない。

第《だい》4回《かい》 実力養成《じつりょくようせい》テスト

【問《とい》82】 □□

車《くるま》が発進《はっしん》するとき、右側《みぎがわ》の方向指示器《ほうこうしじき》で合図《あいず》をすれば、後方《こうほう》の車《くるま》が注意《ちゅうい》をするので、安全《あんぜん》を確認《かくにん》する必要《ひつよう》はない。

【問《とい》83】 □□

走行中《そうこうちゅう》の車《くるま》がカーブで横転《おうてん》したり、道路外《どうろがい》へ飛《と》び出《だ》す事故《じこ》は、ハンドル操作《そうさ》が原因《げんいん》であって、車《くるま》の速度《そくど》には関係《かんけい》がない。

【問《とい》84】 □□

二輪車《にりんしゃ》の積載装置《せきさいそうち》に荷物《にもつ》を積《つ》むときは、積《つ》み荷《に》の幅《はば》は積載装置《せきさいそうち》の幅以下《はばいか》に制限《せいげん》されている。

【問《とい》85】 □□

運転者《うんてんしゃ》は、いつでも規制速度《きせいそくど》いっぱいまで出《だ》して走《はし》るのではなく、道路《どうろ》の状況《じょうきょう》、交通《こうつう》の状況《じょうきょう》、車《くるま》の状況《じょうきょう》などに合《あ》わせて、できる限《かぎ》り安全《あんぜん》な速度《そくど》と方法《ほうほう》で運転《うんてん》しなければならない。

【問《とい》86】 □□

道幅《みちはば》の同《おな》じような交通整理《こうつうせいり》の行《おこな》われていない交差点《こうさてん》（優先道路《ゆうせんどうろ》は除《のぞ》く）に、先《さき》に入《はい》って右折《うせつ》しようとしている車《くるま》であっても、あとから交差点《こうさてん》に入《はい》ってくる直進車《ちょくしんしゃ》や左折車《させつしゃ》の進行《しんこう》を妨《さまた》げてはならない（環状交差点《かんじょうこうさてん》を除《のぞ》く）。

【問《とい》87】 □□

道幅《みちはば》が広《ひろ》い道路《どうろ》では、自動車《じどうしゃ》は前《まえ》の原動機付自転車《げんどうきつきじてんしゃ》が小型特殊自動車《こがたとくしゅじどうしゃ》を追《お》い越《こ》そうとしているときでも、その原動機付自転車《げんどうきつきじてんしゃ》を追《お》い越《こ》すことができる。

【問《とい》88】 □□

車《くるま》を運転中《うんてんちゅう》、交通事故《こうつうじこ》を起《お》こして負傷者《ふしょうしゃ》が出《で》たときは、まず第一《だいいち》に警察官《けいさつかん》に届《とど》け出《で》ることが大切《たいせつ》である。

【問《とい》89】 □□

走行中《そうこうちゅう》の車《くるま》の制動距離《せいどうきょり》は、速度《そくど》が２倍《ばい》になると、おおむね４倍《ばい》になる。

【問《とい》90】 □□

自動車《じどうしゃ》の所有者《しょゆうしゃ》は、自動車損害賠償責任保険《じどうしゃそんがいばいしょうせきにんほけん》か責任共済《せきにんきょうさい》に必《かなら》ず加《か》入《にゅう》しなければならない。

問《とい》82 ×　頻出《ひんしゅつ》

死角《しかく》の部分《ぶぶん》や右後方《みぎこうほう》を直接目《ちょくせつめ》で見《み》て、安全《あんぜん》を確認《かくにん》したあとに発進《はっしん》しなければならない。

問《とい》83 ×　重要《じゅうよう》

カーブでの横転《おうてん》や道路外《どうろがい》へ飛《と》び出《だ》す事故《じこ》は、速度《そくど》の出《だ》し過《す》ぎによる遠心力《えんしんりょく》の作用《さよう》なので、カーブに入《はい》る手前《てまえ》で十分《じゅうぶん》に速度《そくど》を落《お》とす。

問《とい》84 ×

二輪車《にりんしゃ》の積《つ》み荷《に》の幅《はば》は、積載装置《せきさいそうち》から左右《さゆう》0.15メートル以下《いか》まで積《つ》むことができる。

問《とい》85 ○　頻出《ひんしゅつ》

道路《どうろ》や交通《こうつう》の状況《じょうきょう》、天候《てんこう》や視界《しかい》などをよく考《かんが》えて、できる限《かぎ》り安全《あんぜん》な速度《そくど》と方法《ほうほう》で運転《うんてん》しなければならない。

問《とい》86 ○　重要《じゅうよう》

右折車《うせつしゃ》は交差点《こうさてん》に先《さき》に入《はい》っていても、直進車《ちょくしんしゃ》や左折車《させつしゃ》の進行《しんこう》を妨《さまた》げてはならない。

問《とい》87 ×　ひっかけ

原動機付自転車《げんどうきつきじてんしゃ》が、自動車《じどうしゃ》（小型特殊自動車《こがたとくしゅじどうしゃ》）を追《お》い越《こ》そうとしているときに、その原動機付自転車《げんどうきつきじてんしゃ》を追《お》い越《こ》す行為《こうい》は、二重追越《にじゅうおいこ》しとして禁止《きんし》されている。

問《とい》88 ×

ただちにほかの交通《こうつう》の妨害《ぼうがい》にならないところに車《くるま》を止《と》め、負傷者《ふしょうしゃ》を救《きゅう》護《ご》してから警察官《けいさつかん》に事故報告《じこほうこく》をする。

問《とい》89 ○　重要《じゅうよう》

制動距離《せいどうきょり》や遠心力《えんしんりょく》などは、いずれも速度《そくど》の2乗《じょう》に比例《ひれい》して大《おお》きくなるので、速度《そくど》が2倍《ばい》になれば、制動距離《せいどうきょり》は4倍《ばい》になる。

問《とい》90 ○

自動車損害賠償責任保険《じどうしゃそんがいばいしょうせきにんほけん》（自賠責保険《じばいせきほけん》）か責任共済《せきにんきょうさい》に必《かなら》ず加入《かにゅう》しなければならない。

【問《とい》91】 40km/hで進行《しんこう》しています。どのようなことに注意《ちゅうい》して運転《うんてん》しますか？

（1）□□ (1) バスのすぐ前《まえ》を人《ひと》が横断《おうだん》するかもしれないので、いつでも止《と》まれるように徐行《じょこう》してバスの側方《そくほう》を進行《しんこう》する。

（2）□□ (2) バスの向《む》こう側《がわ》の対向車《たいこうしゃ》はまだ先《さき》のほうにいるようなので、加《か》速《そく》して中央線《ちゅうおうせん》を越《こ》えて進行《しんこう》する。

（3）□□ (3) 後続《こうぞく》の車《くるま》がいるので、速度《そくど》を落《お》とすときや停止《ていし》するときには、追突《ついとつ》されないようにブレーキを数回《すうかい》に分《わ》けてかける。

【問《とい》92】 夜間《やかん》、30km/hで進行《しんこう》しています。黄色《きいろ》の点滅信号《てんめつしんごう》の交差点《こうさてん》を直進《ちょくしん》するときはどのようなことに注意《ちゅうい》して運転《うんてん》しますか？

（1）□□ (1) 交差道路《こうさどうろ》から車《くるま》が交差点《こうさてん》に進入《しんにゅう》してくるおそれがあるので、交《こう》差点《さてん》に入《はい》るときは左右《さゆう》の安全《あんぜん》を確《たし》かめてから進行《しんこう》する。

（2）□□ (2) 対向車《たいこうしゃ》がトラックのかげから右折《うせつ》してくるかもしれないので、左《ひだり》に寄《よ》り速度《そくど》を落《お》として交差点《こうさてん》を進行《しんこう》する。

（3）□□ (3) 交差道路《こうさどうろ》の左側《ひだりがわ》の車《くるま》は赤色《あかいろ》の点滅信号《てんめつしんごう》に従《したが》って一時停止《いちじていし》するはずなので、加速《かそく》して素早《すばや》く交差点《こうさてん》を通過《つうか》する。

問《とい》91

（1）
○
（2）
×
（3）
○

●進路前方《しんろぜんぽう》にいる大型車両《おおがたしゃりょう》の側方《そくほう》を通《とお》るときは、そのかげから歩行者《ほこうしゃ》や自転車《じてんしゃ》が出《で》てくることがあるので、すぐに停止《ていし》できるよう徐行《じょこう》する。また、その大型車両《おおがたしゃりょう》により対向車《たいこうしゃ》が接近《せっきん》しているかがわからない場合《ばあい》は、対向車《たいこうしゃ》を確認《かくにん》してから通過《つうか》する。後続車《こうぞくしゃ》がある場合《ばあい》には、追突《ついとつ》されないよう注意《ちゅうい》しながら速度《そくど》を落《お》とすか、停止《ていし》する場合《ばあい》はブレーキを数回《すうかい》に分《わ》けてかける。

バスのすぐ前《まえ》を横断《おうだん》する人《ひと》や自転車《じてんしゃ》がいるかもしれないので、徐行《じょこう》して進行《しんこう》する。

問《とい》92

（1）
○
（2）
○
（3）
×

●夜間《やかん》、点滅信号《てんめつしんごう》の交差点《こうさてん》では、交差道路《こうさどうろ》から車《くるま》が交差点内《こうさてんない》に入《はい》ってくることや、トラックのかげから対向車《たいこうしゃ》が右折《うせつ》してくることが考《かんが》えられる。

●夜間《やかん》は、赤色《あかいろ》の点滅信号《てんめつしんごう》を無視《むし》して交差点《こうさてん》に進入《しんにゅう》してくることもある。黄色《きいろ》の点滅信号《てんめつしんごう》だからと漫然《まんぜん》と進行《しんこう》すると交差道路《こうさどうろ》から車《くるま》が出《で》てきたときに対応《たいおう》できなくなるおそれがあるので、左右《さゆう》の安全《あんぜん》を確《たし》かめて十分《じゅうぶん》に注意《ちゅうい》することが重要《じゅうよう》である。

点滅信号《てんめつしんごう》の交差点《こうさてん》では、いつ車《くるま》が進入《しんにゅう》してくるかわからないので、左右《さゆう》の安全《あんぜん》を確《たし》かめ、速度《そくど》を落《お》として進行《しんこう》する。

【問《とい》93】 前《まえ》の車《くるま》に続《つづ》いて止《と》まりました。踏切《ふみきり》を通過《つうか》するときは、どのようなことに注意《ちゅうい》して運転《うんてん》しますか？

(1) 踏切《ふみきり》の前方《ぜんぽう》の様子《ようす》がわからないので、踏切《ふみきり》の先《さき》に自分《じぶん》の車《くるま》が止《と》まれる余地《よち》があることを確認《かくにん》してから踏切《ふみきり》に入《はい》る。

(2) 対向車《たいこうしゃ》がきているが、左側《ひだりがわ》に寄《よ》り過《す》ぎないようにして通過《つうか》する。

(3) 対向車線《たいこうしゃせん》の乗用車《じょうようしゃ》の後《うし》ろのトラックと踏切内《ふみきりない》で行《い》き違《ちが》うのに十《じゅう》分《ぶん》な道幅《みちはば》がないかもしれないので、踏切内《ふみきりない》でトラックと行《い》き違《ちが》わないように、前《まえ》の車《くるま》に続《つづ》いて早《はや》めに踏切《ふみきり》に入《はい》る。

（1）□□
（2）□□
（3）□□

【問《とい》94】 40km/hで進行《しんこう》しています。進路《しんろ》の前方《ぜんぽう》に四輪車《よんりんしゃ》が止《と》まっているとき、どのようなことに注意《ちゅうい》して運転《うんてん》しますか？

(1) 止《と》まっている車《くるま》のドアが突然開《とつぜんひら》くことが考《かんが》えられるので、止《と》まっている四輪車《よんりんしゃ》との間《あいだ》に安全《あんぜん》な間隔《かんかく》をとり、急《いそ》いで通過《つうか》する。

(2) 対向車《たいこうしゃ》がきているので、対向車《たいこうしゃ》がくる前《まえ》に通過《つうか》できるように加《か》速《そく》する。

(3) 止《と》まっている四輪車《よんりんしゃ》との間《あいだ》に安全《あんぜん》な間隔《かんかく》をとると中央線《ちゅうおうせん》をはみ出《だ》してしまうと思《おも》われるので、対向車《たいこうしゃ》が通過《つうか》するまで四輪車《よんりんしゃ》の後方《こうほう》で停止《ていし》する。

（1）□□
（2）□□
（3）□□

問《とい》93

(1) ○

(2) ○

(3) ×

●踏切内《ふみきりない》で動《うご》きがとれなくなることがないように、踏切《ふみきり》に入《はい》るときには、踏切《ふみきり》の先《さき》に自車《じしゃ》が入《はい》る余地《よち》を確認《かくにん》するまでは、待《ま》たなければいけない。

●踏切《ふみきり》を通過《つうか》するときには、対向車《たいこうしゃ》や歩行者《ほこうしゃ》に注意《ちゅうい》し、やや中央寄《ちゅうおうよ》りを通行《つうこう》し、落輪《らくりん》しないようにする。

踏切《ふみきり》の先《さき》に自車《じしゃ》が入《はい》る余地《よち》のあることを確《たし》かめてから進行《しんこう》する。

問《とい》94

(1) ×

(2) ×

(3) ○

●止《と》まっている車《くるま》のそばを通《とお》るときには、急《きゅう》にドアが開《ひら》いたり、車《くるま》の前《まえ》から人《ひと》が出《で》てくることがあるので、安全《あんぜん》な間隔《かんかく》を保《たも》ち、注意《ちゅうい》して進行《しんこう》する。

●中央線《ちゅうおうせん》をはみ出《だ》すおそれがあり、対向車《たいこうしゃ》が接近《せっきん》しているようなときには、止《と》まっている車《くるま》の後方《こうほう》で停止《ていし》して対向車《たいこうしゃ》を先《さき》に通《とお》させる。

停車車両《ていしゃしゃりょう》の右側《みぎがわ》を通《とお》ると、中央線《ちゅうおうせん》をはみ出《だ》してしまうので、一時停止《いちじていし》して対向車《たいこうしゃ》が通過《つうか》するまで待《ま》つ。

【問《とい》95】 夜間《やかん》、30km/hで進行《しんこう》しています。どのようなことに注意《ちゅうい》して運転《うんてん》しますか？

(1) □□
(2) □□
(3) □□

(1) 左《ひだり》からきている車《くるま》は必《かなら》ず一時停止《いちじていし》するので、そのまま進行《しんこう》する。

(2) 交差点《こうさてん》の手前《てまえ》で自分《じぶん》の車《くるま》の接近《せっきん》を知《し》らせるため、前照灯《ぜんしょうとう》を上下《じょうげ》に数回《すうかい》切《き》り替《か》え速度《そくど》を落《お》として進行《しんこう》する。

(3) 交通量《こうつうりょう》が少《すく》なく対向車《たいこうしゃ》もいないので、そのままの速度《そくど》で進行《しんこう》する。

問《とい》95

(1) ×

(2) ○

(3) ×

●夜《よる》は横道《よこみち》の存在《そんざい》が分《わ》かりにくいので、見通《みとお》しの悪《わる》い交差点《こうさてん》では徐行《じょこう》する。また、横《よこ》からくる車《くるま》が照《て》らす光《ひかり》の情報《じょうほう》などを見落《みお》とさないように注意《ちゅうい》する。

左横《ひだりよこ》からくる車《くるま》の光《ひかり》の情報《じょうほう》を見落《みお》とさないように注意《ちゅうい》し、前照灯《ぜんしょうとう》を上下《じょうげ》に数回《すうかい》切《き》り替《か》え、速度《そくど》を落《お》として進行《しんこう》する。

第《だい》4回実力養成《かいじつりょくようせい》テスト 攻略《こうりゃく》ポイントはココ！

原動機付自転車《げんどうきつきじてんしゃ》のルールや特性《とくせい》を知《し》っておこう

問《とい》15、30、72は、「原動機付自転車《げんどうきつきじてんしゃ》」に関《かん》する問題《もんだい》。普通免許《ふつうめんきょ》を取得《しゅとく》すれば原動機付自転車《げんどうきつきじてんしゃ》を運転《うんてん》することができるので、ルールや特性《とくせい》をしっかり覚《おぼ》えておこう。「原動機付自転車《げんどうきつきじてんしゃ》の交差点《こうさてん》での右折方法《うせつほうほう》」、「四輪車《よんりんしゃ》とは違《ちが》う運転方法《うんてんほうほう》」、「エンジンを止《と》めて押《お》して歩《ある》くときのルール」などがよく出題《しゅつだい》されている。

免許《めんきょ》の種類《しゅるい》と運転《うんてん》できる車《くるま》の種類《しゅるい》を覚《おぼ》えよう

問《とい》8、17、58、76は、「運転免許《うんてんめんきょ》」に関《かん》する問題《もんだい》。「免許《めんきょ》の種類《しゅるい》」、「運転《うんてん》できる車《くるま》の種類《しゅるい》」などが出題《しゅつだい》されている。第《だい》1種免許《しゅめんきょ》の種類《しゅるい》として、大型免許《おおがためんきょ》・中型免許《ちゅうがためんきょ》・準中型免許《じゅんちゅうがためんきょ》・普通免許《ふつうめんきょ》・大型特殊免許《おおがたとくしゅめんきょ》・大型二輪免許《おおがたにりんめんきょ》・普通二輪免許《ふつうにりんめんきょ》・原付免許《げんつきめんきょ》・小型特殊免許《こがたとくしゅめんきょ》で運転《うんてん》できる種《しゅ》類《るい》をしっかりと覚《おぼ》えておこう。

第《だい》5回《かい》 実《じつ》力《りょく》養《よう》成《せい》テスト

■制限時間《せいげんじかん》／50分《ぷん》
■合格《ごうかく》ライン／90点《てん》
・問《とい》1～問《とい》90は、各《かく》1点《てん》
・問《とい》91～問《とい》95は、各《かく》2点《てん》

●次《つぎ》の問題《もんだい》で正《ただ》しいと思《おも》うものは「○」、誤《あやま》っていると思《おも》うものは「×」と答《こた》えなさい。

【問《とい》1】 □□
駐車禁止《ちゅうしゃきんし》の場所《ばしょ》で、貨物自動車《かもつじどうしゃ》の運転者《うんてんしゃ》がただちに運転《うんてん》できない状態《じょうたい》で車《くるま》を離《はな》れ、荷物《にもつ》を届《とど》けて５分以内《ふんいない》に戻《もど》ってきた。

【問《とい》2】 □□
ブレーキペダルは、力《ちから》を入《い》れて踏《ふ》み込《こ》んだとき、スポンジを踏《ふ》んだような柔《やわ》らかい感《かん》じがするのがよい。

【問《とい》3】 □□
車《くるま》は、前方《ぜんぽう》の停留所《ていりゅうじょ》で路線《ろせん》バスが発進《はっしん》の合図《あいず》をしている場合《ばあい》は、急《きゅう》ブレーキなどで避《さ》けなければならないときを除《のぞ》き、路線《ろせん》バスの発進《はっしん》を妨《さまた》げてはならない。

【問《とい》4】 □□
赤信号《あかしんごう》で停止線《ていしせん》の直前《ちょくぜん》で停止《ていし》している場合《ばあい》、横《よこ》の信号《しんごう》が青色《あおいろ》から黄色《きいろ》に変《か》わったときは前方《ぜんぽう》の信号《しんごう》が赤色《あかいろ》でも少《すこ》しずつ発進《はっしん》していくのがよい。

【問《とい》5】 □□
自動二輪車《じどうにりんしゃ》を運転《うんてん》するときは乗車用《じょうしゃよう》ヘルメットをかぶらなければならないが、原動機付自転車《げんどうきつきじてんしゃ》を運転《うんてん》するときは工事用《こうじよう》ヘルメットでよい。

【問《とい》6】 □□
左側部分《ひだりがわぶぶん》に３つ以上《いじょう》の車両通行帯《しゃりょうつうこうたい》のある道路《どうろ》の交差点《こうさてん》で、青信号《あおしんごう》で右折《うせつ》する原動機付自転車《げんどうきつきじてんしゃ》は、二段階右折《にだんかいうせつ》をしなければならない。

【問《とい》7】 □□
アルコールに強《つよ》い者《もの》は、少量《しょうりょう》の酒《さけ》を飲《の》んでも、慎重《しんちょう》に運転《うんてん》すればさしつかえない。

【問《とい》8】 □□
40キロメートル毎時《まいじ》で走行中《そうこうちゅう》、交差点《こうさてん》の手前《てまえ》30メートルぐらいの地点《ちてん》で青色《あおいろ》から黄色《きいろ》の信号《しんごう》に変《か》わったときは加速《かそく》して一気《いっき》に通《とお》り抜《ぬ》けるとよい。

解答《かいとう》と解説《かいせつ》

自己採点《じこさいてん》	
1回目《かいめ》	2回目《かいめ》

問《とい》1 ×　重要《じゅうよう》

車《くるま》から離《はな》れてただちに運転《うんてん》できない状態《じょうたい》になったときは駐車《ちゅうしゃ》になってしまい、5分以内《ふんいない》に戻《もど》ってきても駐車違反《ちゅうしゃいはん》となる。

問《とい》2 ×

柔《やわ》らかく感《かん》じるときは、ブレーキ液《えき》の漏《も》れやブレーキオイルに空気《くうき》が入《はい》っているおそれがある。

問《とい》3 ○　頻出《ひんしゅつ》

停留所《ていりゅうじょ》で止《と》まっている路線《ろせん》バスなどが方向指示器《ほうこうしじき》などで発進《はっしん》の合図《あいず》をしたときは、後方《こうほう》の車《くるま》は急《きゅう》ブレーキや急《きゅう》ハンドルで避《さ》けなければならないような場合以外《ばあいいがい》は路線《ろせん》バスの発進《はっしん》を妨《さまた》げてはならない。

問《とい》4 ×　重要《じゅうよう》

横《よこ》の信号《しんごう》が赤《あか》になっても、前方《ぜんぽう》の信号《しんごう》が青《あお》に変《か》わる前《まえ》に発進《はっしん》してはいけない。

問《とい》5 ×　頻出《ひんしゅつ》

原動機付自転車《げんどうきつきじてんしゃ》や自動二輪車《じどうにりんしゃ》を運転《うんてん》するときには、PS（c）マークかＪＩＳマークのついた乗車用《じょうしゃよう》ヘルメットをかぶらなければならない。

問《とい》6 ○　ひっかけ

原動機付自転車《げんどうきつきじてんしゃ》は、3つ以上《いじょう》の車両通行帯《しゃりょうつうこうたい》のある交差点《こうさてん》や標識《ひょうしき》により二段階右折《にだんかいうせつ》が指示《しじ》されている交差点《こうさてん》では二段階右折《にだんかいうせつ》をする。

問《とい》7 ×

飲酒量《いんしゅりょう》の多少《たしょう》に関係《かんけい》なく、飲酒運転《いんしゅうんてん》は絶対《ぜったい》にしてはいけない。

問《とい》8 ×　ひっかけ

40キロメートル毎時《まいじ》のときの停止距離《ていしきょり》は22メートルぐらいなので、急《きゅう》ブレーキをかけなくても交差点《こうさてん》の手前《てまえ》で停止《ていし》できる。よって停止位置《ていしいち》で停止《ていし》しなければならない。

【問《とい》9】 図《ず》1の標識《ひょうしき》のある道路《どうろ》は、車《くるま》はすべて通行《つうこう》できない。

図《ず》1

【問《とい》10】 高速道路《こうそくどうろ》を走行中《そうこうちゅう》にスタンディングウェーブが起《お》こったときは、ハンドルをしっかりと握《にぎ》って、高速走行《こうそくそうこう》を続《つづ》けるのがよい。

【問《とい》11】 身体障害者《しんたいしょうがいしゃ》が運転《うんてん》する場合《ばあい》は、車《くるま》の前《まえ》と後《うし》ろの定《さだ》められた位置《いち》に身体障害者《しんたいしょうがいしゃ》マークを付《つ》けなければならない。

【問《とい》12】 一方通行《いっぽうつうこう》の道路《どうろ》で、道路外《どうろがい》の駐車場《ちゅうしゃじょう》へ出《で》るため右折《うせつ》するときは、あらかじめ道路《どうろ》の右端《みぎはし》に寄《よ》り徐行《じょこう》しなければならない。

【問《とい》13】 普通免許《ふつうめんきょ》を停止《ていし》されている期間中《きかんちゅう》は、小型特殊自動車《こがたとくしゅじどうしゃ》の運転《うんてん》もできない。

【問《とい》14】 警察官《けいさつかん》による手信号《てしんごう》が信号機《しんごうき》の信号《しんごう》と違《ちが》うときは、信号機《しんごうき》の信号《しんごう》に従《したが》わなければならない。

【問《とい》15】 横断歩道《おうだんほどう》を横断《おうだん》する人《ひと》がいないときは、その手前《てまえ》30メートル以内《いない》の場所《ばしょ》であっても、追越《おいこ》しや追抜《おいぬ》きをすることができる。

【問《とい》16】 上《のぼ》り坂《ざか》の頂上付近《ちょうじょうふきん》やこう配《ばい》の急《きゅう》な下《くだ》り坂《ざか》は、徐行《じょこう》しなければならない場所《ばしょ》である。

【問《とい》17】 交差点《こうさてん》で右折《うせつ》する場合《ばあい》の合図《あいず》は、その交差点《こうさてん》の中心《ちゅうしん》から30メートル手前《てまえ》の地点《ちてん》に達《たっ》したときにしなければならない（環状交差点《かんじょうこうさてん》を除《のぞ》く）。

【問《とい》18】 図《ず》2の標示《ひょうじ》のある道路《どうろ》では、前方《ぜんぽう》の道路《どうろ》が優《ゆう》先道路《せんどうろ》であることを予告《よこく》している。

図《ず》2

【問《とい》19】 乗用自動車《じょうようじどうしゃ》で高速走行《こうそくそうこう》するときのタイヤの空《くう》気圧《きあつ》は、規定圧力《きていあつりょく》よりもやや高《たか》めにしておく。

問《とい》9　×

問題《もんだい》の標識《ひょうしき》は「車両《しゃりょう》（組合《くみあわ》せ）通行止《つうこうど》め」を表示《ひょうじ》しているので、自転車《じてんしゃ》などの軽車両《けいしゃりょう》の通行《つうこう》は禁止《きんし》されていない。

問《とい》10　×　頻出《ひんしゅつ》

高速道路《こうそくどうろ》を走行中《そうこうちゅう》にスタンディングウェーブ現象《げんしょう》の発生《はっせい》を知《し》ったときは、すぐにアクセルペダルから足《あし》を離《はな》して、減速《げんそく》しないと危険《きけん》である。

問《とい》11　×　重要《じゅうよう》

身体障害者《しんたいしょうがいしゃ》マークは付《つ》けることが義務《ぎむ》づけられてはいないが、できるだけ付《つ》けるようにする。

問《とい》12　○

一方通行《いっぽうつうこう》の道路《どうろ》で右折《うせつ》するときは、あらかじめ道路《どうろ》の右端《みぎはし》に寄《よ》り徐行《じょこう》しなければならない。

問《とい》13　○　頻出《ひんしゅつ》

普通免許《ふつうめんきょ》が停止《ていし》されている期間中《きかんちゅう》は、すべての自動車《じどうしゃ》や原動機付自転車《げんどうきつきじてんしゃ》を運転《うんてん》することができない。

問《とい》14　×

警察官《けいさつかん》による手信号《てしんごう》が信号機《しんごうき》の信号《しんごう》と違《ちが》うときは、警察官《けいさつかん》の手信号《てしんごう》による信号《しんごう》に従《したが》わなければならない。

問《とい》15　×　頻出《ひんしゅつ》

横断歩道《おうだんほどう》とその手前《てまえ》30メートル以内《いない》の場所《ばしょ》は歩行者《ほこうしゃ》がいるいないに関係《かんけい》なく、追越《おいこ》しや追抜《おいぬ》きは禁止《きんし》されている。

問《とい》16　○　ひっかけ

上《のぼ》り坂《さか》の頂上付近《ちょうじょうふきん》やこう配《ばい》の急《きゅう》な下《くだ》り坂《ざか》は、徐行《じょこう》しなければならない。

問《とい》17　×　重要《じゅうよう》

中心《ちゅうしん》からではなく、交差点《こうさてん》の手前《てまえ》の側端《そくたん》から30メートル手前《てまえ》で合図《あいず》をしなければならない。

問《とい》18　○

問題《もんだい》の標示《ひょうじ》は「前方優先道路《ぜんぽうゆうせんどうろ》」を表示《ひょうじ》している。

問《とい》19　○

高速走行《こうそくそうこう》するときのタイヤの空気圧《くうきあつ》は、規定圧力《きていあつりょく》よりもやや高《たか》めにする。

【問《とい》20】 □□

駐車《ちゅうしゃ》が禁止《きんし》されていない広《ひろ》い道路《どうろ》の場合《ばあい》は、夜《よる》8時《じ》から翌朝《よくあさ》の6時《じ》まで駐車《ちゅうしゃ》しても、違反《いはん》にはならない。

【問《とい》21】 □□

オートマチック車《しゃ》で長《なが》い下《くだ》り坂《ざか》を走行《そうこう》するときは、チェンジレバーを2《セカンド》またはL《ロー》（1）にしてエンジンブレーキを使《つか》い、フットブレーキは必要《ひつよう》に応《おう》じて使《つか》うのがよい。

【問《とい》22】 □□

車《くるま》は、右側《みぎがわ》の道路上《どうろじょう》に3.5メートル以上《いじょう》の余地《よち》がない場所《ばしょ》では、停車《ていしゃ》も駐車《ちゅうしゃ》もしてはならない。

【問《とい》23】 □□

踏切《ふみきり》から10メートルぐらい手前《てまえ》でしゃ断機《だんき》が降《お》り始《はじ》めたときは、急《いそ》いで低速《ていそく》ギアに入《い》れ一時停止《いちじていし》しないで踏切《ふみきり》を通過《つうか》したほうがよい。

【問《とい》24】 □□

車両通行帯《しゃりょうつうこうたい》のないトンネルであっても、対向車《たいこうしゃ》がいないときは、原動機付自転車《げんどうきつきじてんしゃ》を追《お》い越《こ》すことができる。

【問《とい》25】 □□

横断歩道《おうだんほどう》とその手前《てまえ》5メートル以内《いない》の場所《ばしょ》は駐停車禁止《ちゅうていしゃきんし》であるが、横断歩道《おうだんほどう》の先《さき》5メートル以内《いない》の場所《ばしょ》は駐車《ちゅうしゃ》のみ禁止《きんし》である。

【問《とい》26】 □□

普通自動車《ふつうじどうしゃ》の所有者《しょゆうしゃ》は、自宅《じたく》など自動車《じどうしゃ》の使用《しよう》の本拠《ほんきょ》の位置《いち》から2キロメートル以内《いない》の道路以外《どうろいがい》の場所《ばしょ》に、保管場所《ほかんばしょ》を設《もう》けなければならない。

【問《とい》27】 □□

図《ず》3の標識《ひょうしき》のある場所《ばしょ》では路肩《ろかた》が崩《くず》れやすいので注意《ちゅうい》して運転《うんてん》しなければならない。

図《ず》3

【問《とい》28】 □□

エアバッグを備《そな》えている自動車《じどうしゃ》を運転《うんてん》するときでも、シートベルトを着用《ちゃくよう》しなければならない。

【問《とい》29】 □□

車《くるま》は路線《ろせん》バスなどの専用通行帯《せんようつうこうたい》を、路線《ろせん》バスなどの通行《つうこう》の妨《さまた》げにならないときには、通行《つうこう》してもよい。

問《とい》20 頻出《ひんしゅつ》 ×

夜間《やかん》、道路上《どうろじょう》の同一場所《どういつばしょ》に引《ひ》き続《つづ》き8時間以上《じかんいじょう》駐車《ちゅうしゃ》すると、道路《どうろ》を車《しゃ》庫代《こが》わりに使用《しよう》したとして違反《いはん》になる。

問《とい》21 頻出《ひんしゅつ》 〇

長《なが》い下《くだ》り坂《ざか》で、フットブレーキをひんぱんに使《つか》い過《す》ぎると、急《きゅう》にブレーキがきかなくなることがあるので、エンジンブレーキを活用《かつよう》する。

問《とい》22 重要《じゅうよう》 ×

道路《どうろ》の右側《みぎがわ》に3.5メートル以上《いじょう》の余地《よち》を残《のこ》して止《と》めなければならないのは、駐車《ちゅうしゃ》するときだけである。

問《とい》23 ひっかけ ×

しゃ断機《だんき》が降《お》り始《はじ》めたときは、踏切《ふみきり》の手前《てまえ》で停止《ていし》し、絶対《ぜったい》に踏切《ふみきり》に入《はい》ってはならない。

問《とい》24 ×

車両通行帯《しゃりょうつうこうたい》のないトンネルは、追越《おいこ》し禁止《きんし》である。

問《とい》25 ×

横断歩道《おうだんほどう》とその端《はし》から前後《ぜんご》に5メートル以内《いない》の場所《ばしょ》は駐停車《ちゅうていしゃ》が禁止《きんし》されている。

問《とい》26 頻出《ひんしゅつ》 〇

自宅《じたく》など自動車《じどうしゃ》の使用《しよう》の本拠《ほんきょ》の位置《いち》から2キロメートル以内《いない》の道路以《どうろい》外《がい》の場所《ばしょ》に、自動車《じどうしゃ》の保管場所《ほかんばしょ》を確保《かくほ》しなければならない。

問《とい》27 ×

問題《もんだい》の標識《ひょうしき》は「路肩《ろかた》が崩《くず》れやすい」ではなく、「落石《らくせき》のおそれあり」を表示《ひょうじ》しているので、注意《ちゅうい》して運転《うんてん》しなければならない。

問《とい》28 〇

エアバッグを備《そな》えている車《くるま》でも、自動車《じどうしゃ》を運転《うんてん》するときは運転者《うんてんしゃ》をはじめ乗車《じょうしゃ》する全員《ぜんいん》がシートベルトを着用《ちゃくよう》しなければならない。

問《とい》29 頻出《ひんしゅつ》 ×

小型特殊自動車《こがたとくしゅじどうしゃ》、原動機付自転車《げんどうきつきじてんしゃ》、軽車両以外《けいしゃりょういがい》の車《くるま》は、右左折《うさせつ》や道路《どうろ》工事《こうじ》などでやむを得《え》ないとき以外《いがい》は、通行《つうこう》することができない。

【問《とい》30】 高速道路《こうそくどうろ》で故障《こしょう》のため路肩《ろかた》に停止《ていし》させたときは、必要《ひつよう》な危険防止《きけんぼうし》措置《そち》をとった後《あと》は、レッカー車《しゃ》がくるまで車内《しゃない》で待《ま》つ。

【問《とい》31】 歩行者用道路《ほこうしゃようどうろ》は、原動機付自転車《げんどうきつきじてんしゃ》や軽車両《けいしゃりょう》が通行《つうこう》できる。

【問《とい》32】 交差点《こうさてん》とその端《はし》から5メートル以内《いない》の場所《ばしょ》でも、人《ひと》の乗《の》り降《お》りのために停車《ていしゃ》することは、違反《いはん》にはならない。

【問《とい》33】 冷却水《れいきゃくすい》が不足《ふそく》してエンジンがオーバーヒート（過熱《かねつ》）したときは、ただちにエンジンを止《と》め、ラジエーターキャップを取《と》る。

【問《とい》34】 車《くるま》を追《お》い越《こ》す場合《ばあい》に左側《ひだりがわ》を通行《つうこう》できるのは、前車《ぜんしゃ》が右折《うせつ》のため道《どう》路《ろ》の中央《ちゅうおう》か右端《みぎはし》に寄《よ》って通行《つうこう》しているときだけである。

【問《とい》35】 交差点《こうさてん》に入《はい》るのと同時《どうじ》に信号《しんごう》が青色《あおいろ》から黄色《きいろ》に変《か》わったときは、ただちに交差点内《こうさてんない》に停止《ていし》しなければならない。

【問《とい》36】 図《ず》4の標示《ひょうじ》のある道路《どうろ》では、直進《ちょくしん》する普《ふ》通自動車《つうじどうしゃ》は左《ひだり》から2番目《ばんめ》の通行帯《つうこうたい》を通行《つうこう》する。

図《ず》4

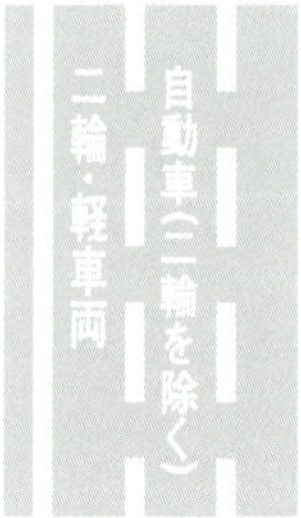

【問《とい》37】 雨《あめ》の日《ひ》、舗装《ほそう》されていない道路《どうろ》を走行中《そうこうちゅう》、後輪《こうりん》が横《よこ》すべりを始《はじ》めたときは、まず、急《きゅう》ブレーキをかけるとよい。

【問《とい》38】 交差点《こうさてん》は、交通整理《こうつうせいり》が行《おこな》われていても、つねに徐行《じょこう》しなければならない場所《ばしょ》である。

【問《とい》39】 車《くるま》が踏切《ふみきり》を通《とお》る場合《ばあい》、その直前《ちょくぜん》で停止《ていし》しなくても通《とお》れるのは、信《しん》号機《ごうき》の表示《ひょうじ》する青信号《あおしんごう》に従《したが》うときだけである。

問《とい》30 × 頻《ひん》出《しゅつ》

高速道路上《こうそくどうろじょう》は危険《きけん》なので、必要《ひつよう》な危険防止措置《きけんぼうしそち》をとった後《あと》、車《くるま》に残《のこ》らず安全《あんぜん》な場所《ばしょ》に避難《ひなん》する。

問《とい》31 × ひっかけ

歩行者用道路《ほこうしゃようどうろ》は、歩行者《ほこうしゃ》や特《とく》に通行《つうこう》が認《みと》められた車《くるま》が通行《つうこう》できる。

問《とい》32 ×

交差点《こうさてん》とその端《はし》から5メートル以内《いない》の場所《ばしょ》は、駐停車禁止《ちゅうていしゃきんし》の場所《ばしょ》なので、違反《いはん》になる。

問《とい》33 × 重《じゅう》要《よう》

すぐにキャップを取《と》ると蒸気《じょうき》が噴《ふ》き出《だ》してやけどをする危険《きけん》があるので、スロー回転《かいてん》でエンジンを冷《ひ》やしてから処置《しょち》する。

問《とい》34 ○

前《まえ》の車《くるま》が右折《うせつ》するため、道路《どうろ》の中央《ちゅうおう》（一方通行《いっぽうつうこう》の道路《どうろ》では右端《みぎはし》）に寄《よ》って通行《つうこう》しているときは、その車《くるま》の左側《ひだりがわ》を通行《つうこう》する。また、路面電車《ろめんでんしゃ》が道路《どうろ》の中央《ちゅうおう》を通行《つうこう》しているときも、その左側《ひだりがわ》を通行《つうこう》する。

問《とい》35 × ひっかけ

停止位置《ていしいち》に安全《あんぜん》に停止《ていし》できないときは、交差点内《こうさてんない》に停止《ていし》しないで、そのまま進《すす》むことができる。

問《とい》36 ○

問題《もんだい》の標示《ひょうじ》は「車両通行区分《しゃりょうつうこうくぶん》」を表示《ひょうじ》しているので、普通自動車《ふつうじどうしゃ》は左《ひだり》から２番目《ばんめ》の通行帯《つうこうたい》を通行《つうこう》する。

問《とい》37 × 重《じゅう》要《よう》

ブレーキはかけないで、後輪《こうりん》が右《みぎ》へすべったときは右《みぎ》へ、左《ひだり》へすべったときは左《ひだり》へ、それぞれハンドルを切《き》って車《くるま》の向《む》きを立《た》て直《なお》す。

問《とい》38 × 頻《ひん》出《しゅつ》

徐行《じょこう》しなければならない交差点《こうさてん》は、交通整理《こうつうせいり》が行《おこな》われていない、左右《さゆう》の見通《みとお》しのきかない交差点《こうさてん》（優先道路《ゆうせんどうろ》を通行《つうこう》している場合《ばあい》を除《のぞ》く）を通行《つうこう》するときである。

問《とい》39 ○

踏切《ふみきり》に信号機《しんごうき》がある場合《ばあい》は、信号《しんごう》に従《したが》って一時停止《いちじていし》せずに通過《つうか》することができる。

【問《とい》40】 □□
カーブを通《とお》るときは、その手前《てまえ》の直線部分《ちょくせんぶぶん》で、十分速度《じゅうぶんそくど》を下《さ》げておくのがよい。

【問《とい》41】 □□
小型特殊免許《こがたとくしゅめんきょ》で原動機付自転車《げんどうきつきじてんしゃ》を運転《うんてん》することができる。

【問《とい》42】 □□
一方通行路《いっぽうつうこうろ》の右端《みぎはし》に「駐車可《ちゅうしゃか》」の標識《ひょうしき》が立《た》っているときは、道路《どうろ》の右端《みぎはし》に沿《そ》って駐車《ちゅうしゃ》も停車《ていしゃ》もすることができる。

【問《とい》43】 □□
ハイドロプレーニング現象《げんしょう》（水膜現象《すいまくげんしょう》）が起《お》こったときは、ただちに急《きゅう》ブレーキをかけるとよい。

【問《とい》44】 □□
道路《どうろ》の曲《ま》がり角付近《かどふきん》を通行《つうこう》するときは、見通《みとお》しがきいても、徐行《じょこう》しなければならない。

【問《とい》45】 □□
図《ず》5の標識《ひょうしき》のある道路《どうろ》では普通貨物自動車《ふつうかもつじどうしゃ》は通行《つうこう》できるが、大型貨物自動車《おおがたかもつじどうしゃ》は通行《つうこう》できない。

図《ず》5

【問《とい》46】 □□
指示標識《しじひょうしき》とは、特定《とくてい》の交通方法《こうつうほうほう》を禁止《きんし》したり、特定《とくてい》の方法《ほうほう》に従《したが》って通行《つうこう》するよう指定《してい》するものである。

【問《とい》47】 □□
エンジンをかけた二輪車《にりんしゃ》を押《お》して歩《ある》いている場合《ばあい》には歩行者《ほこうしゃ》として扱《あつか》われるので、歩行者用《ほこうしゃよう》の信号《しんごう》に従《したが》わなければならない。

【問《とい》48】 □□
交通事故《こうつうじこ》を起《お》こした場合《ばあい》、相手方《あいてがた》と話《はな》し合《あ》いがついたときでも警察官《けいさつかん》に報告《ほうこく》しなければならない。

【問《とい》49】 □□
エンジンオイルは、少《すく》なくなっているときに補充《ほじゅう》するとともに、一定《いってい》の距離《きょり》を走《はし》るごとに交換《こうかん》するのがよい。

【問《とい》50】 □□
反対方向《はんたいほうこう》の交通《こうつう》を妨《さまた》げるおそれがないときは、道路《どうろ》の幅《はば》が広《ひろ》くても、右側部分《みぎがわぶぶん》にはみ出《だ》して追越《おいこ》しをすることができる。

問《とい》40 ○ 頻出《ひんしゅつ》

カーブに近《ちか》づいたときは、その手前《てまえ》の直線部分《ちょくせんぶぶん》で十分速度《じゅうぶんそくど》を落《お》とさなければならない。

問《とい》41 ×

小型特殊免許《こがたとくしゅめんきょ》で運転《うんてん》できるのは、小型特殊自動車《こがたとくしゅじどうしゃ》だけである。

問《とい》42 ○ 重要《じゅうよう》

駐停車禁止場所《ちゅうていしゃきんしばしょ》や駐車禁止場所《ちゅうしゃきんしばしょ》であっても、「駐車可《ちゅうしゃか》」や「停車可《ていしゃか》」の標識《ひょうしき》により認《みと》められている場合《ばあい》は、駐車《ちゅうしゃ》や停車《ていしゃ》ができる。

問《とい》43 × 重要《じゅうよう》

ハンドルをしっかりと握《にぎ》り、エンジンブレーキで速度《そくど》を落《お》とす。急《きゅう》ブレーキは、横《よこ》すべりなどを起《お》こすので危険《きけん》である。

問《とい》44 ○ ひっかけ

道路《どうろ》の曲《ま》がり角付近《かどふきん》は、見通《みとお》しがよくても徐行《じょこう》しなければならない。

問《とい》45 ○ 重要《じゅうよう》

問題《もんだい》の標識《ひょうしき》は「大型貨物自動車等通行止《おおがたかもつじどうしゃとうつうこうど》め」を表示《ひょうじ》しているので、大《おお》型貨物自動車《がたかもつじどうしゃ》や特定中型貨物自動車《とくていちゅうがたかもつじどうしゃ》、大型特殊自動車《おおがたとくしゅじどうしゃ》は通行《つうこう》できない。

問《とい》46 ×

指示標識《しじひょうしき》とは、特定《とくてい》の交通方法《こうつうほうほう》ができることや、道路交通上決《どうろこうつうじょうき》められた場所《ばしょ》などを指示《しじ》するものである。

問《とい》47 × 頻出《ひんしゅつ》

エンジンをかけたまま二輪車《にりんしゃ》を押《お》して歩《ある》いている場合《ばあい》には歩行者《ほこうしゃ》として扱《あつか》われない。

問《とい》48 ○

事故《じこ》が発生《はっせい》した場所《ばしょ》、負傷者数《ふしょうしゃすう》や負傷《ふしょう》の程度《ていど》、物《もの》の損壊《そんかい》の程度《ていど》、事故《じこ》にあった車《くるま》の積載物《せきさいぶつ》などを警察官《けいさつかん》に報告《ほうこく》し、指示《しじ》を受《う》ける。

問《とい》49 ○

オイルの量《りょう》がオイルレベルゲージ（油量計《ゆりょうけい》）で示《しめ》された範囲内《はんいない》にあるかを点検《てんけん》し、少《すく》なくなっていれば補充《ほじゅう》する。

問《とい》50 × 重要《じゅうよう》

右側部分《みぎがわぶぶん》にはみ出《だ》して追越《おいこ》しができるのは左側部分《ひだりがわぶぶん》が6メートル未満《みまん》の見通《みとお》しのよい道路《どうろ》に限《かぎ》られる。

【問《とい》51】 □□

原動機付自転車《げんどうきつきじてんしゃ》を運転中《うんてんちゅう》、スロットルグリップのワイヤーが引《ひ》っかかり、エンジンの回転《かいてん》が上《あ》がったままになったら、すぐに点火《てんか》スイッチを切《き》る。

【問《とい》52】 □□

一般道路《いっぱんどうろ》を走行中《そうこうちゅう》、前方《ぜんぽう》50メートル先《さき》まではっきりと見《み》えないほど暗《くら》くなったときは、昼間《ひるま》でも灯火《とうか》をつける。

【問《とい》53】 □□

夜間《やかん》、対向車《たいこうしゃ》と行《い》き違《ちが》うときに前照灯《ぜんしょうとう》を下向《したむ》きに切《き》り替《か》えた。

図《ず》6

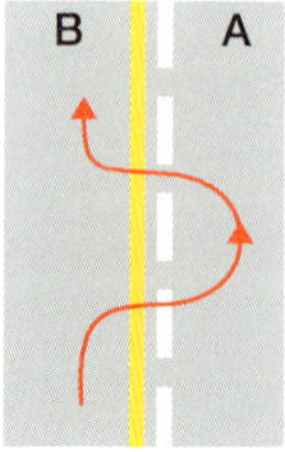

【問《とい》54】 □□

道路《どうろ》の中央《ちゅうおう》に図《ず》6の標示《ひょうじ》がある道路《どうろ》で、Ｂの部分《ぶぶん》を通行《つうこう》する車《くるま》が追越《おいこ》しのため右側部分《みぎがわぶぶん》にはみ出《だ》して通行《つうこう》した。

【問《とい》55】 □□

高速道路《こうそくどうろ》を走行中《そうこうちゅう》に進路《しんろ》を変《か》える場合《ばあい》は、一般道路《いっぱんどうろ》を走行《そうこう》するときよりも急《きゅう》ハンドルを切《き》ったほうがよい。

【問《とい》56】 □□

マニュアル車《しゃ》を運転中《うんてんちゅう》、ぬかるみにはまり駆動輪《くどうりん》がスリップして発進《はっしん》できなかったので、すべり止《ど》めに古毛布《ふるもうふ》を敷《し》いて静《しず》かにクラッチをつないだ。

【問《とい》57】 □□

見通《みとお》しがよければ、道路《どうろ》の曲《ま》がり角《かど》やこう配《ばい》の急《きゅう》な下《くだ》り坂《ざか》であっても、他《ほか》の自動車《じどうしゃ》や原動機付自転車《げんどうきつきじてんしゃ》を追《お》い越《こ》してもよい。

【問《とい》58】 □□

安全地帯《あんぜんちたい》のある停留所《ていりゅうじょ》に停車中《ていしゃちゅう》の路面電車《ろめんでんしゃ》がいる場合《ばあい》は、乗《の》り降《お》りする人《ひと》が見《み》えなければそのまま通行《つうこう》することができる。

【問《とい》59】 □□

交差点《こうさてん》の付近以外《ふきんいがい》の一方通行路《いっぽうつうこうろ》を右側部分《みぎがわぶぶん》にはみ出《だ》して通行中《つうこうちゅう》、後方《こうほう》から緊急自動車《きんきゅうじどうしゃ》が接近《せっきん》してきたときは、道路《どうろ》をゆずらなくてもよい。

【問《とい》60】 □□

学校帰《がっこうがえ》りの小学生《しょうがくせい》が数人《すうにん》、横断歩道《おうだんほどう》でないところを横断《おうだん》しているときは、警音器《けいおんき》を鳴《な》らして立《た》ち止《ど》まらせてから通行《つうこう》しなければならない。

問《とい》51 ○

エンジンの回転《かいてん》が上《あ》がったままになったら、二輪車《にりんしゃ》では、点火《てんか》スイッチを切《き》ってエンジンの回転《かいてん》を止《と》める。

問《とい》52 頻出《ひんしゅつ》 ○

昼間《ひるま》でも前方《ぜんぽう》50メートル先《さき》まではっきりと見《み》えないときは、前照灯《ぜんしょうとう》、車幅灯《しゃはばとう》、尾灯《びとう》などをつける。

問《とい》53 ○

対向車《たいこうしゃ》と行《い》き違《ちが》うときやほかの車《くるま》の直後《ちょくご》を通行《つうこう》しているときも前照灯《ぜんしょうとう》を下向《したむ》きに切《き》り替《か》えるか減光《げんこう》する。

問《とい》54 重要《じゅうよう》 ×

問題《もんだい》の標示《ひょうじ》は「追越《おいこ》しのための右側部分《みぎがわぶぶん》はみ出《だ》し通行禁止《つうこうきんし》」を表示《ひょうじ》しており、Bの部分《ぶぶん》を通行《つうこう》する車《くるま》は右側部分《みぎがわぶぶん》にはみ出《だ》して追越《おいこ》しをすることはできない。

問《とい》55 重要《じゅうよう》 ×

高速道路《こうそくどうろ》を走行《そうこう》するときのハンドル操作《そうさ》は、一般道路《いっぱんどうろ》のときよりもゆるやかに行《おこな》う。

問《とい》56 ひっかけ ○

ぬかるみなどで車輪《しゃりん》がから回《まわ》りするときは、古毛布《ふるもうふ》、砂利《じゃり》などがあればそれをすべり止《ど》めに使《つか》うと効果的《こうかてき》である。

問《とい》57 ×

道路《どうろ》の曲《ま》がり角《かど》やこう配《ばい》の急《きゅう》な下《くだ》り坂《ざか》は見通《みとお》しがよい悪《わる》いに関係《かんけい》なく、追越《おいこ》しは禁止《きんし》されている。

問《とい》58 頻出《ひんしゅつ》 ×

安全地帯《あんぜんちたい》がある停留所《ていりゅうじょ》で停車《ていしゃ》している路面電車《ろめんでんしゃ》がいる場合《ばあい》は、徐行《じょこう》して進《すす》まなければならない。

問《とい》59 重要《じゅうよう》 ×

左側《ひだりがわ》に寄《よ》って進路《しんろ》をゆずるのが原則《げんそく》だが、左側《ひだりがわ》に寄《よ》ると緊急自動車《きんきゅうじどうしゃ》の進路《しんろ》を妨《さまた》げるときに限《かぎ》り、右側《みぎがわ》に寄《よ》って進路《しんろ》をゆずる。

問《とい》60 ひっかけ ×

警音器《けいおんき》は鳴《な》らさずに一時停止《いちじていし》か徐行《じょこう》して、安全《あんぜん》に道路《どうろ》を横断《おうだん》できるようにしなければならない。

【問《とい》61】 自動車《じどうしゃ》は上《のぼ》り坂《ざか》の頂上付近《ちょうじょうふきん》でも、原動機付自転車《げんどうきつきじてんしゃ》を追《お》い越《こ》してよい。

□□

【問《とい》62】 警察官《けいさつかん》が灯火《とうか》を横《よこ》に振《ふ》っている場合《ばあい》、その灯火《とうか》が振《ふ》られている方《ほう》向《こう》に進《すす》む交通《こうつう》は、青色《あおいろ》の灯火《とうか》の信号《しんごう》と同《おな》じ意味《いみ》である。

□□

【問《とい》63】 歩道《ほどう》も路側帯《ろそくたい》もない道路《どうろ》で駐車《ちゅうしゃ》するときは、車《くるま》の左側《ひだりがわ》に余地《よち》を残《のこ》さないで、道路《どうろ》と平行《へいこう》に左端《ひだりはし》に沿《そ》って停止《ていし》する。

□□

【問《とい》64】 図《ず》7の標識《ひょうしき》のある交差点《こうさてん》で原動機付自転車《げんどうきつきじてんしゃ》で右折《うせつ》するときは、道路《どうろ》の左端《ひだりはし》を通行《つうこう》して直進《ちょくしん》する。

□□

図《ず》7

【問《とい》65】 駐車禁止《ちゅうしゃきんし》の標識《ひょうしき》のある場所《ばしょ》で、自家用《じかよう》バスが人《ひと》の乗《の》り降《お》りのため10分間停車《ぶんかんていしゃ》した。

□□

【問《とい》66】 雪道《ゆきみち》では、前車《ぜんしゃ》の通《とお》ったわだち（タイヤの跡《あと》）を選《えら》び通行《つうこう》するようにしたほうがよい。

□□

【問《とい》67】 高速《こうそく》になればなるほど視野《しや》は狭《せま》くなり、近《ちか》くのものはぼやけて見《み》えにくくなるので、危険《きけん》は増大《ぞうだい》する。

□□

【問《とい》68】 高速自動車国道《こうそくじどうしゃこくどう》の本線車道《ほんせんしゃどう》とは、通常高速走行《つうじょうこうそくそうこう》できる部分《ぶぶん》のことである。

□□

【問《とい》69】 高速自動車国道《こうそくじどうしゃこくどう》の本線車道《ほんせんしゃどう》から減速車線《げんそくしゃせん》へ出《で》るときは、減速車線《げんそくしゃせん》に入《はい》ってからブレーキをかけ、速度《そくど》を落《お》とすようにする。

□□

【問《とい》70】 道路外《どうろがい》の駐車場《ちゅうしゃじょう》に入《はい》るため歩道《ほどう》を横切《よこぎ》るときは、歩道《ほどう》の直前《ちょくぜん》で一《いち》時停止《じていし》して、通行《つうこう》している歩行者《ほこうしゃ》の通行《つうこう》を妨《さまた》げてはならない。

□□

【問《とい》71】 どんな急用《きゅうよう》があっても、ほかの正常《せいじょう》な交通《こうつう》を妨《さまた》げるおそれがあるときは転回《てんかい》してはならない。

□□

問《とい》61 ×

上《のぼ》り坂《ざか》の頂上付近《ちょうじょうふきん》は、追越《おいこ》し禁止《きんし》の場所《ばしょ》である。

問《とい》62 ○ 頻出《ひんしゅつ》

灯火《とうか》が振《ふ》られている方向《ほうこう》に進《すす》む交通《こうつう》は、青色《あおいろ》の灯火《とうか》の信号《しんこう》と同《おな》じ意味《いみ》である。

問《とい》63 ○ 重要《じゅうよう》

歩道《ほどう》や路側帯《ろそくたい》のない道路《どうろ》では、道路《どうろ》の左端《ひだりはし》に沿《そ》って駐車《ちゅうしゃ》する。

問《とい》64 ×

問題《もんだい》の標識《ひょうしき》は「原動機付自転車《げんどうきつきじてんしゃ》の右折方法《うせつほうほう》（小回《こまわ》り）」を表示《ひょうじ》しているので、原動機付自転車《げんどうきつきじてんしゃ》で右折《うせつ》するときはあらかじめ道路《どうろ》の中央《ちゅうおう》（一《いっ》方通行路《ほうつうこうろ》は右端《みぎはし》）に寄《よ》り、右折《うせつ》しなければならない。

問《とい》65 ○ 重要《じゅうよう》

荷物《にもつ》の積卸《つみおろ》しについては５分以内《ふんいない》という時間制限《じかんせいげん》があるが、人《ひと》の乗《の》り降《お》りについては時間制限《じかんせいげん》はなく、駐車《ちゅうしゃ》にならない。

問《とい》66 ○ 頻出《ひんしゅつ》

雪道《ゆきみち》では、できるだけわだち（タイヤの跡《あと》）を走行《そうこう》するのが安全《あんぜん》である。

問《とい》67 ○ 重要《じゅうよう》

車《くるま》の速度《そくど》が速《はや》くなるほど、運転者《うんてんしゃ》の視野《しや》は狭《せま》くなり、遠《とお》くを注視《ちゅうし》するようになるために、近《ちか》くは見《み》えにくくなる。

問《とい》68 ○ 頻出《ひんしゅつ》

本線車道《ほんせんしゃどう》とは、高速道路《こうそくどうろ》で通常高速走行《つうじょうこうそくそうこう》できる部分《ぶぶん》（加速車線《かそくしゃせん》、減速《げんそく》車線《しゃせん》、登坂車線《とうはんしゃせん》、路側帯《ろそくたい》、路肩《ろかた》を除《のぞ》いた部分《ぶぶん》）をいう。

問《とい》69 ○

本線車道《ほんせんしゃどう》でブレーキをかけると追突《ついとつ》されるおそれがあるので、減速車《げんそくしゃ》線《せん》に入《はい》ってからブレーキをかける。

問《とい》70 ○ 頻出《ひんしゅつ》

歩道《ほどう》や路側帯《ろそくたい》を横切《よこぎ》るときには、その直前《ちょくぜん》で一時停止《いちじていし》して、通行《つうこう》している歩行者《ほこうしゃ》の通行《つうこう》を妨《さまた》げてはならない。

問《とい》71 ○

ほかの車《くるま》などの正常《せいじょう》な進行《しんこう》を妨《さまた》げるおそれがあるときは、横断《おうだん》や転回《てんかい》や後退《こうたい》をしてはならない。

【問《とい》72】 □□

図《ず》8の標識《ひょうしき》のある道路《どうろ》では車両横断禁止《しゃりょうおうだんきんし》を表《ひょう》示《じ》しているので、道路外《どうろがい》の場所《ばしょ》に出入《ではい》りするための左折《させつ》をともなう横断《おうだん》も禁止《きんし》されている。

図《ず》8

【問《とい》73】 □□

信号機《しんごうき》の信号《しんごう》は青色《あおいろ》の灯火《とうか》だったが、警察官《けいさつかん》が交差点《こうさてん》の中央《ちゅうおう》で両《りょう》腕《うで》を水平《すいへい》に上《あ》げており、これに対面《たいめん》していたので停止線《ていしせん》の直前《ちょくぜん》で停止《ていし》した。

【問《とい》74】 □□

前車《ぜんしゃ》が原動機付自転車《げんどうきつきじてんしゃ》を追《お》い越《こ》そうとしているときに、その車《くるま》を追《お》い越《こ》しても二重追越《にじゅうおいこ》しにはならない。

【問《とい》75】 □□

一方通行《いっぽうつうこう》では、道路《どうろ》の中央《ちゅうおう》より右側部分《みぎがわぶぶん》を通行《つうこう》することができる。

【問《とい》76】 □□

下《くだ》り坂《ざか》では、停止距離《ていしきょり》が長《なが》くなるので、平坦《へいたん》な道路《どうろ》を走《はし》るときよりも車間距離《しゃかんきょり》を広《ひろ》くとるようにする。

【問《とい》77】 □□

マニュアル車《しゃ》でカーブを通《とお》るときは、クラッチを切《き》って惰力《だりょく》を利《り》用《よう》するのがよい。

【問《とい》78】 □□

普通免許《ふつうめんきょ》を受《う》けている人《ひと》は、最大積載量《さいだいせきさいりょう》2トン以上《いじょう》のトラックを運転《うんてん》することができる。

【問《とい》79】 □□

白《しろ》いつえを持《も》った人《ひと》が横断歩道《おうだんほどう》のすぐ近《ちか》くを歩《ある》いているときは、警音器《けいおんき》を鳴《な》らしその人《ひと》を立《た》ち止《ど》まらせてから通行《つうこう》する。

【問《とい》80】 □□

660ccの普通自動車《ふつうじどうしゃ》の高速自動車国道《こうそくじどうしゃこくどう》における本線車道《ほんせんしゃどう》での法定《ほうてい》最高速度《さいこうそくど》は80キロメートル毎時《まいじ》である。

【問《とい》81】 □□

図《ず》9の標識《ひょうしき》のある道路《どうろ》では自動車《じどうしゃ》も原動機付自《げんどうきつきじ》転車《てんしゃ》も50キロメートル毎時《まいじ》を超《こ》える速度《そくど》で運転《うんてん》してはならない。

図《ず》9

問《とい》72 ✕ 頻《ひん》出《しゅつ》

問題《もんだい》の標識《ひょうしき》のある場所《ばしょ》であっても、道路外《どうろがい》の施設《しせつ》や場所《ばしょ》に出入《ではい》りするための左折《させつ》をともなう横断《おうだん》は禁止《きんし》されていない。

問《とい》73 ○

警察官《けいさつかん》と対面《たいめん》する交通《こうつう》については赤色《あかいろ》の信号《しんごう》と同《おな》じ意味《いみ》であるので、停止《ていし》しなければならない。

問《とい》74 ○ ひっかけ

前《まえ》の自動車《じどうしゃ》が原動機付自転車《げんどうきつきじてんしゃ》を追《お》い越《こ》そうとしているときに、その自《じ》動車《どうしゃ》を追《お》い越《こ》しても二重追越《にじゅうおいこ》しにはならない。

問《とい》75 ○ 頻《ひん》出《しゅつ》

一方通行《いっぽうつうこう》の道路《どうろ》では道路《どうろ》の中央《ちゅうおう》から右側部分《みぎがわぶぶん》を通行《つうこう》することができる。

問《とい》76 ○

下《くだ》り坂《ざか》では加速《かそく》がつき、停止距離《ていしきょり》が長《なが》くなるので、車間距離《しゃかんきょり》を広《ひろ》くとるようにする。

問《とい》77 ✕ 重《じゅう》要《よう》

カーブを通《とお》るときにクラッチを切《き》ると、惰力《だりょく》が遠心力《えんしんりょく》に作用《さよう》して危険《きけん》である。

問《とい》78 ✕ 頻《ひん》出《しゅつ》

2トン以上《いじょう》のトラックを運転《うんてん》するためには中型免許《ちゅうがためんきょ》や準中型免許《じゅんちゅうがためんきょ》、大《おお》型免許《がためんきょ》が必要《ひつよう》である。

問《とい》79 ✕

通行《つうこう》に支障《ししょう》のある人《ひと》なので、警音器《けいおんき》は鳴《な》らさずに一時停止《いちじていし》か徐行《じょこう》して、安全《あんぜん》に通行《つうこう》できるようにしなければならない。

問《とい》80 ✕

660cc以下《いか》の普通自動車《ふつうじどうしゃ》の高速自動車国道《こうそくじどうしゃこくどう》における本線車道《ほんせんしゃどう》での法《ほう》定最高速度《ていさいこうそくど》は100キロメートル毎時《まいじ》である。

問《とい》81 ✕ 頻《ひん》出《しゅつ》

問題《もんだい》の標識《ひょうしき》は「最高速度《さいこうそくど》」を表示《ひょうじ》しているので50キロメートル毎時《まいじ》を超《こ》える速度《そくど》で運転《うんてん》をすることはできない。ただし、原動機付自転車《げんどうきつきじてんしゃ》の法定最高速度《ほうていさいこうそくど》は30キロメートル毎時《まいじ》なので、30キロメートル毎時《まいじ》を超《こ》える速度《そくど》で運転《うんてん》することはできない。

【問《とい》82】 □□ 高速道路《こうそくどうろ》の本線車道《ほんせんしゃどう》では、出口《でぐち》を間違《まちが》えたためやむを得《え》ない場合《ばあい》に限《かぎ》り、転回《てんかい》や後退《こうたい》をすることができる。

【問《とい》83】 □□ 交差点《こうさてん》の手前《てまえ》を進行中《しんこうちゅう》、前方《ぜんぽう》から緊急自動車《きんきゅうじどうしゃ》が接近《せっきん》してきたので、道路《どうろ》の左端《ひだりはし》に寄《よ》り交差点《こうさてん》の直前《ちょくぜん》で停止《ていし》した。

【問《とい》84】 □□ 踏切内《ふみきりない》でエンストして動《うご》かないときは、車《くるま》はそのままにしておいて、すぐに電話《でんわ》で会社《かいしゃ》やなじみの修理工場《しゅうりこうじょう》に連絡《れんらく》する。

【問《とい》85】 □□ 原動機付自転車《げんどうきつきじてんしゃ》で乾燥《かんそう》した路面《ろめん》でブレーキをかけるときは後輪《こうりん》ブレーキをやや強《つよ》くかける。

【問《とい》86】 □□ 貨物自動車《かもつじどうしゃ》の運転者《うんてんしゃ》が、警察署長《けいさつしょちょう》の許可《きょか》を受《う》けないで、空《から》の荷台《にだい》に荷物《にもつ》を積《つ》むために必要《ひつよう》な人《ひと》を2人《ふたり》乗《の》せて運転《うんてん》した。

【問《とい》87】 □□ 夜間運転中《やかんうんてんちゅう》、対向車《たいこうしゃ》の前照灯《ぜんしょうとう》がまぶしかったので、しばらく目《め》をつぶって運転《うんてん》した。

【問《とい》88】 □□ 道路《どうろ》の左側部分《ひだりがわぶぶん》にある安全地帯《あんぜんちたい》に歩行者《ほこうしゃ》が立《た》っていたが、危険《きけん》な状態《じょうたい》ではなかったので、20キロメートル毎時《まいじ》の速度《そくど》でその側方《そくほう》を通過《つうか》した。

【問《とい》89】 □□ 交差点《こうさてん》で右折《うせつ》する車《くるま》は、直進車《ちょくしんしゃ》がきていても右折《うせつ》し始《はじ》めていれば、その直進車《ちょくしんしゃ》に優先《ゆうせん》して進行《しんこう》することができる。

【問《とい》90】 □□ 荷物《にもつ》の積卸《つみおろ》しで運転者《うんてんしゃ》がその車《くるま》から離《はな》れても、ただちに運転《うんてん》できる状態《じょうたい》のときは、右側《みぎがわ》に3.5メートル以上《いじょう》の余地《よち》がない場所《ばしょ》でも、5分《ふん》を超《こ》えて積卸《つみおろ》しができる。

問《とい》82 ×　頻《ひん》出《しゅつ》

本線車道《ほんせんしゃどう》では横断《おうだん》、転回《てんかい》、後退《こうたい》は、絶対禁止《ぜったいきんし》なので、次《つぎ》の出口《でぐち》から出《で》るしかない。

問《とい》83 ○　頻《ひん》出《しゅつ》

交差点《こうさてん》の付近《ふきん》では、交差点《こうさてん》を避《さ》け、道路《どうろ》の左側《ひだりがわ》に寄《よ》って一時停止《いちじていし》をする。

問《とい》84 ×

非常信号《ひじょうしんごう》を行《おこな》うなどして、一刻《いっこく》も早《はや》く列車《れっしゃ》の運転士《うんてんし》や鉄道《てつどう》の係員《かかりいん》などに知《し》らせるとともに、車《くるま》を踏切外《ふみきりがい》へ移動《いどう》させなければならない。

問《とい》85 ×　重《じゅう》要《よう》

二輪車《にりんしゃ》で乾燥《かんそう》した路面《ろめん》でブレーキをかけるときは前輪《ぜんりん》ブレーキをやや強《つよ》くかける。

問《とい》86 ×

空《から》の荷台《にだい》に人《ひと》を乗《の》せるときは、警察署長《けいさつしょちょう》の許可《きょか》を受《う》けなければならない。

問《とい》87 ×　重《じゅう》要《よう》

対向車《たいこうしゃ》のライトがまぶしいときには視点《してん》を左前方《ひだりぜんぽう》に移《うつ》して、幻惑《げんわく》を防《ふせ》ぐようにする。

問《とい》88 ×　ひっかけ

車《くるま》は、歩行者《ほこうしゃ》のいる安全地帯《あんぜんちたい》のそばを通《とお》るときは徐行《じょこう》しなければならない。徐行《じょこう》とは、ブレーキを操作《そうさ》してから停止《ていし》するまでおおむね１メートル以内《いない》となるような速度《そくど》をいう。

問《とい》89 ×

右折《うせつ》するためすでに交差点《こうさてん》に入《はい》っていても、直進車《ちょくしんしゃ》の進行《しんこう》を妨《さまた》げてはならない。

問《とい》90 ○

荷物《にもつ》の積卸《つみおろ》しを行《おこな》う場合《ばあい》で、運転者《うんてんしゃ》がすぐに運転《うんてん》できるときは、右側《みぎがわ》に3.5メートル以上《いじょう》の余地《よち》がない場所《ばしょ》でも、５分《ふん》を超《こ》えて駐車《ちゅうしゃ》できる。

【問《とい》91】 交差点《こうさてん》で右折《うせつ》待《ま》ちのため止《と》まっています。どのようなことに注意《ちゅうい》して運転《うんてん》しますか？

(1) 対向車線《たいこうしゃせん》のトラックは前《まえ》の乗用車《じょうようしゃ》に妨《さまた》げられているため、すぐには進行《しんこう》してこないと思《おも》われるので、その前《まえ》に右折《うせつ》する。

(2) 対向車線《たいこうしゃせん》のトラックは自分《じぶん》の車《くるま》が右折《うせつ》するのを待《ま》ってくれると思《おも》われ、また右折《うせつ》する後続車《こうぞくしゃ》がいるので、できるだけ早《はや》く右折《うせつ》する。

(3) 対向車線《たいこうしゃせん》のトラックの後《うし》ろの状況《じょうきょう》がわからないので、トラックの通過後《つうかご》、対向《たいこう》する交通《こうつう》を確《たし》かめてから右折《うせつ》する。

（1）□□
（2）□□
（3）□□

【問《とい》92】 40km/hで進行《しんこう》しています。カーブを通過《つうか》するとき、どのようなことに注意《ちゅうい》して運転《うんてん》しますか？

(1) カーブを曲《ま》がり切《き》れず、中央線《ちゅうおうせん》を越《こ》え、対向車《たいこうしゃ》と衝突《しょうとつ》するおそれがあるので、速度《そくど》を落《お》として進行《しんこう》する。

(2) 対向車《たいこうしゃ》を早《はや》めに見《み》つけられるように車線《しゃせん》の右側《みぎがわ》に寄《よ》り、カーブの後半《こうはん》で一気《いっき》に加速《かそく》して進行《しんこう》する。

(3) 対向車《たいこうしゃ》が中央線《ちゅうおうせん》をはみ出《だ》してくることがあるので、速度《そくど》を落《お》として車線《しゃせん》の左側《ひだりがわ》に寄《よ》って進行《しんこう》する。

（1）□□
（2）□□
（3）□□

問《とい》91

（1）
×

（2）
×

（3）
○

●トラックは右折車《うせつしゃ》を避《さ》けながら交差点《こうさてん》に進入《しんにゅう》してくることが考《かんが》えられる。この場面《ばめん》で、「トラックは進行《しんこう》してこないだろう」とか、「待《ま》ってくれるだろう」と勝手《かって》に予測《よそく》して運転《うんてん》すると、トラックが交差《こうさ》点内《てんない》に進入《しんにゅう》してきて衝突《しょうとつ》する可能性《かのうせい》がある。

●トラックのかげに二輪車《にりんしゃ》などの車《くるま》がいるかもしれないので、トラックが通過《つうか》してから、安全《あんぜん》を確《たし》かめて右折《うせつ》する。

トラックの後《うし》ろの状況《じょうきょう》がわからないので、トラックの通過後《つうかご》、安全《あんぜん》を確《たし》かめて右折《うせつ》する。

問《とい》92

（1）
○

（2）
×

（3）
○

●カーブでは前方《ぜんぽう》の状況《じょうきょう》がわかりにくい場合《ばあい》が多《おお》いので、あらかじめ対向車《たいこうしゃ》があることを予測《よそく》しておくとともに、対向車《たいこうしゃ》が道路《どうろ》の中央《ちゅうおう》からはみ出《だ》してくることがあるので、車線《しゃせん》の左側《ひだりがわ》に寄《よ》って進行《しんこう》することが大事《だいじ》である。

あらかじめ対向車《たいこうしゃ》があるものと予測《よそく》し、車線《しゃせん》の左側《ひだりがわ》に寄《よ》って速度《そくど》を落《お》として進行《しんこう》する。

【問《とい》93】 30km/hで上《のぼ》り坂《ざか》を進行《しんこう》しています。前方《ぜんぽう》のトラックを追《お》い越《こ》すときには、どのようなことに注意《ちゅうい》して運転《うんてん》しますか？

（1） （2） （3）

(1) 前方《ぜんぽう》の対向車《たいこうしゃ》が通過《つうか》してから右《みぎ》のウインカーを出《だ》し、できるだけ早《はや》く加速《かそく》して追越《おいこ》しをする。

(2) 周《まわ》りの交通《こうつう》の安全《あんぜん》を確認《かくにん》してから、右《みぎ》のウインカーを出《だ》し、前方《ぜんぽう》の対向車《たいこうしゃ》が通過後《つうかご》、再度安全《さいどあんぜん》を確認《かくにん》して前《まえ》の車《くるま》との間《あいだ》に安全《あんぜん》な間隔《かんかく》を保《たも》って追越《おいこ》しをする。

(3) 前方《ぜんぽう》の安全確認《あんぜんかくにん》がしやすいように、中央線側《ちゅうおうせんがわ》に寄《よ》り、前方《ぜんぽう》の交通《こうつう》を確認《かくにん》しやすくする。

【問《とい》94】 雨《あめ》で路面《ろめん》がぬれている道路《どうろ》を30km/hで進行《しんこう》しています。工事《こうじ》のため鉄板《てっぱん》が敷《し》かれています。どのようなことに注意《ちゅうい》して運転《うんてん》しますか？

（1） （2） （3）

(1) 工事現場《こうじげんば》から工事関係者《こうじかんけいしゃ》が飛《と》び出《だ》してくるかもしれないので、速度《そくど》を落《お》として注意《ちゅうい》しながら通行《つうこう》する。

(2) 鉄板《てっぱん》がぬれているためすべりやすくなっているので、急《きゅう》ブレーキにならないようにあらかじめ速度《そくど》を落《お》とし、前車《ぜんしゃ》と車間距離《しゃかんきょり》を保《たも》って通行《つうこう》する。

(3) 雨《あめ》で視界《しかい》が妨《さまた》げられて前方《ぜんぽう》の状況《じょうきょう》が見《み》づらいので、前車《ぜんしゃ》にできるだけ接近《せっきん》して通行《つうこう》する。

問《とい》93

（1）
×

（2）
○

（3）
○

●追越《おいこ》しをするときは合図《あいず》後《ご》約《やく》３秒間《びょうかん》以上《いじょう》たってから、安全《あんぜん》な方法《ほうほう》により行《おこな》う。

●追越《おいこ》しをするときには、前車《ぜんしゃ》との間《あいだ》に速度差《そくどさ》が十分《じゅうぶん》あるか、反対方向《はんたいほう》《こう》からの車《くるま》の地点《ちてん》と速度《そくど》を判断《はんだん》して、追越《おいこ》しに必要《ひつよう》な距離《きょり》が十分《じゅうぶん》とれるか、前車《ぜんしゃ》の前《まえ》に自分《じぶん》の車《くるま》が入《はい》れるだけの余地《よち》があるかなどを確《たし》かめる。

前方《ぜんぽう》の対向車《たいこうしゃ》が通過後《つうかご》、周《まわ》りの交通《こうつう》の安全《あんぜん》を確認《かくにん》し、前《まえ》の車《くるま》と安全《あんぜん》な間隔《かんかく》を保《たも》って追越《おいこ》しをする。

問《とい》94

（1）
○

（2）
○

（3）
×

●走行中《そうこうちゅう》は路面《ろめん》の状態《じょうたい》に応《おう》じて通行《つうこう》する必要《ひつよう》がある。特《とく》にぬれた鉄板《てっぱん》の上《うえ》はすべりやすく、路面状態《ろめんじょうたい》のよいときに比《くら》べて約《やく》２～３倍《ばい》の車《しゃ》間距離《かんきょり》が必要《ひつよう》になるので、速度《そくど》を十分《じゅうぶん》落《お》とすとともに、車間距離《しゃかんきょり》を十分《じゅうぶん》にとること。

路面状態《ろめんじょうたい》がよくないので、速度《そくど》を落《お》とし、前《ぜん》車《しゃ》との車間距離《しゃかんきょり》を広《ひろ》く保《たも》って通行《つうこう》する。

【問《とい》95】 70km/hで進行《しんこう》しています。本線車道《ほんせんしゃどう》から出《で》るとき、どのようなことに注意《ちゅうい》して運転《うんてん》しますか？

（1） □□
(1) 減速車線《げんそくしゃせん》に入《はい》ってから徐々《じょじょ》にスピードを落《お》とすよりも、本線車《ほんせんしゃ》道上《どうじょう》で一気《いっき》に減速《げんそく》してから減速車線《げんそくしゃせん》に入《はい》る。

（2） □□
(2) 本線車道上《ほんせんしゃどうじょう》で急《きゅう》に減速《げんそく》すると後続車《こうぞくしゃ》に追突《ついとつ》されるおそれがあるので、減速車線《げんそくしゃせん》に入《はい》るなり一気《いっき》に減速《げんそく》させる。

（3） □□
(3) 減速車線《げんそくしゃせん》に入《はい》ったら、スピード感《かん》の狂《くる》った感覚《かんかく》だけに頼《たよ》らず、速度計《そくどけい》を見《み》て、確《たし》かめながら徐々《じょじょ》に安全《あんぜん》な速度《そくど》に落《お》とす。

問《とい》95

(1) ×

(2) ×

(3) ○

●高速道路《こうそくどうろ》では、後続車《こうぞくしゃ》もかなりの速度《そくど》で走行《そうこう》しているので、本線車《ほんせんしゃ》道上《どうじょう》で極端《きょくたん》な減速《げんそく》をすれば後続車《こうぞくしゃ》に追突《ついとつ》されるおそれもある。減速《げんそく》車線《しゃせん》に入《はい》るまではあまり速度《そくど》を落《お》とさないようにする。本線車道《ほんせんしゃどう》から出《で》て減速車線《げんそくしゃせん》に入《はい》ったら、これまでのスピード感《かん》に慣《な》らされた感《かん》覚《かく》に頼《たよ》らず、速度計《そくどけい》を見《み》て確実《かくじつ》に安全《あんぜん》な速度《そくど》へと落《お》とすようにする。

本線車道《ほんせんしゃどう》では速度《そくど》を落《お》とさず、減速車線《げんそくしゃせん》に入《はい》ってから、速度計《そくどけい》を見《み》て確実《かくじつ》に安全《あんぜん》な速度《そくど》に落《お》とす。

第《だい》5回実力養成《かいじつりょくようせい》テスト 攻略《こうりゃく》ポイントはココ！

手信号《てしんごう》や灯火信号《とうかしんごう》は信号機《しんごうき》の信号《しんごう》よりも優先《ゆうせん》する

問《とい》14、62、73は、「警察官等《けいさつかんとう》による手信号《てしんごう》・灯火信号《とうかしんごう》」に関《かん》する問題《もんだい》。手信《てしん》号《ごう》の意味《いみ》や灯火信号《とうかしんごう》の意味《いみ》は必《かなら》ず出題《しゅつだい》されるので、「手信号《てしんごう》が表《あらわ》している意味《いみ》」や「灯火信号《とうかしんごう》が表《あらわ》している意味《いみ》」をしっかり覚《おぼ》えておこう。警察官《けいさつかん》や交通巡視員《こうつうじゅんしいん》の手信号等《てしんごうとう》が信号機《しんごうき》の信号《しんごう》よりも優先《ゆうせん》すること、手信号等《てしんごうとう》により停止《ていし》する位置《いち》などはよく出題《しゅつだい》されている。

キーワード「徐行《じょこう》」の定義《ていぎ》をしっかり覚《おぼ》えておこう

問《とい》12、16、38、44、88は、「徐行《じょこう》」に関《かん》する問題《もんだい》。徐行《じょこう》とは、ブレーキを踏《ふ》んでから停止《ていし》するまでの距離《きょり》が1メートル以内《いない》の速度《そくど》（おおむね10キロメートル毎時以下《まいじいか》の速度《そくど》）で進《すす》むこと。徐行《じょこう》という言葉《ことば》は、「歩行者《ほこうしゃ》の保護《ほご》」や「交差《こうさ》点《てん》での通行《つうこう》」などの問題《もんだい》で、必《かなら》ず出《で》てくるキーワードなので、その意味《いみ》と徐行場《じょこうば》所《しょ》についてはしっかり理解《りかい》しておこう。

第《だい》6回《かい》 実力養成《じつりょくようせい》テスト

■制限時間《せいげんじかん》／50分《ぷん》
■合格《ごうかく》ライン／90点《てん》
・問《とい》1～問《とい》90は、各《かく》1点《てん》
・問《とい》91～問《とい》95は、各《かく》2点《てん》

●次《つぎ》の問題《もんだい》で正《ただ》しいと思《おも》うものは「○」、誤《あやま》っていると思《おも》うものは「×」と答《こた》えなさい。

【問《とい》1】 □□
道路上《どうろじょう》に駐車《ちゅうしゃ》する場合《ばあい》、同《おな》じ場所《ばしょ》に引《ひ》き続《つづ》き24時間以上駐車《じかんいじょうちゅうしゃ》してはならない。

【問《とい》2】 □□
大地震《だいじしん》が発生《はっせい》した場合《ばあい》、自動車《じどうしゃ》や原動機付自転車《げんどうきつきじてんしゃ》で避難《ひなん》し、できるだけ急《いそ》いで被災地《ひさいち》から遠《とお》ざかる。

【問《とい》3】 □□
車両通行帯《しゃりょうつうこうたい》のない道路《どうろ》ではできるだけ道路《どうろ》の中央《ちゅうおう》を通行《つうこう》しなければならない。

【問《とい》4】 □□
後輪《こうりん》が横《よこ》すべりを始《はじ》めたときは、ブレーキを踏《ふ》んで停止《ていし》してから車《くるま》の向《む》きを立《た》て直《なお》す。

【問《とい》5】 □□
道路《どうろ》の左寄《ひだりよ》りの部分《ぶぶん》が工事中《こうじちゅう》のとき、どのような場合《ばあい》でも、中央《ちゅうおう》線《せん》を右側《みぎがわ》にはみ出《だ》して走行《そうこう》してもよい。

【問《とい》6】 □□
交差点《こうさてん》で左折《させつ》するときには、歩行者《ほこうしゃ》や自転車《じてんしゃ》などを後輪《こうりん》で巻《ま》き込《こ》まないよう注意《ちゅうい》しなければならない。

【問《とい》7】 □□
同一方向《どういつほうこう》に進行《しんこう》しながら進路変更《しんろへんこう》するときは3秒前《びょうまえ》に合図《あいず》を出《だ》さなければならないが、徐行《じょこう》や停止《ていし》、後退《こうたい》をする場合《ばあい》はそのときでよい。

【問《とい》8】 □□
運転中《うんてんちゅう》、電話《でんわ》の会話《かいわ》に気《き》を取《と》られて事故《じこ》を起《お》こすことがあるので、運転中《うんてんちゅう》は携帯電話《けいたいでんわ》の電源《でんげん》を切《き》ったりドライブモードにしておく。

【問《とい》9】 □□
曲《ま》がり角《かど》やカーブを通過《つうか》するとき、車《くるま》には遠心力《えんしんりょく》が働《はたら》き外側《そとがわ》に飛《と》び出《だ》そうとするが、これは速度《そくど》が速《はや》くなるほど大《おお》きくなる。

解答《かいとう》と解説《かいせつ》

自《じ》己《こ》採《さい》点《てん》	
1回目《かいめ》	2回目《かいめ》

問《とい》1 ×　頻《ひん》出《しゅつ》

道路上《どうろじょう》の同一場所《どういつばしょ》に引《ひ》き続《つづ》き12時間《じかん》（夜間《やかん》は8時間《じかん》）以上《いじょう》駐車《ちゅうしゃ》してはならない。

問《とい》2 ×　頻《ひん》出《しゅつ》

大地震《だいじしん》で避難《ひなん》するときは、自動車《じどうしゃ》や原動機付自転車《げんどうきつきじてんしゃ》などを使用《しよう》してはならない。

問《とい》3 ×　重《じゅう》要《よう》

追越《おいこ》しなどのやむを得《え》ない場合《ばあい》のほかは道路《どうろ》の左《ひだり》に寄《よ》って通行《つうこう》しなければならない。

問《とい》4 ×　ひっかけ

横《よこ》すべりした場合《ばあい》は、ブレーキを踏《ふ》まずに後輪《こうりん》がすべる方向《ほうこう》にハンドルを切《き》って、車《くるま》の向《む》きを立《た》て直《なお》す。

問《とい》5 ×　重《じゅう》要《よう》

左側部分《ひだりがわぶぶん》に安全《あんぜん》に通《とお》れるだけの幅《はば》が残《のこ》されているときは、道路《どうろ》の中央《ちゅうおう》から右側《みぎがわ》にはみ出《だ》してはならない。

問《とい》6 ○

トラックなど大《おお》きな車《くるま》は内輪差《ないりんさ》（曲《ま》がるとき後輪《こうりん》が前輪《ぜんりん》より内側《うちがわ》を通《とお》ることによる前後輪《ぜんこうりん》の軌跡《きせき》の差《さ》をいう）が大《おお》きくなる。

問《とい》7 ○

徐行《じょこう》や停止《ていし》、後退《こうたい》をするときは徐行《じょこう》や停止《ていし》、後退《こうたい》をしようとするときに合図《あいず》を行《おこな》う。

問《とい》8 ○

携帯電話《けいたいでんわ》は運転《うんてん》する前《まえ》に電源《でんげん》を切《き》ったり、ドライブモードに設定《せってい》するなどして呼出音《よびだしおん》が鳴《な》らないようにする。

問《とい》9 ○　頻《ひん》出《しゅつ》

遠心力《えんしんりょく》は速度《そくど》の2乗《じょう》に比例《ひれい》して大《おお》きくなる。

頻《ひん》出《しゅつ》……試験《しけん》によく出《で》る問題《もんだい》　ひっかけ……ひっかけ問題《もんだい》　重《じゅう》要《よう》……理解《りかい》しておきたい問題《もんだい》

【問《とい》10】 図《ず》1の標識《ひょうしき》のある道路《どうろ》では追越《おいこ》しが禁止《きんし》されている。

図《ず》1

【問《とい》11】 乗降《じょうこう》のため止《と》まっている通学通園《つうがくつうえん》バスに追《お》いついたときは、通学通園《つうがくつうえん》バスが発進《はっしん》するまで後方《こうほう》で一時停止《いちじていし》しなければならない。

【問《とい》12】 夜間《やかん》、対向車《たいこうしゃ》と行《い》き違《ちが》うときは、自分《じぶん》の車《くるま》の存在《そんざい》を知《し》らせるために前照灯《ぜんしょうとう》を上向《うわむ》きに切《き》り替《か》えなければならない。

【問《とい》13】 歩行者《ほこうしゃ》がいる安全地帯《あんぜんちたい》のそばを通行《つうこう》するときは徐行《じょこう》する。

【問《とい》14】 幼児《ようじ》を自動車《じどうしゃ》に乗《の》せるときには、後部座席《こうぶざせき》に乗《の》せれば発育《はついく》の程度《ていど》に応《おう》じたチャイルドシートを使用《しよう》しなくてもよい。

【問《とい》15】 停留所《ていりゅうじょ》で止《と》まっていた路線《ろせん》バスが、方向指示器《ほうこうしじき》などで発進《はっしん》の合図《あいず》をしたときは、後方《こうほう》の車《くるま》は急《いそ》いで通過《つうか》しなければならない。

【問《とい》16】 横断歩道《おうだんほどう》とその手前《てまえ》から50メートル以内《いない》は、追越《おいこ》しも追抜《おいぬ》きも禁《きん》止《し》である。

【問《とい》17】 夜間《やかん》、繁華街《はんかがい》がネオンや街路灯《がいろとう》などで明《あか》るくても、前照灯《ぜんしょうとう》などをつけなければならない。

【問《とい》18】 普通自動車《ふつうじどうしゃ》では強制保険《きょうせいほけん》とともに任意保険《にんいほけん》にも加入《かにゅう》していなければ、運転《うんてん》してはならない。

【問《とい》19】 図《ず》2の標識《ひょうしき》のある道路《どうろ》で「原付《げんつき》を除《のぞ》く」の補《ほ》助標識《じょひょうしき》があれば、原動機付自転車《げんどうきつきじてんしゃ》はその道路《どうろ》を通行《つうこう》することができる。

図《ず》2

【問《とい》20】 一方通行《いっぽうつうこう》の道路《どうろ》では、道路《どうろ》の中央《ちゅうおう》から右側部《みぎがわぶ》分《ぶん》にはみ出《だ》して通行《つうこう》することはできない。

問《とい》10　×　ひっかけ

問題《もんだい》の標識《ひょうしき》は「上《のぼ》り急《きゅう》こう配《ばい》あり」を表示《ひょうじ》しているので、追越《おいこ》しは禁《きん》止《し》されていない。

問《とい》11　×　頻《ひん》出《しゅつ》

乗降《じょうこう》のため停車《ていしゃ》している通学通園《つうがくつうえん》バスのそばを通《とお》るときは、徐行《じょこう》して安全《あんぜん》を確認《かくにん》しなければならない。

問《とい》12　×　重《じゅう》要《よう》

対向車《たいこうしゃ》と行《い》き違《ちが》うときは、前照灯《ぜんしょうとう》を下《した》向《む》きに切《き》り替《か》えるか減光《げんこう》しなければならない。

問《とい》13　○　頻《ひん》出《しゅつ》

安全地帯《あんぜんちたい》に歩行者《ほこうしゃ》がいる場合《ばあい》には徐行《じょこう》し、歩行者《ほこうしゃ》がいなければそのまま通行《つうこう》することができる。

問《とい》14　×

幼児《ようじ》（6歳未満《さいみまん》のこども）を自動車《じどうしゃ》に乗《の》せるときは、その幼児《ようじ》の発育《はついく》の程度《ていど》に応《おう》じた形状《けいじょう》のチャイルドシートを使用《しよう》しなければならない。

問《とい》15　×

路線《ろせん》バスが発進《はっしん》の合図《あいず》をした場合《ばあい》には、後方《こうほう》の車《くるま》は発進《はっしん》を妨《さまた》げないようにする。

問《とい》16　×　頻《ひん》出《しゅつ》

横断歩道《おうだんほどう》とその手前《てまえ》から30メートル以内《いない》の場所《ばしょ》が追越《おいこ》しと追抜《おいぬ》きがともに禁止《きんし》されている。

問《とい》17　○

夜間《やかん》、道路《どうろ》を通行《つうこう》するときは、前照灯《ぜんしょうとう》、車幅灯《しゃはばとう》、尾灯《びとう》などをつけなければならない。

問《とい》18　×

強制保険《きょうせいほけん》のみでもよいが、万一《まんいち》に備《そな》え任意保険《にんいほけん》にも加入《かにゅう》しておくとよい。

問《とい》19　○　ひっかけ

問題《もんだい》の標識《ひょうしき》は「車両通行止《しゃりょうつうこうど》め」の規制標識《きせいひょうしき》だが「原付《げんつき》を除《のぞ》く」の補助《ほじょ》標識《ひょうしき》がついているので、原動機付自転車《げんどうきつきじてんしゃ》は通行《つうこう》できる。

問《とい》20　×

一方通行《いっぽうつうこう》の道路《どうろ》では、道路《どうろ》の中央《ちゅうおう》から右側部分《みぎがわぶぶん》を通行《つうこう》することができる。

【問《とい》21】 □□
進路《しんろ》を変更《へんこう》するとき、後続車《こうぞくしゃ》が急《きゅう》ブレーキや急《きゅう》ハンドルで避《さ》けなければならないようなときには、進路《しんろ》を変更《へんこう》してはならない。

【問《とい》22】 □□
しゃ断機《だんき》が上《あ》がった直後《ちょくご》であれば、前《まえ》の車《くるま》に続《つづ》いて一時停止《いちじていし》せずに踏切《ふみきり》を渡《わた》ることができる。

【問《とい》23】 □□
追《お》い越《こ》されるときは、追越《おいこ》しが完全《かんぜん》に終《お》わるまで速度《そくど》を上《あ》げてはならない。

【問《とい》24】 □□
警察官《けいさつかん》が交差点《こうさてん》で信号機《しんごうき》の信号《しんごう》と違《ちが》う手信号《てしんごう》により交通整理《こうつうせいり》を行《おこな》っているときは、警察官《けいさつかん》の手信号《てしんごう》に従《したが》って通行《つうこう》する。

【問《とい》25】 □□
盲導犬《もうどうけん》を連《つ》れた人《ひと》が歩《ある》いているときは、気《き》をつければ一時停止《いちじていし》か徐行《じょこう》をする必要《ひつよう》はない。

【問《とい》26】 □□
車《くるま》を停車《ていしゃ》させ、一時的《いちじてき》に車《くるま》から離《はな》れるとき、オートマチック車《しゃ》はチェンジレバーを「N《ニュートラル》」にしてハンドブレーキをかけておく。

【問《とい》27】 □□
短時間《たんじかん》だけ車《くるま》から離《はな》れるときには、ハンドブレーキをかければエンジンを止《と》めなくてよい。

【問《とい》28】 □□
図《ず》3の標示《ひょうじ》のある通行帯《つうこうたい》は午前《ごぜん》7時《じ》から9時以外《じいがい》は一般《いっぱん》の車《くるま》も通行《つうこう》することができる。

図《ず》3

【問《とい》29】 □□
交差点《こうさてん》で停止位置《ていしいち》に近《ちか》づいたとき後続車《こうぞくしゃ》がすぐ後《うし》ろにいたが、信号《しんごう》が青色《あおいろ》から黄色《きいろ》に変《か》わったため急停止《きゅうていし》した。

【問《とい》30】 □□
道路《どうろ》に面《めん》したガソリンスタンドに出入《ではい》りするため、歩道《ほどう》や路側帯《ろそくたい》を横切《よこぎ》るときは、歩行者《ほこうしゃ》の有無《うむ》に関係《かんけい》なく必《かなら》ず徐行《じょこう》しなければならない。

【問《とい》31】 □□
消火栓《しょうかせん》、指定消防水利《していしょうぼうすいり》の標識《ひょうしき》が設《もう》けられている位置《いち》や消防用防火《しょうぼうようぼうか》水《すい》そうの取《と》り入《い》れ口《ぐち》から10メートル以内《いない》は、駐車《ちゅうしゃ》してはならない。

問《とい》21 ○ 頻出《ひんしゅつ》
進路《しんろ》を変更《へんこう》すると、後《うし》ろからくる車《くるま》が急《きゅう》ブレーキや急《きゅう》ハンドルで避《さ》けなければならないような場合《ばあい》には、進路《しんろ》を変《か》えてはならない。

問《とい》22 × 重要《じゅうよう》
踏切《ふみきり》を渡《わた》るときは、しゃ断機《だんき》が上《あ》がった直後《ちょくご》でも一時停止《いちじていし》をし安全《あんぜん》を確認《かくにん》しなければならない。

問《とい》23 ○
追《お》い越《こ》されるときは、追越《おいこ》しが終《お》わるまで速度《そくど》を上《あ》げてはならない。

問《とい》24 ○ 頻出《ひんしゅつ》
信号機《しんごうき》の信号《しんごう》と手信号《てしんごう》が違《ちが》う場合《ばあい》には手信号《てしんごう》に従《したが》って通行《つうこう》しなければならない。

問《とい》25 ×
盲導犬《もうどうけん》を連《つ》れた人《ひと》など身体《しんたい》の不自由《ふじゆう》な人《ひと》のそばを走行《そうこう》する場合《ばあい》は、一時停止《いちじていし》か徐行《じょこう》をしてその人《ひと》が安全《あんぜん》に通《とお》れるようにしなければならない。

問《とい》26 × 頻出《ひんしゅつ》
車《くるま》から離《はな》れる場合《ばあい》、オートマチック車《しゃ》はチェンジレバーを「P《パーキング》」に入《い》れ、ハンドブレーキをかけなければならない。

問《とい》27 ×
短時間《たんじかん》でも車《くるま》から離《はな》れる場合《ばあい》は、エンジンを止《と》め、ハンドブレーキをかけなければならない。

問《とい》28 ○ ひっかけ
問題《もんだい》の標示《ひょうじ》は朝《あさ》の７時《じ》から９時《じ》は「専用通行帯《せんようつうこうたい》」であることを表示《ひょうじ》しているので、その時間以外《じかんいがい》は一般車《いっぱんしゃ》も通行《つうこう》できる。

問《とい》29 × 重要《じゅうよう》
急停止《きゅうていし》した場合《ばあい》、追突《ついとつ》のおそれがあるときには停止《ていし》せずそのまま交差点《こうさてん》を通《とお》り過《す》ぎることができる。

問《とい》30 ×
歩行者《ほこうしゃ》の有無《うむ》に関係《かんけい》なく、歩道《ほどう》や路側帯《ろそくたい》を横切《よこぎ》る直前《ちょくぜん》に一時停止《いちじていし》しなければならない。

問《とい》31 ×
消火栓《しょうかせん》、指定消防水利《していしょうぼうすいり》の標識《ひょうしき》が設《もう》けられている位置《いち》や消防用防火水《しょうぼうようぼうかすい》そうの取《と》り入《い》れ口《ぐち》から５メートル以内《いない》の場所《ばしょ》が、駐車禁止場所《ちゅうしゃきんしばしょ》である。

第《だい》６回《かい》 実力養成《じつりょくようせい》テスト

【問《とい》32】 □□
踏切《ふみきり》を通過《つうか》しようとしたとき警報機《けいほうき》が鳴《な》り始《はじ》めたが、しゃ断機《だんき》はまだ降《お》り始《はじ》めていなかったので、急《いそ》いで通過《つうか》した。

【問《とい》33】 □□
自家用乗用車《じかようじょうようしゃ》は、定期点検《ていきてんけん》を受《う》けていれば日常点検《にちじょうてんけん》はしなくてもよい。

【問《とい》34】 □□
大地震《だいじしん》が起《お》き、車《くるま》を置《お》いて避難《ひなん》するときは、エンジンを止《と》めてキーを抜《ぬ》き、ドアをロックしておかなくてはならない。

【問《とい》35】 □□
雨《あめ》にぬれたアスファルトの路面《ろめん》では、車《くるま》の制動距離《せいどうきょり》が長《なが》くなるので強《つよ》くブレーキをかけるとよい。

【問《とい》36】 □□
パーキング・メーターが設置《せっち》されている場所《ばしょ》に駐車《ちゅうしゃ》するときはパーキング・メーターを作動《さどう》させる。

【問《とい》37】 □□
空《から》ぶかしや不必要《ふひつよう》な急発進《きゅうはっしん》・急《きゅう》ブレーキは危険《きけん》なだけでなく交通《こうつう》公害《こうがい》となる。

【問《とい》38】 □□
図《ず》4の標識《ひょうしき》のある道路《どうろ》は最大積載量《さいだいせきさいりょう》が3トン以上《いじょう》の貨物自動車《かもつじどうしゃ》は通行《つうこう》できる。

図《ず》4

【問《とい》39】 □□
高速自動車国道《こうそくじどうしゃこくどう》では故障《こしょう》した自動車《じどうしゃ》をロープでけん引《いん》して通行《つうこう》することはできない。

【問《とい》40】 □□
交通事故《こうつうじこ》を起《お》こしても、相手《あいて》が軽傷《けいしょう》だった場合《ばあい》は警察《けいさつ》に届《とど》け出《で》なくてもよい。

【問《とい》41】 □□
赤色《あかいろ》の灯火《とうか》の点滅《てんめつ》は、ほかの交通《こうつう》に注意《ちゅうい》すれば一時停止《いちじていし》をせずに進《すす》むことができる。

【問《とい》42】 □□
停止距離《ていしきょり》とはブレーキがきき始《はじ》めてから車《くるま》が停止《ていし》するまでの距離《きょり》のことをいう。

問《とい》32 ×　頻出《ひんしゅつ》

警報機《けいほうき》が鳴《な》り始《はじ》めているときやしゃ断機《だんき》が降《お》り始《はじ》めているときは踏切《ふみきり》内《ない》に入《はい》ってはならない。

問《とい》33 ×

自家用乗用車《じかようじょうようしゃ》は、自動車《じどうしゃ》の走行距離《そうこうきょり》や運行時《うんこうじ》の状態《じょうたい》などから判断《はんだん》した適切《てきせつ》な時期《じき》に日常点検《にちじょうてんけん》を行《おこな》わなければならない。

問《とい》34 ×　頻出《ひんしゅつ》

地震《じしん》が起《お》きて避難《ひなん》するときは、ドアをロックしないで、車《くるま》のキーはつけたままにしておき、だれでも移動《いどう》できるようにしておく。

問《とい》35 ×　重要《じゅうよう》

雨《あめ》にぬれた道路《どうろ》で急《きゅう》ブレーキをかけるとスリップを起《お》こしやすいので急《きゅう》ブレーキは避《さ》ける。

問《とい》36 ○

パーキング・メーターがある時間制限駐車区間《じかんせいげんちゅうしゃくかん》で駐車《ちゅうしゃ》するときはパーキング・メーターをただちに作動《さどう》させる。

問《とい》37 ○

不必要《ふひつよう》な急発進《きゅうはっしん》や急《きゅう》ブレーキ、空《から》ぶかしを避《さ》けるなどして交通公害《こうつうこうがい》を少《すく》なくする。

問《とい》38 ×　重要《じゅうよう》

問題《もんだい》の標識《ひょうしき》は「特定《とくてい》の最大積載量以上《さいだいせきさいりょういじょう》の貨物自動車等通行止《かもつじどうしゃとうつうこうど》め」を表示《ひょうじ》しているので、この補助標識《ほじょひょうしき》のついている標識《ひょうしき》のある道路《どうろ》は最大積載量《さいだいせきさいりょう》３トン以上《いじょう》の貨物自動車《かもつじどうしゃ》は通行《つうこう》できない。

問《とい》39 ○　頻出《ひんしゅつ》

高速自動車国道《こうそくじどうしゃこくどう》では故障車《こしょうしゃ》をロープでけん引《いん》している車《くるま》は通行《つうこう》することはできない。

問《とい》40 ×　頻出《ひんしゅつ》

交通事故《こうつうじこ》を起《お》こしたときは、必《かなら》ず警察《けいさつ》に届《とど》け出《で》なければならない。

問《とい》41 ×　ひっかけ

赤色《あかいろ》の灯火《とうか》の点滅《てんめつ》は、必《かなら》ず一時停止《いちじていし》をして安全確認《あんぜんかくにん》をしてから進《すす》まなければならない。

問《とい》42 ×

停止距離《ていしきょり》は危険《きけん》を感《かん》じブレーキを踏《ふ》んでから実際《じっさい》にきき始《はじ》めるまでの距離《きょり》（空走距離《くうそうきょり》）とブレーキがきき始《はじ》めてから停止《ていし》するまでの距離《きょり》（制動距離《せいどうきょり》）とを合《あ》わせた距離《きょり》のことをいう。

【問《とい》43】 夜間《やかん》は視界《しかい》が狭《せま》くなるため、視線《しせん》はできるだけ近《ちか》くのものを見《み》るようにする。

【問《とい》44】 警官《けいかん》の手信号《てしんごう》で、両腕《りょううで》を水平《すいへい》に上《あ》げた状態《じょうたい》に対面《たいめん》した車《くるま》は、停止《ていし》位置《いち》を越《こ》えて進行《しんこう》することはできない。

【問《とい》45】 右左折《うさせつ》をするとき、右左折《うさせつ》をしようとする地点《ちてん》の30メートル手前《てまえ》に達《たっ》したときに合図《あいず》をする（環状交差点《かんじょうこうさてん》を除《のぞ》く）。

【問《とい》46】 車両通行帯《しゃりょうつうこうたい》が図《ず》5の標示《ひょうじ》のように黄色《きいろ》の線《せん》で示《しめ》されている道路《どうろ》では、その線《せん》を越《こ》えて進路《しんろ》変更《へんこう》をすることはできない。

図《ず》5

【問《とい》47】 車《くるま》は歩行者《ほこうしゃ》との間《あいだ》に安全《あんぜん》な間隔《かんかく》がとれない場《ば》合《あい》には、徐行《じょこう》して進行《しんこう》しなければならない。

【問《とい》48】 呼気中《こきちゅう》のアルコール濃度《のうど》が0.25mg/ℓ未満《みまん》なら、酒気帯《しゅきお》び運転《うんてん》にはならない。

【問《とい》49】 横断歩道《おうだんほどう》に近《ちか》づいたとき、横断《おうだん》する人《ひと》がいないことが明《あき》らかな場《ば》合《あい》でも、その手前《てまえ》で徐行《じょこう》もしくは一時停止《いちじていし》しなければならない。

【問《とい》50】 長《なが》い下《くだ》り坂《ざか》では、こまめにブレーキを踏《ふ》んで速度《そくど》が上《あ》がらないようにする。

【問《とい》51】 助手席《じょしゅせき》にエアバッグを備《そな》えている車《くるま》でチャイルドシートを使用《しよう》するときは、助手席《じょしゅせき》で使用《しよう》した方《ほう》が安全《あんぜん》である。

【問《とい》52】 安全《あんぜん》な車間距離《しゃかんきょり》とは、制動距離《せいどうきょり》と同《おな》じ程度《ていど》の距離《きょり》をいう。

【問《とい》53】 高速道路《こうそくどうろ》の本線車道《ほんせんしゃどう》から出《で》るときは、本線車道《ほんせんしゃどう》で十分《じゅうぶん》に速度《そくど》を落《お》としてから減速車線《げんそくしゃせん》に入《はい》る。

問《とい》43 ×　頻《ひん》出《しゅつ》

夜間《やかん》の視線《しせん》は、できるだけ先《さき》の方《ほう》に向《む》け、少《すこ》しでも早《はや》く前方《ぜんぽう》の安全《あんぜん》を確認《かくにん》できるようにする。

問《とい》44 ○　重《じゅう》要《よう》

手信号《てしんごう》で両腕《りょううで》を水平《すいへい》に上《あ》げた状態《じょうたい》に対面《たいめん》した場合《ばあい》、信号《しんごう》の赤色《あかいろ》と同《おな》じ意味《いみ》である。

問《とい》45 ○　頻《ひん》出《しゅつ》

右左折《うさせつ》や転回《てんかい》をするとき、右左折《うさせつ》や転回《てんかい》をしようとする地点《ちてん》から30メートル手前《てまえ》の地点《ちてん》に達《たっ》したときに合図《あいず》を行《おこな》う。

問《とい》46 ○

問題《もんだい》の標示《ひょうじ》は「進路変更禁止《しんろへんこうきんし》」を表示《ひょうじ》しているので、Aの車両通行帯《しゃりょうつうこうたい》を通行《つうこう》していて、Bの車両通行帯《しゃりょうつうこうたい》に進路《しんろ》の変更《へんこう》をすることはできない。

問《とい》47 ○　頻《ひん》出《しゅつ》

歩行者《ほこうしゃ》のそばを通《とお》るときは、歩行者《ほこうしゃ》との間《あいだ》に安全《あんぜん》な間隔《かんかく》をあけるか、徐行《じょこう》をしなければならない。

問《とい》48 ×

呼気中《こきちゅう》のアルコール濃度《のうど》が0.15mg/ℓ 以上《いじょう》ならば酒気帯《しゅきお》び運転《うんてん》となる。

問《とい》49 ×　重《じゅう》要《よう》

横断歩道《おうだんほどう》に近《ちか》づいたときに明《あき》らかに横断《おうだん》する人《ひと》がいない場合《ばあい》は徐行《じょこう》や一時停止《いちじていし》をしなくてよい。

問《とい》50 ×

下《くだ》り坂《ざか》ではエンジンブレーキを使用《しよう》し、補助的《ほじょてき》にフットブレーキを使《し》用《よう》するようにする。

問《とい》51 ×　ひっかけ

助手席用《じょしゅせきよう》のエアバッグを備《そな》えている車《くるま》では、なるべく後部座席《こうぶざせき》でチャイルドシートを使用《しよう》する。

問《とい》52 ×

安全《あんぜん》な車間距離《しゃかんきょり》は、停止距離《ていしきょり》と同《おな》じ程度《ていど》の距離《きょり》である。

問《とい》53 ×

本線車道《ほんせんしゃどう》から出《で》るときは、減速車線《げんそくしゃせん》に入《はい》ってから十分《じゅうぶん》に速度《そくど》を落《お》とす。

【問《とい》54】□□ 黄色《きいろ》の灯火《とうか》の点滅《てんめつ》では、必《かなら》ず一時停止《いちじていし》をして安全《あんぜん》を確《たし》かめてから進《すす》まなければならない。

【問《とい》55】□□ 図《ず》6の標識《ひょうしき》のある場所《ばしょ》は路面《じめん》にでこぼこがあるので、注意《ちゅうい》して運転《うんてん》しなければならない。

図《ず》6

【問《とい》56】□□ 車線《しゃせん》を変更《へんこう》しようとするときは、まず合図《あいず》をしてから安全《あんぜん》を確認《かくにん》する。

【問《とい》57】□□ こう配《ばい》の急《きゅう》な上《のぼ》り坂《ざか》は追越《おいこ》し禁止《きんし》だが、こう配《ばい》の急《きゅう》な下《くだ》り坂《ざか》では追越《おいこ》し禁止《きんし》ではない。

【問《とい》58】□□ 前車《ぜんしゃ》がその前《まえ》の原動機付自転車《げんどうきつきじてんしゃ》を追《お》い越《こ》そうとしているとき、その自動車《じどうしゃ》を追《お》い越《こ》そうとすると、二重追越《にじゅうおいこ》しとなる。

【問《とい》59】□□ 自動車《じどうしゃ》を長時間運転《ちょうじかんうんてん》するときは、2時間《じかん》に1回《かい》は休憩《きゅうけい》をとるように心《こころ》がける。

【問《とい》60】□□ 前《まえ》の車《くるま》が交差点《こうさてん》や踏切《ふみきり》の手前《てまえ》で停止《ていし》しているときはその前《まえ》を横切《よこぎ》ってもよいが、徐行《じょこう》しているときはその前《まえ》を横切《よこぎ》ってはならない。

【問《とい》61】□□ 運行時間中《うんこうじかんちゅう》のバスの停留所《ていりゅうじょ》の標示板《ひょうじばん》（柱《はしら》）から10メートル以内《いない》の場所《ばしょ》では、停車《ていしゃ》はできるが駐車《ちゅうしゃ》はできない。

【問《とい》62】□□ 交通整理《こうつうせいり》が行《おこな》われていない道幅《みちはば》が同《おな》じような広《ひろ》さの交差点《こうさてん》では、左方《さほう》からくる車《くるま》の進行《しんこう》を妨《さまた》げてはならない（優先道路通行中《ゆうせんどうろつうこうちゅう》の場《ば》合《あい》や環状交差点《かんじょうこうさてん》を除《のぞ》く）。

【問《とい》63】□□ 路側帯《ろそくたい》の幅《はば》の大《おお》きさにかかわらず、車《くるま》は路側帯《ろそくたい》の中《なか》に入《はい》って駐車《ちゅうしゃ》してはならない。

【問《とい》64】□□ 図《ず》7の標識《ひょうしき》のある道路《どうろ》では交通量《こうつうりょう》が少《すく》ない場《ば》所《しょ》であってもUターンすることは禁止《きんし》されている。

図《ず》7

問《とい》54 ×

黄色《きいろ》の灯火《とうか》の点滅《てんめつ》の場合《ばあい》は、他《ほか》の交通《こうつう》に注意《ちゅうい》して進《すす》むことができる。

問《とい》55 ○

問題《もんだい》の標識《ひょうしき》は「路面《ろめん》に凹凸《おうとつ》あり」を表示《ひょうじ》している。

問《とい》56 ×　重要《じゅうよう》

進路変更《しんろへんこう》や転回《てんかい》、後退《こうたい》などをしようとするときは、まず安全《あんぜん》を確認《かくにん》してから合図《あいず》をする。

問《とい》57 ×

こう配《ばい》の急《きゅう》な下《くだ》り坂《ざか》は追越《おいこ》し禁止《きんし》だが、こう配《ばい》の急《きゅう》な上《のぼ》り坂《ざか》は追越《おいこ》し禁止《きんし》ではない。

問《とい》58 ×　ひっかけ

前《まえ》の車《くるま》が原動機付自転車《げんどうきつきじてんしゃ》（自動車《じどうしゃ》ではない）を追《お》い越《こ》そうとしているときは二重追越《にじゅうおいこ》しにはならない。

問《とい》59 ○　頻出《ひんしゅつ》

長時間《ちょうじかん》にわたって運転《うんてん》するときは、2時間《じかん》に1回《かい》は休憩《きゅうけい》をとるようにする。

問《とい》60 ×　頻出《ひんしゅつ》

前《まえ》の車《くるま》が交差点《こうさてん》や踏切《ふみきり》などの手前《てまえ》で停止《ていし》や徐行《じょこう》をしているときは、その前《まえ》を横切《よこぎ》ったり、前《まえ》に割《わ》り込《こ》んだりしてはならない。

問《とい》61 ×

信号《しんごう》や危険《きけん》を防止《ぼうし》するためにやむを得《え》ず一時停止《いちじていし》する場合《ばあい》などを除《のぞ》いては、運行時間中《うんこうじかんちゅう》に限《かぎ》り駐車《ちゅうしゃ》も停車《ていしゃ》もしてはならない。

問《とい》62 ○　ひっかけ

交通整理《こうつうせいり》が行《おこな》われていない道幅《みちはば》が同《おな》じような道路《どうろ》の交差点《こうさてん》では、路面《ろめん》電車《でんしゃ》や左方《さほう》からくる車《くるま》があるときは、路面電車《ろめんでんしゃ》や車《くるま》の進行《しんこう》を妨《さまた》げてはならない。

問《とい》63 ×

駐停車《ちゅうていしゃ》が禁止《きんし》されていない幅《はば》の広《ひろ》い路側帯《ろそくたい》（0.75メートルを超《こ》える）の場合《ばあい》は中《なか》に入《はい》るが、車《くるま》の左側《ひだりがわ》に0.75メートルの余地《よち》をあけておく。

問《とい》64 ○

問題《もんだい》の標識《ひょうしき》は「転回禁止《てんかいきんし》」を表示《ひょうじ》しているので、交通量《こうつうりょう》が少《すく》なくてもUターンすることはできない。

【問《とい》65】 ミニカーは普通自動車《ふつうじどうしゃ》なので、高速道路《こうそくどうろ》を通行《つうこう》できる。

□□

【問《とい》66】 交差点《こうさてん》で右折《うせつ》しようとして自分《じぶん》が先《さき》に交差点《こうさてん》に入《はい》ったときは、その交差点《こうさてん》を直進《ちょくしん》する車《くるま》より先《さき》に進行《しんこう》してもよい。

□□

【問《とい》67】 身体障害者《しんたいしょうがいしゃ》を乗《の》せた車《くるま》いすを、健康《けんこう》な人《ひと》が押《お》して通行《つうこう》しているときは、一時停止《いちじていし》や徐行《じょこう》をしなくてもよい。

□□

【問《とい》68】 坂《さか》の頂上付近《ちょうじょうふきん》では、駐停車禁止《ちゅうていしゃきんし》である。

□□

【問《とい》69】 高速自動車国道《こうそくじどうしゃこくどう》の本線車道《ほんせんしゃどう》では、標識《ひょうしき》による指定《してい》がなければ普通《ふつう》自動車《じどうしゃ》は60キロメートル毎時《まいじ》を超《こ》える速度《そくど》で走《はし》らなければならない。

□□

【問《とい》70】 酒《さけ》を飲《の》んでいる人《ひと》に自宅《じたく》まで車《くるま》を運転《うんてん》して送《おく》ってもらった場合《ばあい》には、送《おく》ってもらった人《ひと》も罰則《ばっそく》の対象《たいしょう》になる。

□□

【問《とい》71】 信号《しんごう》が青《あお》でも、前方《ぜんぽう》の交通《こうつう》が混雑《こんざつ》しているため交差点《こうさてん》の中《なか》で身動《みうご》きがとれなくなりそうなときは、交差点《こうさてん》に進入《しんにゅう》してはならない。

□□

【問《とい》72】 日常点検《にちじょうてんけん》で、ブレーキペダルをいっぱいに踏《ふ》み込《こ》んだときに、ペダルと床板《ゆかいた》との間《あいだ》にすき間《ま》がなければいけない。

□□

【問《とい》73】 図《ず》8の標識《ひょうしき》のある場所《ばしょ》では、警音器《けいおんき》を鳴《な》らさなければならない。

□□

図《ず》8

【問《とい》74】 前《まえ》の車《くるま》に続《つづ》いて踏切《ふみきり》を通過《つうか》するときは、安全《あんぜん》を確認《かくにん》すれば一時停止《いちじていし》する必要《ひつよう》はない。

□□

【問《とい》75】 交通事故《こうつうじこ》を起《お》こしたときは、負傷者《ふしょうしゃ》の救護《きゅうご》より先《さき》に警察《けいさつ》に電話《でんわ》し、事故《じこ》の報告《ほうこく》をしなければならない。

□□

問《とい》65 × 頻出《ひんしゅつ》

高速道路《こうそくどうろ》では、ミニカー、総排気量《そうはいきりょう》125cc 以下《いか》の普通自動二輪車《ふつうじどうにりんしゃ》、原動機付自転車《げんどうきつきじてんしゃ》は通行《つうこう》できない。

問《とい》66 × 頻出《ひんしゅつ》

右折車《うせつしゃ》は先《さき》に交差点《こうさてん》に入《はい》っていても直進車《ちょくしんしゃ》や左折車《させつしゃ》の進行《しんこう》を妨《さまた》げてはならない。

問《とい》67 × 重要《じゅうよう》

健康《けんこう》な人《ひと》が押《お》していても、一時停止《いちじていし》か徐行《じょこう》をして車《くるま》いすの安全《あんぜん》を確保《かくほ》しなくてはならない。

問《とい》68 ○

坂《さか》の頂上付近《ちょうじょうふきん》やこう配《ばい》の急《きゅう》な坂《さか》は駐停車禁止《ちゅうていしゃきんし》である。

問《とい》69 ×

普通自動車《ふつうじどうしゃ》の高速自動車国道《こうそくじどうしゃこくどう》の本線車道《ほんせんしゃどう》での最低速度《さいていそくど》は50キロメートル毎時《まいじ》である。

問《とい》70 ○ 頻出《ひんしゅつ》

運転者《うんてんしゃ》が酒気《しゅき》を帯《お》びていることを知《し》りながらその車《くるま》に同乗《どうじょう》すると罰則《ばっそく》の対象《たいしょう》になる。

問《とい》71 ○ 重要《じゅうよう》

前方《ぜんぽう》の交通《こうつう》が混雑《こんざつ》しているため交差点内《こうさてんない》で止《と》まってしまい、交差方向《こうさほうこう》の車《くるま》の通行《つうこう》を妨《さまた》げるおそれがあるときは、信号《しんごう》が青《あお》でも交差点《こうさてん》に入《はい》ってはならない。

問《とい》72 ○

ペダルと床板《ゆかいた》との間《あいだ》にすき間《ま》（踏《ふ》み残《のこ》りしろ）がないとブレーキのききが悪《わる》くなることがある。

問《とい》73 ○

問題《もんだい》の標識《ひょうしき》は「警笛鳴《けいてきな》らせ」を表示《ひょうじ》しているので、警音器《けいおんき》を鳴《な》らさなければならない。

問《とい》74 × ひっかけ

前車《ぜんしゃ》に続《つづ》いて踏切《ふみきり》を通過《つうか》するときでも、一時停止《いちじていし》をし、安全《あんぜん》を確認《かくにん》しなければならない。

問《とい》75 ×

交通事故《こうつうじこ》を起《お》こした場合《ばあい》は、事故《じこ》の続発《ぞくはつ》を防《ふせ》ぐとともに、まず負傷者《ふしょうしゃ》の救護《きゅうご》を行《おこな》う。

【問《とい》76】 道路《どうろ》の曲《ま》がり角付近《かどふきん》では、追越《おいこ》しをしてはならない。

□□

【問《とい》77】 ブレーキは一度《いちど》に強《つよ》く踏《ふ》んでかけずに、数回《すうかい》に分《わ》けて踏《ふ》む。

□□

【問《とい》78】 濃《こ》い霧《きり》のため前方《ぜんぽう》50メートルより先《さき》がよく見《み》えないときは、昼間《ひるま》であっても前照灯《ぜんしょうとう》などを点灯《てんとう》する。

□□

【問《とい》79】 同乗者《どうじょうしゃ》が不用意《ふようい》にドアを開《あ》けたため事故《じこ》が起《お》きたとしても、運転《うんてん》者《しゃ》に責任《せきにん》がある。

□□

【問《とい》80】 高速道路《こうそくどうろ》では、危険防止《きけんぼうし》のためであっても一時停止《いちじていし》をしてはならない。

□□

【問《とい》81】 路線《ろせん》バス優先通行帯《ゆうせんつうこうたい》であったが、ほかの通行帯《つうこうたい》が渋滞《じゅうたい》していたので、路線《ろせん》バスの優先通行帯《ゆうせんつうこうたい》を通行《つうこう》した。

□□

【問《とい》82】 図《ず》9の標識《ひょうしき》のある道路《どうろ》では自動車《じどうしゃ》は30キロメートル毎時《まいじ》に達《たっ》しない速度《そくど》で運転《うんてん》することはできない。

□□

図《ず》9

【問《とい》83】 雨《あめ》の日《ひ》は視界《しかい》が悪《わる》くなるので、速度《そくど》を落《お》とし十分車間距離《じゅうぶんしゃかんきょり》をとって運転《うんてん》する。

□□

【問《とい》84】 追越《おいこ》し禁止《きんし》の場所《ばしょ》であっても、自動二輪車《じどうにりんしゃ》や原動機付自転車《げんどうきつきじてんしゃ》であれば追越《おいこ》しができる。

□□

【問《とい》85】 左右《さゆう》の見通《みとお》しのきかない交通整理《こうつうせいり》の行《おこな》われていない交差点《こうさてん》を通過《つうか》するときは、交差点《こうさてん》に入《はい》る前《まえ》に一時停止《いちじていし》しなければならない。

□□

【問《とい》86】 交差点《こうさてん》を通行中《つうこうちゅう》に救急車《きゅうきゅうしゃ》が近《ちか》づいたときは、ただちに交差点《こうさてん》のすみに寄《よ》って一時停止《いちじていし》をしなければならない。

□□

問《とい》76 ○ 頻出《ひんしゅつ》

道路《どうろ》の曲《ま》がり角付近《かどふきん》では追越《おいこ》しが禁止《きんし》されている。

問《とい》77 ○ 重要《じゅうよう》

ブレーキを数回《すうかい》に分《わ》けて使《つか》うと、ブレーキ灯《とう》が点滅《てんめつ》し、後続車《こうぞくしゃ》への合《あい》図《ず》となる。

問《とい》78 ○ 頻出《ひんしゅつ》

昼間《ひるま》でも、トンネルの中《なか》や濃《こ》い霧《きり》の中《なか》などで50メートル先《さき》が見《み》えないような場所《ばしょ》を通行《つうこう》するときは前照灯《ぜんしょうとう》などをつける。

問《とい》79 ○ 重要《じゅうよう》

運転者《うんてんしゃ》には同乗者《どうじょうしゃ》がドアを不用意《ふようい》に開《あ》けたりしないように注意《ちゅうい》しなければならない義務《ぎむ》がある。

問《とい》80 × ひっかけ

高速道路《こうそくどうろ》では、危険防止《きけんぼうし》のためやむを得《え》ないときは、一時停止《いちじていし》をしても構《かま》わない。

問《とい》81 ×

バスが近《ちか》づいてきたとき優先通行帯《ゆうせんつうこうたい》から出《で》られなくなるおそれがある場合《ばあい》は、その通行帯《つうこうたい》を通行《つうこう》してはならない。

問《とい》82 ○ 重要《じゅうよう》

問題《もんだい》の標識《ひょうしき》は「最低速度《さいていそくど》」を表示《ひょうじ》しているので、危険防止《きけんぼうし》のためやむを得《え》ない場合以外《ばあいいがい》は30キロメートル毎時《まいじ》に達《たっ》しない速度《そくど》で運転《うんてん》することはできない。

問《とい》83 ○

雨《あめ》の日《ひ》は、晴《は》れの日《ひ》よりも速度《そくど》を落《お》とし、車間距離《しゃかんきょり》を十分《じゅうぶん》とって慎重《しんちょう》に運転《うんてん》する。

問《とい》84 × ひっかけ

追越《おいこ》し禁止《きんし》の場所《ばしょ》では自動二輪車《じどうにりんしゃ》や原動機付自転車《げんどうきつきじてんしゃ》を追《お》い越《こ》してはならない。

問《とい》85 × 重要《じゅうよう》

左右《さゆう》の見通《みとお》しのきかない交差点《こうさてん》（信号機《しんごうき》などによる交通整理《こうつうせいり》が行《おこな》われている場合《ばあい》や優先道路《ゆうせんどうろ》を通行《つうこう》している場合《ばあい》を除《のぞ》く）では徐行《じょこう》して通過《つうか》する。

問《とい》86 × 頻出《ひんしゅつ》

交差点付近《こうさてんふきん》で緊急車両《きんきゅうしゃりょう》が近《ちか》づいてきたときは、交差点《こうさてん》を避《さ》けて道路《どうろ》の左側《ひだりがわ》に寄《よ》って一時停止《いちじていし》する。

【問《とい》87】 □□ 道路《どうろ》に車《くるま》を止《と》めて車《くるま》から離《はな》れるときは、危険防止《きけんぼうし》とあわせて盗難《とうなん》防止《ぼうし》の措置《そち》もとる。

【問《とい》88】 □□ 日常点検《にちじょうてんけん》でのエンジンオイルの量《りょう》の確認方法《かくにんほうほう》はオイルレベルゲージにより規定《きてい》の範囲内《はんいない》にあるかどうか確認《かくにん》する。

【問《とい》89】 □□ 道路《どうろ》に面《めん》した場所《ばしょ》に出入《ではい》りするため、歩道《ほどう》や路側帯《ろそくたい》を横切《よこぎ》る場合《ばあい》、歩行者《ほこうしゃ》が通行《つうこう》していなければ、徐行《じょこう》をすればよい。

【問《とい》90】 □□ 運転中《うんてんちゅう》、携帯電話《けいたいでんわ》を使《つか》うときは、安全《あんぜん》な場所《ばしょ》に車《くるま》を止《と》めてから通話《つうわ》する。

問《とい》87 ○ 頻出《ひんしゅつ》	車《くるま》から離《はな》れるときには、危険防止《きけんぼうし》のための措置《そち》と盗難防止《とうなんぼうし》のための措置《そち》を行《おこな》う。
問《とい》88 ○	エンジンオイルの量《りょう》は、オイルレベルゲージ（油量計《ゆりょうけい》）により示《しめ》された範囲内《はんいない》にあるかを点検《てんけん》する。
問《とい》89 × 重要《じゅうよう》	歩道《ほどう》や路側帯《ろそくたい》を横切《よこぎ》る場合《ばあい》には、必《かなら》ずその直前《ちょくぜん》で一時停止《いちじていし》をして安全《あんぜん》を確認《かくにん》する。
問《とい》90 ○	走行中《そうこうちゅう》に携帯電話《けいたいでんわ》を使用《しよう》すると、周囲《しゅうい》の交通《こうつう》の状況《じょうきょう》などに対《たい》する注意《ちゅうい》が不十分《ふじゅうぶん》になるので、安全《あんぜん》な場所《ばしょ》に車《くるま》を止《と》めてから使用《しよう》する。

【問《とい》91】 対向車線《たいこうしゃせん》が混雑《こんざつ》している道路《どうろ》で右折《うせつ》のため停止《ていし》しています。どのようなことに注意《ちゅうい》して運転《うんてん》しますか？

（1）□□
（2）□□
（3）□□

(1) 信号《しんごう》が青《あお》なので、対向車《たいこうしゃ》が動《うご》き出《だ》す前《まえ》に、歩行者《ほこうしゃ》に注意《ちゅうい》しながら素早《すばや》く右折《うせつ》する。

(2) 前方《ぜんぽう》の対向車線《たいこうしゃせん》の車《くるま》の流《なが》れを確認《かくにん》して、動《うご》く様子《ようす》がなければ、停止《ていし》している車《くるま》の死角部分《しかくぶぶん》から二輪車《にりんしゃ》などが進入《しんにゅう》してこないか、また、歩行者《ほこうしゃ》の動《うご》きにも注意《ちゅうい》しながら右折《うせつ》する。

(3) 対向車《たいこうしゃ》の運転者《うんてんしゃ》がパッシングで先《さき》に行《い》くように合図《あいず》したときは、急《いそ》いで右折《うせつ》する。

【問《とい》92】 通勤《つうきん》で使用《しよう》している道路《どうろ》を30km/hで進行《しんこう》しています。見通《みとお》しの悪《わる》い交差点《こうさてん》を直進《ちょくしん》するとき、どのようなことに注意《ちゅうい》して運転《うんてん》しますか？

（1）□□
（2）□□
（3）□□

(1) 慣《な》れている道《みち》でもあり、交通量《こうつうりょう》も少《すく》ないので、そのまま速度《そくど》を上《あ》げて進行《しんこう》する。

(2) 交差《こうさ》する道路《どうろ》から急《きゅう》に歩行者《ほこうしゃ》などが飛《と》び出《だ》してくることもあるので、すぐに止《と》まれるように速度《そくど》を落《お》とし注意《ちゅうい》して進行《しんこう》する。

(3) 交差《こうさ》する道路《どうろ》からほかの車《くるま》が出《で》てくることも考《かんが》えられるので、そのままの速度《そくど》で早《はや》く通過《つうか》する。

問《とい》91

(1) ×

(2) ○

(3) ×

●対向車線《たいこうしゃせん》が混雑《こんざつ》している道路《どうろ》で右折《うせつ》する場合《ばあい》、対向車《たいこうしゃ》が交差点《こうさてん》の手《て》前《まえ》で停止《ていし》しているとき、安全確認《あんぜんかくにん》が不十分《ふじゅうぶん》のまま右折《うせつ》すると、停止《ていし》している車《くるま》の死角部分《しかくぶぶん》から進《すす》んできた二輪車《にりんしゃ》などと衝突《しょうとつ》する可能性《かのうせい》がある。対向車《たいこうしゃ》の動《うご》きに注意《ちゅうい》してゆっくり進《すす》むことが大切《たいせつ》。いわゆる「サンキュー事故《じこ》」はこのような状況《じょうきょう》のときに起《お》こる。進路《しんろ》をゆずってもらったからといって安全確認《あんぜんかくにん》を忘《わす》れないようにすること。

対向車線《たいこうしゃせん》に停止《ていし》している車《くるま》の死角部分《しかくぶぶん》から進《しん》入《にゅう》してくる車《くるま》がないかに十分注意《じゅうぶんちゅうい》し、ゆっくり進《すす》む。

問《とい》92

(1) ×

(2) ○

(3) ×

●走《はし》り慣《な》れている道路《どうろ》では油断《ゆだん》し、つい安全確認《あんぜんかくにん》を忘《わす》れる車《くるま》がいるもの。特《とく》に住宅街《じゅうたくがい》などの交通量《こうつうりょう》の少《すく》ない場合《ばあい》では、「安全確認《あんぜんかくにん》をしないで走《はし》っている車《くるま》もいる」「歩行者《ほこうしゃ》や自転車《じてんしゃ》が飛《と》び出《だ》してくる」ことをつねに頭《あたま》において運転《うんてん》することが大切《たいせつ》である。

見通《みとお》しの悪《わる》い交差点《こうさてん》から歩行者《ほこうしゃ》や自転車《じてんしゃ》が飛《と》び出《だ》してくることもあるので、速度《そくど》を落《お》として注意《ちゅうい》しながら進行《しんこう》する。

【問《とい》93】 30km/hで進行《しんこう》しています。前《まえ》のバイクを追《お》い越《こ》すときは、どのようなことに注意《ちゅうい》して運転《うんてん》しますか？

（1） □□
(1) 道路《どうろ》の右側部分《みぎがわぶぶん》にはみ出《だ》さないと追越《おいこ》しができないと思《おも》われるので、対向車《たいこうしゃ》が通過《つうか》するのを待《ま》つ。

（2） □□
(2) 対向車《たいこうしゃ》が通過後《つうかご》、追越《おいこ》しをするときには、右側《みぎがわ》や右後方《みぎこうほう》の安全《あんぜん》を確《たし》かめ、安全《あんぜん》な間隔《かんかく》をあけ、バイクの動《うご》きに注意《ちゅうい》する。

（3） □□
(3) 対向車《たいこうしゃ》が通過《つうか》したら、すぐに追越《おいこ》しができるようにできるだけバイクに接近《せっきん》して進行《しんこう》する。

【問《とい》94】 30km/hで進行《しんこう》しています。どのようなことに注意《ちゅうい》して運転《うんてん》しますか？

（1） □□
(1) こどもや自転車《じてんしゃ》の横《よこ》を通過《つうか》するときに対向車《たいこうしゃ》と行《い》き違《ちが》うのは危険《けん》なので、加速《かそく》して通過《つうか》する。

（2） □□
(2) こどもが車道《しゃどう》に飛《と》び出《だ》したり、自転車《じてんしゃ》が車道《しゃどう》の中央《ちゅうおう》に寄《よ》ってくるかもしれないので、中央線《ちゅうおうせん》を越《こ》えて通過《つうか》する。

（3） □□
(3) こどもが車道《しゃどう》に飛《と》び出《だ》してきたり、自転車《じてんしゃ》が車道《しゃどう》の中央《ちゅうおう》に寄《よ》ってくるかもしれないので、後続車《こうぞくしゃ》に注意《ちゅうい》しながら速度《そくど》を落《お》として進行《しんこう》する。

問《とい》93

(1) ○

(2) ○

(3) ×

●追越《おいこ》しをするときには、対向車《たいこうしゃ》の有無《うむ》、後続車《こうぞくしゃ》の動《うご》き、前《まえ》を走《はし》っているバイクの動《うご》きなどに注意《ちゅうい》しなければならない。特《とく》に道路《どうろ》の状況《じょうきょう》などにより、突然《とつぜん》、バイクが右側《みぎがわ》に出《で》てくることがあるので、安全《あんぜん》な間隔《かんかく》をあけて追《お》い越《こ》すことが大切《たいせつ》である。

追《お》い越《こ》すときは前《まえ》を走《はし》るバイクや対向車《たいこうしゃ》と後《こう》続車《ぞくしゃ》に注意《ちゅうい》し、対向車《たいこうしゃ》の通過《つうか》を待《ま》ち、バイクとの安全《あんぜん》な間隔《かんかく》をあける。

問《とい》94

(1) ×

(2) ×

(3) ○

●こどもが車道《しゃどう》に飛《と》び出《だ》したり、飛《と》び出《だ》したこどもを避《さ》けようとした自転車《じてんしゃ》が車道中央《しゃどうちゅうおう》に寄《よ》ることが考《かんが》えられる。そのため安全《あんぜん》な間隔《かんかく》をあけるか、徐行《じょこう》する必要《ひつよう》がある。また、対向車《たいこうしゃ》に注意《ちゅうい》して中央線《ちゅうおうせん》を越《こ》えないようにする。

車道《しゃどう》に飛《と》び出《で》てくるかもしれないこどもや自《じ》転車《てんしゃ》の動《うご》きに注意《ちゅうい》し、中央線《ちゅうおうせん》を越《こ》さないように速度《そくど》を落《お》として進行《しんこう》する。

【問《とい》95】 雨《あめ》の日《ひ》に30km/hで進行《しんこう》しています。どのようなことに注意《ちゅうい》して運《うん》転《てん》しますか？

（1）□□ (1) 雨《あめ》が降《ふ》っていても歩行者《ほこうしゃ》は車《くるま》の接近《せっきん》に気《き》づいていると思《おも》われるので、速度《そくど》を落《お》として通行《つうこう》すれば安全《あんぜん》である。

（2）□□ (2) 歩行者《ほこうしゃ》に水《みず》や泥《どろ》をはねて迷惑《めいわく》をかけないように、速度《そくど》を落《お》として通過《つうか》する。

（3）□□ (3) 右側《みぎがわ》を歩《ある》いているこどもがふざけていて道路《どうろ》の中央《ちゅうおう》に飛《と》び出《だ》してくるかもしれないので、いつでも止《と》まれる速度《そくど》で通過《つうか》する。

問《とい》95

（1）
×

（2）
○

（3）
○

●雨《あめ》の日《ひ》の歩行者《ほこうしゃ》は、足元《あしもと》に気《き》をとられたり、雨具《あまぐ》で視界《しかい》をさえぎられたりして、車《くるま》の接近《せっきん》に気《き》がつかないことがある。水《みず》たまりを避《さ》けるため道路《どうろ》の中央《ちゅうおう》に寄《よ》ってくることもあるので、速度《そくど》を落《お》とし、歩行者《ほこうしゃ》の動向《どうこう》に注意《ちゅうい》する。また、泥水《どろみず》などをはねて他人《たにん》に迷惑《めいわく》をかけないように徐行《じょこう》するなど注意《ちゅうい》して通《とお》らなければならない。

歩行者《ほこうしゃ》は雨具《あまぐ》に視界《しかい》をさえぎられたりして車《くるま》の接近《せっきん》に気《き》がつかないことがあるので、速度《そくど》を落《お》とし、注意《ちゅうい》して通過《つうか》する。

■第《だい》6回実力養成《かいじつりょくようせい》テスト■ 攻略《こうりゃく》ポイントはココ！

路線《ろせん》バスの専用通行帯《せんようつうこうたい》と優先通《ゆうせんつう》行帯《こうたい》の違《ちが》いを覚《おぼ》えておこう

問《とい》11、15、28、81は、「路線《ろせん》バスなどの優先《ゆうせん》」に関《かん》する問題《もんだい》。路線《ろせん》バスが停留所《ていりゅうじょ》から発進《はっしん》するときの保護《ほご》、路線《ろせん》バスの専用通行帯《せんようつうこうたい》を通行《つうこう》できる場合《ばあい》、路線《ろせん》バスの優先通行帯《ゆうせんつうこうたい》を通行《つうこう》するときのルールについてはしっかり覚《おぼ》えておこう。特《とく》に路線《ろせん》バスの発進《はっしん》の保護《ほご》に関《かん》する特例《とくれい》、路線《ろせん》バスの専用通行帯《せんようつうこうたい》を通行《つうこう》できる特例《とくれい》はよく出題《しゅつだい》されている。

大地震《だいじしん》が発生《はっせい》したときの措置《そち》を理解《りかい》しておこう

問《とい》2、34は、「大地震《だいじしん》」に関《かん》する問題《もんだい》。地震災害《じしんさいがい》に関《かん》する警戒宣言《けいかいせんげん》が発《はっ》せられたとき、大地震が発生《はっせい》したとさ、災害対策《さいがいたいさく》基本法《きほんほう》による交通規制《こうつうきせい》が行《おこな》われたとき、武力攻撃事態等《ぶりょくこうげきじたいとう》による交通規制《こうつうきせい》が行《おこな》われたときなどに対《たい》しての、運転中《うんてんちゅう》の運転者《うんてんしゃ》が行《おこな》わなければならない措置《そち》や行動《こうどう》についてしっかり理解《りかい》しておこう。

実力養成《じつりょくようせい》テスト 解答用《かいとうよう》マークシート

問題《もんだい》について、正《ただ》しいと思《おも》うものは「正《せい》」のワクの中《なか》を、
誤《あやま》っていると思《おも》うものは「誤《ご》」のワクの中《なか》をぬりつぶしなさい。

第《だい》　回《かい》　　点《てん》　　実施日《じっしび》／　年《ねん》　月《がつ》　日《にち》

問	1	2	3	4	5	6	7	8	9	10	11	12	13	14	15	16	17	18	19	20	21	22	23	24	25	26	27	28	29	30	31	32	33	34	35	36	37	38	39	40	41	42	43	44	45	46	47	48	49	50
正																																																		
誤																																																		

問	51	52	53	54	55	56	57	58	59	60	61	62	63	64	65	66	67	68	69	70	71	72	73	74	75	76	77	78	79	80	81	82	83	84	85	86	87	88	89	90	91			92			93			94			95		
																																									(1)	(2)	(3)	(1)	(2)	(3)	(1)	(2)	(3)	(1)	(2)	(3)	(1)	(2)	(3)
正																																																							
誤																																																							

第《だい》　回《かい》　　点《てん》　　実施日《じっしび》／　年《ねん》　月《がつ》　日《にち》

問	1	2	3	4	5	6	7	8	9	10	11	12	13	14	15	16	17	18	19	20	21	22	23	24	25	26	27	28	29	30	31	32	33	34	35	36	37	38	39	40	41	42	43	44	45	46	47	48	49	50
正																																																		
誤																																																		

問	51	52	53	54	55	56	57	58	59	60	61	62	63	64	65	66	67	68	69	70	71	72	73	74	75	76	77	78	79	80	81	82	83	84	85	86	87	88	89	90	91			92			93			94			95		
																																									(1)	(2)	(3)	(1)	(2)	(3)	(1)	(2)	(3)	(1)	(2)	(3)	(1)	(2)	(3)
正																																																							
誤																																																							

下記《かき》の答案用紙《とうあんようし》をコピーして学科試験《がっかしけん》のマークシート対策《たいさく》に活用《かつよう》しましょう。試験本番《しけんほんばん》でのつまらない「ぬりつぶし」のミスなどもなくなり、「一発合格《いっぱつごうかく》」を可能《かのう》にする近道《ちかみち》となります。

◆本試験用答案用紙《ほんしけんようとうあんようし》への記入《きにゅう》に当《あ》たっての注意《ちゅうい》

❶鉛筆《えんぴつ》は「B」か「HB」を使用《しよう》します。

❷マークはワク内《ない》に太《ふと》く、濃《こ》くぬりつぶしましょう。

❸マークを消《け》すときは、消《け》しゴムできれいに消《け》しましょう。

第《だい》　回《かい》　点《てん》　実施日《じっしび》／　年《ねん》　月《がつ》　日《にち》

問	1	2	3	4	5	6	7	8	9	10	11	12	13	14	15	16	17	18	19	20	21	22	23	24	25	26	27	28	29	30	31	32	33	34	35	36	37	38	39	40	41	42	43	44	45	46	47	48	49	50
正																																																		
誤																																																		

問	51	52	53	54	55	56	57	58	59	60	61	62	63	64	65	66	67	68	69	70	71	72	73	74	75	76	77	78	79	80	81	82	83	84	85	86	87	88	89	90	91			92			93			94			95		
																																									(1)	(2)	(3)	(1)	(2)	(3)	(1)	(2)	(3)	(1)	(2)	(3)	(1)	(2)	(3)
正																																																							
誤																																																							

第《だい》　回《かい》　点《てん》　実施日《じっしび》／　年《ねん》　月《がつ》　日《にち》

問	1	2	3	4	5	6	7	8	9	10	11	12	13	14	15	16	17	18	19	20	21	22	23	24	25	26	27	28	29	30	31	32	33	34	35	36	37	38	39	40	41	42	43	44	45	46	47	48	49	50
正																																																		
誤																																																		

問	51	52	53	54	55	56	57	58	59	60	61	62	63	64	65	66	67	68	69	70	71	72	73	74	75	76	77	78	79	80	81	82	83	84	85	86	87	88	89	90	91			92			93			94			95		
																																									(1)	(2)	(3)	(1)	(2)	(3)	(1)	(2)	(3)	(1)	(2)	(3)	(1)	(2)	(3)
正																																																							
誤																																																							

●編集協力
有限会社ヴュー企画

●本文イラスト
ドリームアート（PART1）
荒井孝昌（PART2）

●本文デザイン・DTP
編集室クルー

スピード合格！
普通免許早わかり問題集

著　者／学科試験問題研究所
発行者／永岡純一
発行所／株式会社永岡書店
〒176-8518　東京都練馬区豊玉上1-7-14
☎03（3992）5155（代表）
☎03（3992）7191（編集部）

印刷／ダイオーミウラ
製本／ヤマナカ製本

ISBN978-4-522-46147-1　C3065
●落丁本・乱丁本はお取り替えいたします。⑦
●本書の無断複写・複製・転載を禁じます。